Erich Cziesielski
Frank Ulrich Vogdt

Schäden an
Wärmedämm-Verbundsystemen

Schadenfreies Bauen

Herausgegeben von
Professor Günter Zimmermann und Dr.-Ing. Ralf Ruhnau

Band 20

Schäden an Wärmedämm-Verbundsystemen

Von
Univ.-Prof. Dr. Erich Cziesielski
und
Univ.-Prof. Dr.-Ing. Frank Ulrich Vogdt

2., überarbeitete und erweiterte Auflage

Mit 250 Bildern und 22 Tabellen

Fraunhofer IRB Verlag

Bibliografische Informationen Der Deutschen Nationalbibliothek

Die Deutsche Nationalbibliothek verzeichnet diese Publikation in der Deutschen Nationalbibliografie; detaillierte bibliografische Daten sind im Internet über <http://dnb.d-nb.de> abrufbar.
ISBN 978-3-8167-7251-4

Umschlaggestaltung: Manfred Köster, Grafik-Design, München
Satz: Späth Mediendesign, Birenbach
Repro: Digital Data Service Lenhard, Stuttgart
Druck: Mayer & Söhne Druck- und Mediengruppe, Aichach

Für den Druck des Buches wurde chlor- und säurefreies Papier verwendet.

Fraunhofer-Informationszentrum Raum und Bau IRB
Postfach 80 04 69, D-70504 Stuttgart
Telefon (07 11) 9 70-25 00
Telefax (07 11) 9 70-25 99
E-Mail: irb@irb.fraunhofer.de
http://www.baufachinformation.de

Vorwort des Herausgebers zur ersten Auflage

Lehrbücher über Baukonstruktionen erfüllen beim Hochschulstudium und bei der täglichen Planungsarbeit eine wichtige Funktion. Darüber hinaus erfordert die Vielzahl der Bauschäden eine spezielle Darstellung der Konstruktionen unter dem Gesichtspunkt der Bauschäden und ihrer Vermeidung. Solche Darstellungen sind für den Planer warnende Hinweise, vergleichbar den Warnschildern im Straßenverkehr: Sie warnen vor gefährlichen Stellen.

Die Fachbuchreihe „Schadenfreies Bauen" stellt in vielen Einzelbänden das gesamte Gebiet der Bauschäden dar. Erfahrene Bausachverständige beschreiben die häufigsten Bauschäden und den Stand der Technik bestimmter Konstruktionsteile oder Problemstellungen. Ziel und Programm dieser Fachbuchreihe ist das schadenfreie Bauen. Eine Alternative zum klassischen Medium Buch bietet die Volltextdatenbank SCHADIS, die alle Bände der Fachbuchreihe auf CD-ROM enthält. Die Suchfunktionen der Datenbank ermöglichen den raschen Zugriff auf relevante Buchkapitel und Bilder zu jeder Fragestellung.

Der vorliegende Band 20 der Fachbuchreihe „Schadenfreies Bauen" behandelt Schäden an Wärmedämm-Verbundsystemen. Diese Dämmsysteme sind eine bemerkenswerte Neuentwicklung im Hochbau der letzten 30 Jahre. Umso wichtiger ist der hier vorgelegte Bericht über die bisherigen Erfahrungen mit dieser Konstruktion, um negative Erfahrungen bei Planung und Ausführung berücksichtigen zu können.

Mit den Herren Univ.-Prof. Dr. Erich Cziesielski und Dr.-Ing. Frank Ulrich Vogdt hat der Verlag zwei Autoren gewinnen können, die auch auf diesem Gebiet langjährige Erfahrungen und besondere Kenntnisse besitzen.

Ich danke beiden Autoren, dass sie trotz ihrer starken beruflichen Inanspruchnahme die Zeit und Kraft gefunden haben, dieses wichtige Buch zu schreiben.

Stuttgart, im Oktober 1999 Günter Zimmermann

Vorwort der Herausgeber zur zweiten Auflage

Die erste Auflage ist von der Fachwelt gut angenommen worden. Auch in China ist das Buch auf Interesse gestoßen – eine Übersetzung des Buches ist in diesem Jahr erschienen.

Die nunmehr vorliegende zweite Auflage soll der Vielzahl der neuen und europäischen Vorschriften Rechnung tragen. Wir wünschen, dass die zweite Auflage ähnlich wie die erste Auflage von der Fachwelt gut angenommen wird.

Stuttgart, im März 2007

Günter Zimmermann
Ralf Ruhnau

Vorwort der Autoren zur ersten Auflage

Wärmedämm-Verbundsysteme (WDVS) sind Außenwandbekleidungen, die seit mehr als ca. 35 Jahren ausgeführt werden. Die Gründe für den verstärkten Einsatz der Wärmedämm-Verbundsysteme in den letzten zehn Jahren sind

- erhöhte wärmeschutztechnische Anforderungen an die Gebäudehülle
- Bedarf an wirtschaftlichen Instandsetzungskonstruktionen im Bereich geschädigter Außenwände.

Die Verwendung von Wärmedämm-Verbundsystemen wird zurzeit in Deutschland durch bauaufsichtliche Zulassungen geregelt. Soweit der Erfahrungsbereich von solchen Konstruktionen überschritten wird, sind bauaufsichtliche Zustimmungen im Einzelfall erforderlich.

Obwohl die Verwendung der Wärmedämm-Verbundsysteme noch relativ neu ist und traditionell gewachsene Handwerksregeln für die Verarbeitung erst im Entstehen sind, sind gravierende Schäden bzw. symptomatische Schadensbilder nicht allzu häufig aufgetreten. Wenn dennoch ein Buch über „Schäden an Wärmedämm-Verbundsystemen" aufgelegt wird, so werden damit folgende Zielsetzungen verfolgt:

- Festschreiben des derzeitigen Wissensstandes um Wärmedämm-Verbundsysteme
- Erläuterungen/Begründungen zu Anforderungen, wie sie in den derzeitigen bauaufsichtlichen Zulassungen festgelegt sind
- Aufzeigen der derzeit typischen Schäden an Wärmedämm-Verbundsystemen, um zukünftig Schäden zu vermeiden
- Hinweise zu geben über die Beurteilung der Standsicherheit von Vorsatzschichten (Wetterschutzschichten) und deren Verankerung bei Großtafelbauten (Plattenbauten), die nachträglich mit Wärmedämm-Verbundsystemen bekleidet werden.

Die Autoren hoffen, mit dieser Veröffentlichung einen Beitrag zur Weiterentwicklung und zur Schadensfreiheit für diese Art der Außenwandbekleidung zu leisten. Für kritische Hinweise und Ergänzungsvorschläge sind wir dankbar.

Berlin, im Juli 1999

Erich Cziesielski
Frank Ulrich Vogdt

Vorwort der Autoren zur zweiten Auflage

Gegenüber der ersten Auflage hat sich die Vorschriftenlage geändert. Wie auch in anderen Bereichen des Bauwesens ist nunmehr auch „Europa“ Rechnung zu tragen. Es wird versucht, der zum Teil unübersichtlichen Flut an Regelungen gerecht zu werden.

Neu gegenüber der ersten Auflage sind neben der Erläuterung der jetzt anzuwendenden Vorschriften folgende Kapitel:

- Zulässige Rissbreiten im Putz der Wärmedämm-Verbundsysteme
- Notwendigkeit der Diagonalbewehrung im Bereich der einspringenden Ecken von Öffnungen (Fenster, Türen)
- Kleben von Wärmedämm-Verbundsystemen auf hölzernen Untergründen
- Anordnung von Dehnungsfugen im Bereich von keramischen Belägen auf Wärmedämm-Verbundsystemen
- Algenbildung.

Wie auch in der ersten Auflage hoffen die Autoren mit dieser nunmehr vorliegenden Auflage einen Beitrag zur Weiterentwicklung und zur Schadensfreiheit zu leisten. Für kritische Hinweise und Ergänzungsvorschläge sind wir dankbar.

Wir haben Herrn Dr.-Ing. Jörg Röder für die Überlassung des Abschnittes über das Kleben von Wärmedämm-Verbundsystemen auf hölzernen Untergründen zu danken.

Berlin, im März 2007

Erich Cziesielski
Frank Ulrich Vogdt

Inhalt

1 Baurechtliche Situation

1.1 Entwicklung

Bereits in den 1950er-Jahren wurden erste Wärmedämm-Verbundsysteme (WDVS) entwickelt [1], die aus Polystyrol-Hartschaumplatten bestanden, mit Kunststoff-Dispersionsklebern am tragenden Untergrund verklebt und anschließend mit entsprechendem Putz versehen wurden. Seit mehr als 45 Jahren werden Weiterentwicklungen derartiger Systeme auf der Basis von expandiertem Polystyrol-Hartschaum (EPS) mit Dünnputzsystem – in der Regel Kunstharzputz – in großem Umfang eingesetzt [2]. Seit 1977 kamen WDV-Systeme mit Mineralfaser-Platten und mineralischem Dickputzsystemen zur Anwendung.

Trotz des langjährigen Einsatzes von WDV-Systemen wurden erst 1980 bzw. 1984 die ersten bauaufsichtlichen Regelungen vom Institut für Bautechnik (IfBt) – heute Deutsches Institut für Bautechnik (DIBt) – wie folgt eingeführt:

- Kunstharzbeschichtete WDV-Systeme. Mitteilungen des IfBt 4/1980 [3]
- Zur Standsicherheit von WDV-Systemen mit Mineralfaser-Dämmstoffen und mineralischem Putz. Mitteilungen des IfBt 6/1984 [4].

Eine weitergehende baurechtliche Regelungsnotwendigkeit wurde nicht gesehen, zumal die brandschutztechnischen Belange durch Prüfbescheide (Prüfzeichen PA-III) des IfBt geregelt wurden. Allgemeine bauaufsichtliche Zulassungen wurden anfangs nur für Systeme erteilt, bei denen z.B. nichtgenormte Baustoffe – wie Fibersilikat-Verbundplatten (s. Kapitel 3.6.1) – Verwendung fanden.

Aufgrund der von einigen Bauaufsichtsämtern zu den damaligen Regelungen geäußerten Bedenken [5] wurde vom IfBt ein Arbeitskreis eingesetzt, der die 1984 erlassenen Richtlinien [4] überarbeitete und ergänzte. Hieraus ging die Regelung „Zum Nachweis der Standsicherheit von Wärmedämm-Verbundsystemen mit Mineralfaser-Dämmstoffen und mineralischem Putz“ hervor (Mitteilungen des IfBt 4/1990 [6]).

Mit Einführung der Bauprodukten-Richtlinie [7] entfiel die Rechtsgrundlage für die Erteilung von Prüfzeichen, so dass der nach den Landes- bzw. der Musterbauordnung geforderte Nachweis der Brauchbarkeit – insbesondere im Hinblick auf den Brandschutz – zukünftig durch Normen oder allgemeine bauaufsichtliche Zulassungen geregelt werden musste.

Da für die Erarbeitung von europäischen Normen für die WDV-Systeme zunächst kein Mandat erteilt wurde, wurden WDV-Systeme seit Januar 1997 durch allgemeine bauaufsichtliche Zulassungen geregelt. In diesen allgemeinen bauaufsichtlichen Zulassungen wurden auch die Fragen der Standsicherheit, der Dauerhaftigkeit und der Gebrauchstauglichkeit geregelt. Dabei erfolgte die Beurteilung der Gebrauchsfähigkeit im Wesentlichen auf Grundlage der durch die „European Organisation for Technical Approvals (EOTA)" erarbeiteten Leitlinie für „External Thermal Insulation Composite Systems (ETICS)" [8].

1.2 Derzeitiger Stand der Regelung

Wärmedämm-Verbundsysteme werden in der Bauregelliste B, Teil 1 [9] als Bausatz im Geltungsbereich von Leitlinien für die Europäische Technische Zulassung (ETA, European Technical Approval) in Tabelle 3, lfd. Nr. 3.3 angegeben.

In die Bauregelliste B werden die Bauprodukte aufgenommen, die nach Vorschriften der Mitgliedsstaaten der Europäischen Union und der Vertragsstaaten des Abkommens über den europäischen Wirtschaftsraum zur Umsetzung der Richtlinien der Europäischen Gemeinschaften in den Verkehr gebracht und gehandelt werden dürfen und die die CE-Kennzeichnung tragen. Dabei werden im Teil 1 der Bauregelliste B – unter Angabe der vorgegebenen technischen Spezifikation oder Zulassungsleitlinie – Bauprodukte aufgenommen, die aufgrund des Bauproduktengesetzes (BauPG) in den Verkehr gebracht und gehandelt werden. In Abhängigkeit vom Verwendungszweck wird festgelegt, welche Klassen- und Leistungsstufen, die in den technischen Spezifikationen oder Zulassungsleitlinien festgelegt sind, von den Bauprodukten erfüllt sein müssen. Welcher Klasse oder Leistungsstufe ein Bauprodukt dann entspricht, muss aus der CE-Kennzeichnung erkenntlich sein.

Für Bauprodukte der Bauregelliste B, Teil 1 werden von der europäischen Kommission Koexistenzperioden im Amtsblatt der Europäischen Union (Ausgabe C) bekannt gemacht, nach deren Ablauf die CE-Kennzeichnungspflicht für das Inverkehrbringen des Bauprodukts besteht. Während dieser Koexistenzperiode können Bauprodukte sowohl mit der CE-Kennzeichnung als auch aufgrund der bislang geltenden nationalen Regelungen in den Verkehr gebracht werden. Nach Ablauf der Koexistenzperiode können Bauprodukte, die vor Ablauf der Koexistenzperiode nach den jeweiligen nationalen Regelungen in den Verkehr gebracht worden sind (Lagerbestände) in baulichen Anlagen noch verwendet werden.

Für den Bausatz Wärmedämm-Verbundsysteme existiert die europäische Leitlinie ETAG 004 [10]. Eine Leitlinie für Europäische Technische Zulassungen

(European Technical Approval Guideline (ETAG)) bildet die Grundlage für die technische Beurteilung der Brauchbarkeit eines Produkts für einen vorgesehenen Verwendungszweck im Rahmen des Zulassungsverfahrens. Sie ist verbindlich für die Erteilung von Zulassungen für die entsprechenden Produkte. Die Europäischen Technischen Zulassungen für Bauprodukte und Bausätze macht das Deutsche Institut für Bautechnik unter www.dibt.de/zulassungen/bestellservice für erteilte zulassungen/zulassungen/europa (ETZ) öffentlich bekannt.

Damit ist das in Verkehrbringen und Handeln der Bauprodukte und Bausätze geregelt. Um die Bauprodukte oder Bausätze jedoch anwenden zu können, ist die Liste der Technischen Baubestimmungen [11] mit dem Teil II zu berücksichtigen. Hier werden in den entsprechenden Anlagen 1 und 18 zu [9] die für den Anwendungszweck erforderlichen Stufen und Klassen benannt. Dabei werden Wärmedämm-Verbundsysteme im Hinblick auf die Standsicherheit und Gebrauchstauglichkeit in zwei Anwendungsgruppen unterteilt.

Zur **Gruppe I** gehören WDVS, die folgende Anforderungen erfüllen:

- Es handelt sich um rein geklebte Systeme ohne mechanische Befestigungsmittel.
- Als Dämmstoffe werden Mineralfaser-Platten oder -Lamellen nach DIN EN 13162 [12] oder expandierter Polystyrol-Hartschaum nach DIN EN 13163 [13] verwendet.
- Die Dämmstoffdicke beträgt maximal 200 mm.
- Die Bewehrung des Unterputzes besteht aus Textilglas-Gittergewebe.
- Die Mindesthaftzugfestigkeit zwischen Unterputz und Dämmstoff beträgt 0,08 N/mm².
- Die Querzugfestigkeit des Dämmstoffs unter trockenen Bedingungen beträgt mindestens 0,08 N/mm². Bei Mineralfaser-Dämmstoffen wird zusätzlich ein Schubmodul von mindestens 1,0 N/mm² gefordert.
- Die Haftzugfestigkeit des Klebemörtels beträgt mindestens
  - zwischen Klebemörtel und Untergrund
    - unter trockenen Bedingungen bzw. nach siebentägiger Rücktrocknung: 0,25 N/mm²
    - nach zweistündiger Rücktrocknung: 0,08 N/mm²
  - zwischen Klebemörtel und Dämmstoff
    - unter trockenen Bedingungen bzw. nach siebentägiger Rücktrocknung: 0,08 N/mm²
    - nach zweistündiger Rücktrocknung: 0,03 N/mm²

Zur **Gruppe II** gehören alle WDVS, die nicht der Gruppe I zugeordnet werden können.

Des Weiteren sind folgende Bestimmungen bei Anwendung von WDVS der **Gruppe I** einzuhalten:

- Die Einwirkungen aus Wind dürfen nicht größer sein als für 100 m Höhe gemäß DIN 1055-4:1986-01 [14].
- Der Untergrund, auf dem das WDVS aufgebracht wird, muss aus Mauerwerk oder Beton mit oder ohne Putz bestehen.
- Die Abreißfestigkeit der Oberfläche des Untergrundes muss mindestens 0,08 N/mm² betragen.
- Der Dämmstoff muss grundsätzlich vollflächig verklebt werden. Abweichend davon darf der Klebeflächenanteil bis auf 40 % reduziert werden, solange mindestens 0,03 N/mm² horizontale Flächenlast über die Klebung auf den Untergrund abgeleitet werden kann.

Alle WDVS der Gruppe II sowie WDVS der Gruppe I, die von den vorstehenden Anwendungsregeln abweichen, bedürfen für die Anwendung einer nationalen allgemeinen bauaufsichtlichen Zulassung.

Der derzeitige Stand der bauaufsichtlichen Regelung für Wärmedämm-Verbundsysteme ist somit in den jeweiligen nationalen und europäischen bauaufsichtlichen Zulassungen geregelt.

1.3 Weitere Regelungen

- Die nationale Vornorm DIN V 18559 [15] beinhaltet weder Anforderungen noch Bemessungsgrundlagen, sondern dient vielmehr zur Begriffsbestimmung. Sie ist für baupraktische Belange ohne Bedeutung.
- In DIN 18515-01 und -02 [16] werden angemörtelte Fliesen oder Platten bzw. angemauerte Verblender auf Aufstandsflächen geregelt. Da sie die typischen WDVS-Konstruktionen nicht behandeln, wird die Verwendung von keramischen Bekleidungen auf WDVS nunmehr auch in allgemeinen bauaufsichtlichen Zulassungen geregelt.
- Die nationale Norm DIN 55699 [17] beinhaltet Verarbeitungshinweise.
- Des Weiteren sind DIN EN 13499 [18] und DIN EN 13500 [19] als europäische Normen, die den Status einer Deutschen Norm haben, zu nennen. Hier werden Wärmedämm-Verbundsysteme (WDVS) aus expandiertem Polystyrol bzw. aus Mineralwolle geregelt. Durch das zuständige technische Komitee CEN/TC 88 wurde die Mandatierung beantragt, um diese Normen in europäische harmonisierte Normen zu überführen.

2 Anforderungen an Wärmedämm-Verbundsysteme

2.1 Übersicht hinsichtlich der Anforderungen an WDVS

An WDV-Systeme sind aufgrund der vielfältigen Beanspruchungsarten, denen Außenwandkonstruktionen ausgesetzt sind, umfangreiche Anforderungen

- in statisch-konstruktiver Hinsicht sowie
- in bauphysikalischer Hinsicht

zu stellen, die über einen wirtschaftlich angemessenen Zeitraum erfüllt werden müssen.

Im Einzelnen sind es Anforderungen an

- den Untergrund,
- die Standsicherheit,
- den Brandschutz,
- den Wärmeschutz,
- den Schallschutz,
- den Feuchte- und Witterungsschutz,
- die Dauerhaftigkeit,
- die Eignung als Korrosionsschutz,
- die Rissüberbrückungsfähigkeit,
- die Ästhetik und
- die Wiederverwertbarkeit (Recyclingfähigkeit).

2.2 Standsicherheit

Die Standsicherheit der Außenwandkonstruktion muss dauerhaft gewährleistet sein (MBO § 12 [20]). Das bedeutet, dass die Anordnung von WDVS sowohl für Neubauten als auch für Altbauten im Rahmen von Modernisierungs- bzw. Instandsetzungsmaßnahmen bauaufsichtlich anzeigepflichtig sind. Der Standsicherheitsnachweis der WDVS – gegebenenfalls einschließlich der Unterkonstruktion – ist unter Hinweis auf die nationale allgemeine bauaufsichtliche Zulassung (A.b.Z.) bzw. die europäische Zulassung (ETA) zu führen. Als Beanspruchungen sind zu nennen:

- die Eigenlast G (DIN 1055-03),
- die Winddruck- und Windsoglasten jederzeit w_D, w_S (DIN 1055-04:1986-01) [14], zukünftig Q_W (DIN 1055-04: 2005-03) [21]
- die thermische Wechselbeanspruchung durch tages- und jahreszeitliche Lufttemperaturänderungen ΔT_e sowie die
- Sonnenstrahlung $I_{S,\beta}$ (Globalstrahlung),
- die hygrische Beanspruchung durch
  - Erstschwinden $\varepsilon_{s,\infty}$,
  - jahreszeitliche Luftfeuchteänderung Δu_e und
  - Schlagregen sowie
- die Stoßfestigkeit.

Der Nachweis der Standsicherheit erfolgt unter Zugrundelegung des statischen Systems entsprechend Kapitel 5.1. Dabei ist der Lastfall „Eigenlast" (LF G) mit dem Lastfall „hygrothermischer Beanspruchung" (LF ε_T, ε_s, ε_u) (s. Kapitel 5.3) zu überlagern und die resultierende Schubbeanspruchung sowie ggf. die maximale Dübelkopfverschiebung (s. Kapitel 4.3.1.2) nachzuweisen.

Für **Winddruck- bzw. Windsoglasten** wird derzeit explizit auf DIN 1055-04:1986-01 [14] – also noch die Ausgabe Januar 1986 – Bezug genommen. Die Windlasten sind für prismatische Baukörper in Tabelle 2.2-1 in Abhängigkeit von der Gebäudehöhe und den Gebäudeabmessungen zusammengefasst. Dabei ist insbesondere auf die erhöhten Windsoglasten in den Randbereichen entsprechend DIN 1055-04 hinzuweisen.

Tabelle 2.2-1: Windsoglasten in kN/m² nach DIN 1055-04:1986-01 [14]

Gebäudehöhe H in m	Normalbereich		Randbereich
	allgemein	turmartig	
0 - 8	0,25	0,35	1,00
> 8 - 20	0,40	0,56	1,60
> 20 - 100	0,55	0,77	2,20

Mit der bauaufsichtlichen Einführung von DIN 1055-4:2005-03 [21] werden sich die Windlasten regional entsprechend der Karte der Windgeschwindigkeitszonen gegenüber der derzeitigen Regelung erhöhen. Das wird zukünftig bei der Bestimmung der Dübelanzahl in Abhängigkeit von den Windsogkräften bei verdübelten Systemen zu berücksichtigen sein. Inwieweit das auch Einfluss auf den Klebeflächenanteil u. a. bei rein verklebten Systemen hat, wird derzeit im DIBt diskutiert.

Grundsätzlich erfolgt der Nachweis entsprechend Kapitel 5.2:

- für rein verklebte Systeme als Nachweis der Querzug- bzw. Haftzugfestigkeit und
- für verklebte und verdübelte Systeme als Nachweis
  - des Dübeltellerkrempelns oder
  - des Durchstanzens durch die Wärmedämmung (s. Kapitel 5.2) bzw.
  - des Dübelauszugs aus dem Untergrund.

Im Hinblick auf die **hygrothermische Beanspruchung** wurde in [22] eine statistische Auswertung der Wetterdaten für drei repräsentative Orte in Deutschland während eines Zeitraumes von 20 Jahren durchgeführt. Die im Folgenden angegebenen Beanspruchungsgrößen wurden durch eine instationäre Wärmestromberechnung für ein südwestorientiertes WDV-System (d_{WD} = 80 mm) unter Berücksichtigung der Sonnenstrahlung $I_{S,\beta}$ bei Variation des Absorptionsgrades des Putzes a_S als extremale Putztemperatur θ_R ermittelt:

- Sommer:
  $a_S = 0,8$ $\theta_R = 73\,°C$
  $a_S = 0,5$ $\theta_R = 59\,°C$
  $a_S = 0,2$ $\theta_R = 46\,°C$
- Winter:
  $a_S = 0,2$ bis 0,8 $\theta_R = -21\,°C$

Infolge zunehmender Verschmutzung der Oberfläche (s. Kapitel 2.6) ergibt sich auch bei ursprünglich rein weißen Putzoberflächen eine erhebliche Erhöhung des Absorptionsgrades auf $a_S \approx 0,5$.

Als Jahresmittelwert der Lufttemperatur wurde in Abhängigkeit von der geografischen Lage

$\theta_{R,am} = 8,1$ bis $9,0\,°C$

ermittelt.

Der thermischen Beanspruchung ist die jeweils zeitgleiche hygrische Beanspruchung zu überlagern (s. Kapitel 5.3).

Für die relative Luftfeuchte wurden in Abhängigkeit von der geografischen Lage folgende charakteristischen Größen als Wochenwerte (5 %-Fraktilwert mit 75 %iger Aussagewahrscheinlichkeit) festgestellt:

- Maritime Lage:
  min. ϕ_e = 55 % r.F.
  max. ϕ_e = 98 % r.F.
  Jahresmittelwert $\phi_{e,am}$ = 83 % r.F.

- Kontinentale Lage:
  min. ϕ_e = 37 % r.F.
  max. ϕ_e = 98 % r.F.
  Jahresmittelwert $\phi_{e,am}$ = 76 % r.F.

Zusätzlich ist die Zwangsbeanspruchung aus Erstschwinden zu berücksichtigen, die jedoch in hohem Maße durch Relaxation abgebaut wird (s. Kapitel 5.3).

Stoßfestigkeit

WDVS müssen eine ausreichende **Stoßfestigkeit** aufweisen. Stoßeinwirkungen werden wie folgt unterschieden:

- Stoßeinwirkungen von kleinen, harten Körpern, die beispielsweise die Einwirkung von geworfenen Steinen o. Ä. simulieren (s. Bild 2.2-1 und 2.2-2).
- Stoßeinwirkungen von großen, weichen Körpern, die beispielsweise das Anlehnen an die Außenwand von Menschen simulieren.
- Festigkeit gegen Durchstoßen von spitzen Körpern bei Putzsystemen mit einer Gesamtdicke von weniger als 6 mm.
- Die Beanspruchung durch Vandalismus ist durch Versuche nicht erfassbar.

Die Anforderungen an die Stoßfestigkeit sind abhängig von der Beanspruchung und der Lage der Außenwand (z. B. Erdgeschoss straßenseitig oder obere Stockwerke). Die Beanspruchungsgruppen für Stoßeinwirkungen sind als Nutzungskategorien entsprechend der ETAG 004 [10] in Tabelle 2.2-2 aufgeführt.

Tabelle 2.2-2: Beanspruchungsgruppen für die Stoßfestigkeit von WDVS nach ETAG 004 [10]

Nutzungskategorie	Beschreibung
I	Ein der Öffentlichkeit leicht zugänglicher und gegen Stöße mit harten Körpern ungeschützter Bereich in Erdbodennähe, der jedoch keiner abnorm starken Nutzung ausgesetzt ist.
II	Ein Bereich, der Stößen durch geworfene oder mit dem Fuß gestoßene Gegenstände ausgesetzt ist, sich jedoch an öffentlich zugänglichen Stellen befindet, wo die Höhe des Systems die Größe des Stoßes begrenzt; oder in niedrigeren Bereichen, wo ein Zugang zum Gebäude in erster Linie durch Personen erfolgt, die einen Grund haben, Sorgfalt walten zu lassen.
III	Ein Bereich, in dem Beschädigungen durch Personen oder geworfene oder mit dem Fuß gestoßene Gegenstände unwahrscheinlich sind.

Die Prüfung des **Widerstands gegenüber harten Stößen** wird entsprechend [10] nach ISO 7892:1988 [23] mit Hilfe von Stahlkugelpendeln definierter Kugelmasse und Pendellänge überprüft (s. Bild 2.2-1 und 2.2-2).

Bild 2.2-1: Stoßeinwirkung von kleinen, harten Körpern nach ISO 7892 [23]

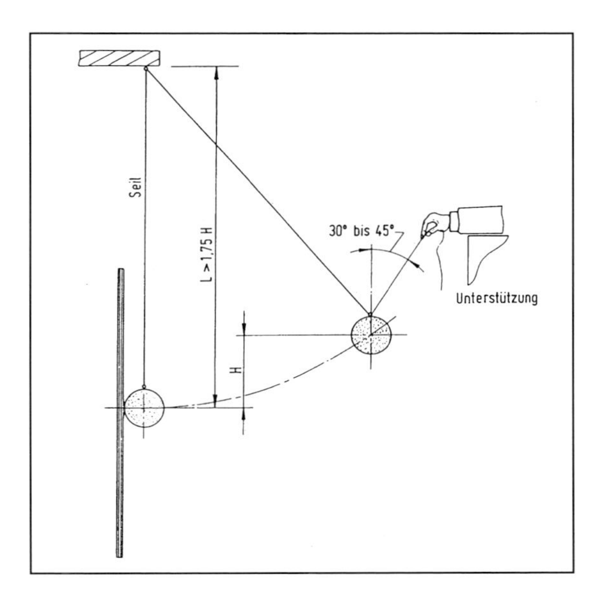

Bild 2.2-2: Überprüfung der Stoßfestigkeit mit einem Pendelversuch (vgl. Bild 2.2.-1)

Bild 2.2-3: WDVS nach Durchführung des Stahlkugel-Pendelversuchs entsprechend Bild 2.2-2 (Riss erreicht lediglich die Ebene der Gewebebewehrung)

In Abhängigkeit vom Schädigungsgrad, den der Abdruck der Stahlkugel nach Versuchsdurchführung (vgl. Bild 2.2.-3) hinterlässt, werden die WDVS als geeignet für die Beanspruchungsgruppen I bis III (Tabelle 2.2-3) eingestuft und in den ETA angegeben.

Tabelle 2.2-3: Zuordnung der Beanspruchungsgruppe hinsichtlich der Stoßfestigkeit nach ETAG 004 [10]

	Kategorie III	Kategorie II	Kategorie I
Stoß 10 Joules	–	Putz nicht durchdrungen[2]	keine Beschädigung[1]
Stoß 3 Joules	Putz nicht durchdrungen[2]	Putz nicht gerissen	keine Beschädigung
Perfotest	kein Durchstoß[3] bei Verwendung eines Stempels von 20 mm	kein Durchstoß[3] bei Verwendung eines Stempels von 12 mm	kein Durchstoß[3] bei Verwendung eines Stempels von 6 mm

[1] Oberflächliche Beschädigung, vorausgesetzt, dass keine Risse aufgetreten sind, wird als „keine Beschädigung" angesehen.

[2] Das Versuchsergebnis wird als „durchdrungen" eingestuft, wenn eine runde Rissbildung zu beobachten ist, die bis zur Wärmedämmung hindurchgeht.

[3] Das Versuchsergebnis wird als „durchstoßen" eingestuft, wenn bei mindestens drei von fünf Stößen eine Zerstörung des Putzes bis unterhalb der Bewehrung aufgetreten ist.

Bei Dünnputzsystemen wird zusätzlich ein **Perforationstest** (Bild 2.2-4) durchgeführt, bei dem ein Stahlstempel definierten Durchmessers mit einer Federkraft auf die WDVS-Oberfläche geschossen wird.

Im Rahmen des Zulassungsverfahrens erfolgen die Versuche nach ETAG 004 [10] entweder an einer Prüfwand nach einer künstlichen klimatischen Vorbeanspruchung durch Wärme/Regen- und Wärme/Kälte-Zyklen (s. Kapitel 2.7.4) oder an Prüfkörpern, die durch eine Wasserlagerung künstlich gealtert wurden.

Nach den bisher noch nicht bauaufsichtlich relevanten Normen DIN EN 13499 [18] und DIN EN 13500 [19] (vgl. Kapitel 1.3) werden Prüfungen zur Bestimmung der Schlagfestigkeit nach EN 13497 [24] und des Eindringwiderstands nach EN 13498 [25] gefordert.

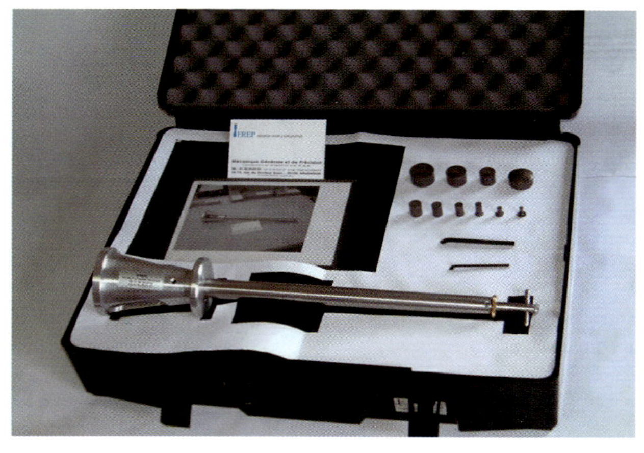

Bild 2.2-4: Perfotest-Gerät

Zur Bestimmung der **Schlagfestigkeit** nach EN 13497 [24] wird die Schlagarbeit von 2 bzw. 10 J mit Hilfe einer Stahlkugel erzeugt, die auf die Oberfläche eines horizontal angeordneten WDVS-Prüfkörpers fällt. Alle auftretenden Schäden, wie z. B. das Sichtbarwerden der Bewehrung, ein sichtbares Ablösen der Putzschichten oder das Durchschlagen des bewehrten Unterputzes werden qualitativ bewertet. Alternativ zu dieser Prüfung kann auch ein Pendelschlagversuch nach ISO 7892 [23] erfolgen.

Bei der Bestimmung des **Eindringwiderstandes** nach EN 13498 [25] wird eine halbkugelförmige Eindringvorrichtung in die Oberfläche des WDVS gedrückt und die Höchstkraft des Eindringwiderstandes bestimmt.

Die nach [24] und [25] durchzuführenden Prüfungen erfolgen an Probenkörper, die entsprechend der jeweiligen WDVS-Produktnorm zu konditionieren sind. In Abhängigkeit vom Prüfergebnis werden die WDVS nach EN 13499 [18] bzw. DIN EN 13500 [19] entsprechend Tabelle 2.2-4 den jeweiligen Stufen zugeordnet.

Tabelle 2.2-4: Stufen der Schlagfestigkeit und des Eindringwiderstandes nach DIN EN 13499 [18] bzw. DIN EN 13500 [19]

	Stufe	Anforderung
Schlagfestigkeit	I2	keine Schäden bei 2 J
	I10	keine Schäden bei 10 J
Eindringwiderstand	PE200	> 200 N
	PE500	> 500 N

2.3 Brandschutz

Im Hinblick auf den Brandschutz sind die Anforderungen nach der Muster- [20] bzw. den Landesbauordnungen zu erfüllen, in denen die Verwendung von nichtbrennbaren bzw. schwer entflammbaren Baustoffen geregelt ist. In Deutschland wurde bisher die Klassifizierung der Baustoffe hinsichtlich der Brennbarkeit in fünf Klassen nach DIN 4102-1 [26] vorgenommen.

A Nichtbrennbar

A1 Baustoffe ohne brennbare Bestandteile
A2 Baustoffe mit brennbaren Bestandteilen

B	**Brennbar**
B1	schwer entflammbar
B2	normal entflammbar
B3	leicht entflammbar

Entsprechend der europäischen Normung werden nach EN 13501-1 [27] folgende Klassifizierungen hinsichtlich der Brennbarkeit von Baustoffen vorgenommen:

A1 + A2	kein Beitrag zum Brand
B	sehr begrenzter Brandbeitrag bezüglich – Wärmeausbreitung – Flammenausbreitung – Rauchausbreitung
C	begrenzter Brandbeitrag
D	hinnehmbarer Brandbeitrag
E	hinnehmbares Brandverhalten – hinnehmbare Entzündbarkeit – begrenzte Flammenausbreitung
F	keine Brandschutzleistung

Neben den oben aufgeführten Hauptkriterien werden zusätzlich die Rauchentwicklung (s = smoke) und das brennende Abtropfen (d = droplet) von Baustoffen in mehreren Stufen klassifiziert. Die Rauchklassen sind mit s1, s2 und s3 festgelegt und für das brennende Abtropfen erfolgt die Klassifizierung mit d0, d1 und d2.

Auf nationaler Ebene können die Anforderungen im Hinblick auf die Brennbarkeit der Baustoffe von den einzelnen Ländern nach eigenem Ermessen festgelegt werden. Die Umsetzung der europäischen Klassen in die in Deutschland vorgesehenen bauaufsichtlichen Anforderungen geschieht näherungsweise nach Tabelle 2.3-1 [28].

Durch die differenziertere Beurteilung der Baustoffe ergeben sich auch veränderte Beurteilungen in brandschutztechnischer Hinsicht: Anders als nach der bisherigen Klassifizierung entsprechend DIN 4201-1 [26] erfüllt also nicht jeder Baustoff der Klasse A die Anforderungen an nichtbrennbare Baustoffe. So stellt eine Klassifizierung A2-s2 d0 oder A2-s1 d1 einen „schwerentflammbaren“ Baustoff dar.

Im Hinblick darauf, dass die Prüfeinrichtungen in den einzelnen europäischen Ländern zurzeit noch nicht zu gleichen Ergebnissen hinsichtlich der brandschutztechnischen Klassifizierung führen, ist die Klassifizierung – mit Ausnahme von A1 – nach europäischen Normen noch nicht sinnvoll. Zurzeit sollte im Rahmen der nationalen Überwachung (Ü-Zeichen) die Einstufung hinsichtlich der

Tabelle 2.3-1: Klassifizierung des Brandverhaltens von Wärmedämmstoffen nach europäischen Normen sowie die dazugehörigen Anforderungen [28]

<table>
<tr><th rowspan="2">Bauaufsichtliche Anforderungen</th><th colspan="2">Zusatzanforderungen</th><th rowspan="2">Europäische Klasse nach DIN EN 13501-1 [27]</th><th rowspan="2">Klassen nach DIN 4102-1 [26]</th></tr>
<tr><th>kein Rauch</th><th>brennendes Abfallen/ Abtropfen</th></tr>
<tr><td>nichtbrennbar</td><td>X</td><td>X</td><td>A1</td><td>A1</td></tr>
<tr><td>mindestens</td><td>X</td><td>X</td><td>A2 - s1 d0</td><td>A2</td></tr>
<tr><td rowspan="3">schwerentflammbar</td><td>X</td><td>X</td><td>B – s1 d0
C – s1 d0</td><td rowspan="4">B1[1]</td></tr>
<tr><td></td><td>X</td><td>A2 – s2 d0
A2 – s3 d0
B – s2 d0
B – s3 d0
C – s2 d0
C – s3 d0</td></tr>
<tr><td>X</td><td></td><td>A2 – s1 d1
A2 – s1 d2
B – s1 d1
B – s1 d2
C – s1 d1
C – s1 d2</td></tr>
<tr><td>mindestens</td><td></td><td></td><td>A2 – s3 d2
B – s3 d2
C – s3 d2</td></tr>
<tr><td rowspan="2">normalentflammbar</td><td></td><td>X</td><td>D – s1 d0
D – s2 d0
D – s3 d0
E</td><td rowspan="2">B2[1]</td></tr>
<tr><td></td><td></td><td>D – s1 d2
D – s2 d2
D – s3 d2</td></tr>
<tr><td>mindestens</td><td></td><td></td><td>E – d2</td><td></td></tr>
<tr><td>leichtentflammbar</td><td></td><td></td><td>F</td><td>B3</td></tr>
</table>

[1] Angaben über hohe Rauchentwicklung und brennendes Abtropfen/Abfallen im Verwendbarkeitsnachweis und in der Kennzeichnung

Brennbarkeit zusätzlich nach den Bauordnungen erfolgen (s. hierzu Bauregelliste B Teil 1, Anlage 03 [9]).

Bei Gebäuden, die direkt an Nachbargebäude angrenzen und die mit einem WDVS bekleidet sind, bei dem die Wärmedämmung aus Polystyrol besteht, ist ein Streifen b ≥ 1 m im Bereich der Haustrennwand aus nicht brennbarem Material anzuordnen (vgl. [17]), um im Falle eines Brandes einen Brandüberschlag von einem Gebäude auf das Nachbargebäude zu vermeiden (s. Bild 2.3-1).

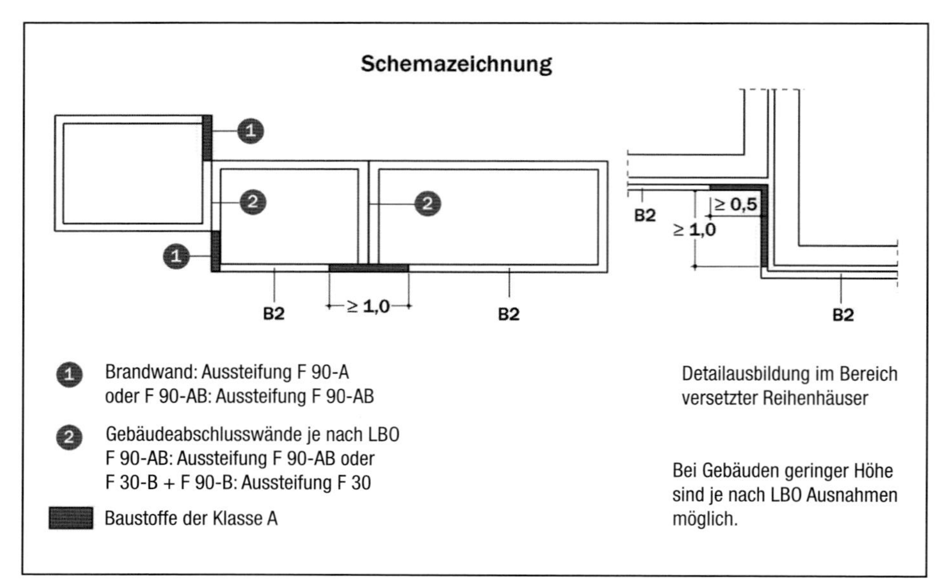

Bild 2.3-1: Zusätzliche Anforderungen an den Brandschutz im Bereich von Gebäudetrennfugen von Reihenhäusern – Details im Bereich versetzter Gebäude nach [30]

Bei WDVS mit Dämmplatten aus Polystyrol, deren Dicke größer als 10 cm ist, müssen oberhalb von Fenstern und Türen im Bereich der Stürze Streifen aus nichtbrennbaren Dämmstoffen angeordnet werden, die im Falle eines Brandes das Wegschmelzen des Polystyrols verhindern sollen (s. Bild 2.3-2). In den bauaufsichtlichen Zulassungen heißt es:

„Bei Dämmstoffplatten mit Dicken über 100 mm muss aus Brandschutzgründen oberhalb jeder Öffnung im Bereich der Stürze ein mindestens 200 mm hoher und mindestens 300 mm seitlich überstehender (links und rechts der Öffnung) nichtbrennbarer Mineralfaser-Dämmstreifen (Baustoffklasse DIN 4102-A nach DIN 4102-1 [26] oder der europäischen Klasse A1 oder A2-s1, d0 nach DIN EN 13501-1 [27]) vollflächig angeklebt werden, im Kantenbereich ist das Bewehrungsgewebe zusätzlich mit Gewebe-Eckwinkeln zu verstärken. Werden hierbei auch Laibungen gedämmt, ist für die Dämmung der horizontalen Laibung im Sturzbereich ebenfalls nichtbrennbarer Mineralfaser-Dämmstoff (Baustoffklasse DIN 4102-A nach DIN 4102-1 [26] oder der europäischen Klasse A1 oder A2-s1, d0 nach DIN EN 13501-1 [27]) zu verwenden.“

Für andersartige Einbausituationen, z.B. bei rohbaubündigen Rollladenkästen oder bei Vorsatzrollladenkästen können Konstruktionsvarianten genannt werden, die auf umfangreichen Brandversuchen [31] basieren (s. Bild 2.3-3 und 2.3-4).

Bild 2.3-2: Nichtbrennbare Wärmedämmung (Mineralfaser-Dämmung) im Bereich der Fensteröffnungen zur Vermeidung eines Brandüberschlages bei WDVS mit Dämmplatten aus Polystyrol (d > 100 mm) nach [31]

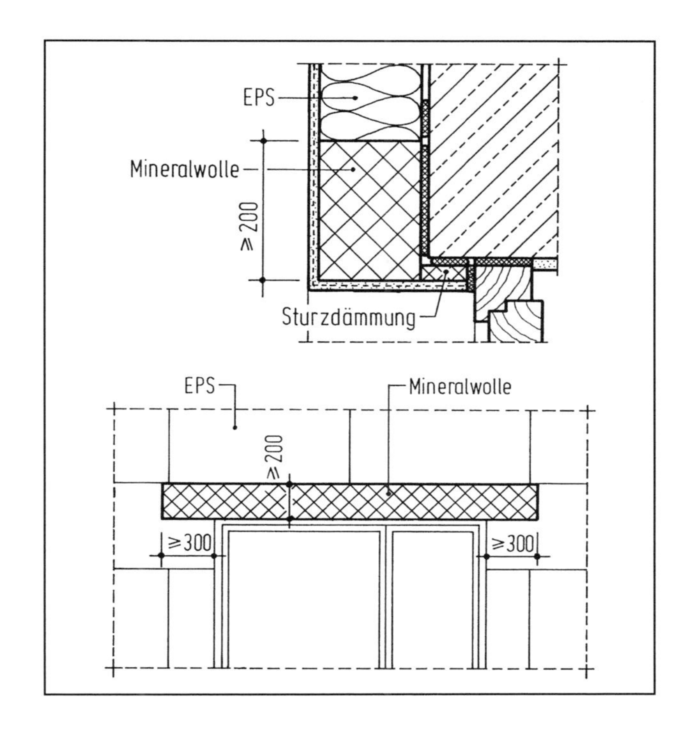

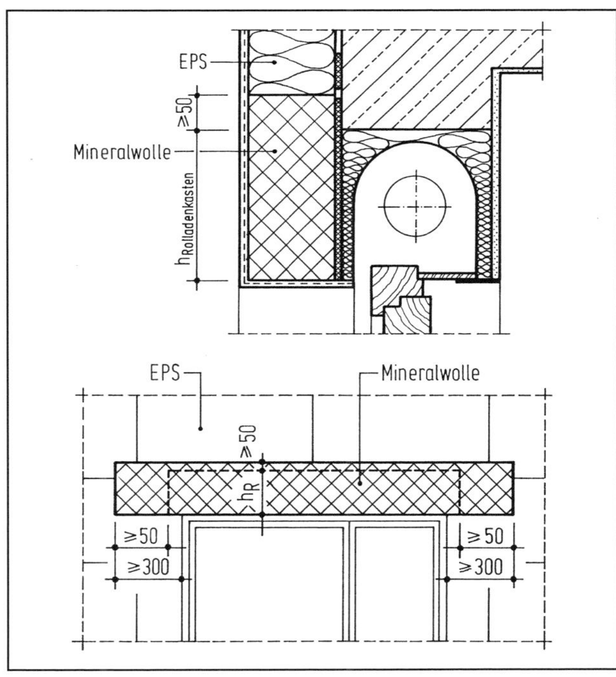

Bild 2.3-3: wie Bild 2.3-2, bei Anordnung eines rohbaubündigen Rollladenkastens nach [31]

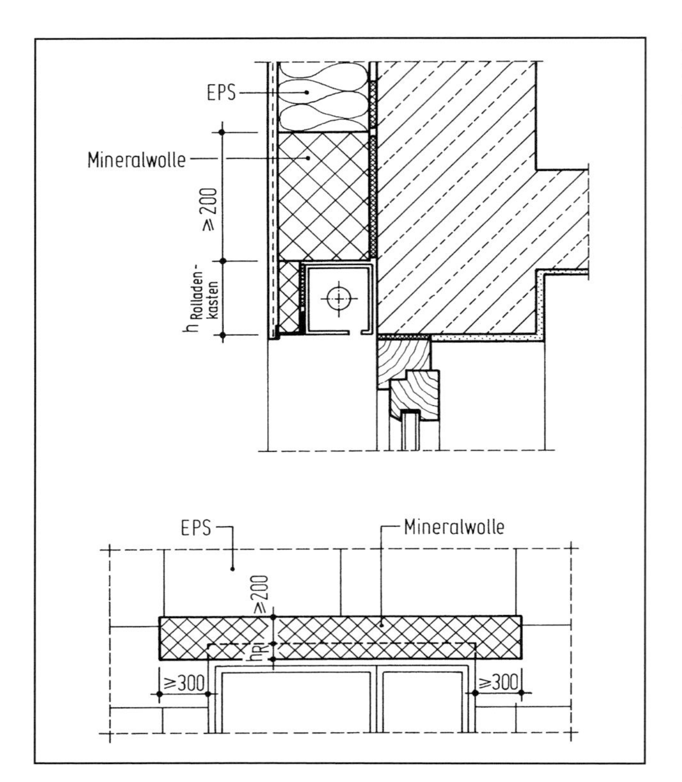

Bild 2.3-4: wie Bild 2.3-2, bei Anordnung eines vorgesetzten Rollladenkastens nach [31]

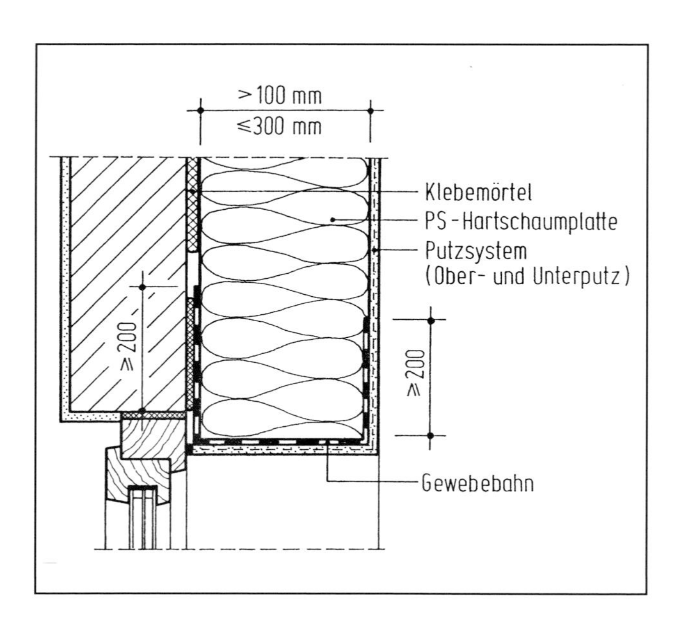

Bild 2.3-5: Alternativlösung zu Bild 2.3-2, sofern in Zulassung explizit angegeben

Darüber hinaus wird in einzelnen Zulassungen für WDVS eine gleichwertige Alternativlösung angegeben, die im Rahmen von Sonderprüfungen für Systeme mit expandierten Polystyrol-Hartschaumplatten nachgewiesen wurde, bei denen dem EPS Graphit- bzw. Aluminiumpartikel zur Reduzierung der Wärmeleitfähigkeit zugefügt werden. Bei diesen Systemen stellt die Ausführung einer zusätzlich vorgelegten Gewebebahn entsprechend Bild 2.3-5 eine gleichwertige Lösung dar.

2.4 Wärmeschutz

Die Anforderungen an den winterlichen Wärmeschutz sind in

- DIN 4108-02 [32] sowie in der
- Energieeinsparverordnung [33] zum Energieeinsparungsgesetz (EnEG) [34] festgelegt.

Nach den allgemeinen bauaufsichtlichen Zulassungen ist für den rechnerischen Nachweis des Wärmeschutzes für die Dämmstoffplatten der Bemessungswert der Wärmeleitfähigkeit gemäß DIN V 4108-04 [35] anzusetzen. Bei Verwendung von Dämmstoffplatten, die darüber hinausgehend eine allgemeine bauaufsichtliche Zulassung zur Festlegung des Bemessungswertes der Wärmeleitfähigkeit haben, darf dieser Wert entsprechend den Regelungen der Zulassung in Ansatz gebracht werden. Für den Klebemörtel und das Putzsystem wird in der Regel ein Wärmedurchlasswiderstand von $R = 0{,}02\ m^2 \cdot K/W$ angesetzt.

Im Hinblick auf die Minderung des konstruktiv bedingten Wärmebrückeneinflusses χ im Bereich von An- und Abschlüssen o. Ä. ist auf DIN 4108, Beiblatt 2 [36] hinzuweisen. Bei WDV-Systemen mit Verdübelung ist darüber hinaus der Einfluss der punktuellen Wärmebrücken infolge der Dübel durch χ-Werte (s. Kapitel 4.3.3) zu berücksichtigen. Eine Absenkung der Temperatur auf der inneren Wandoberfläche infolge der Dübel ist jedoch für übliche Wandkonstruktionen vernachlässigbar: Der Temperaturabfall ist in der Praxis nicht größer als 0,1 bis 0,2 K.

Im Hinblick auf den sommerlichen Wärmeschutz ist DIN 4108-02 [32] zu beachten. Obwohl die tragende Konstruktion der Außenwände, welche in der Regel aus massiven Wandbaustoffen besteht, bei dem überschlägigen Verfahren nach DIN 4108-02 [32] rechnerisch nicht als speicherfähige Masse in Ansatz gebracht werden darf, wird der sommerliche Wärmeschutz verbessert, da die tragende Konstruktion infolge des hohen Wärmedurchlasswiderstandes des WDV-Systems vom Außenklimaverlauf weitestgehend entkoppelt wird, wie instationäre Wärmestromberechnungen zeigen.

2.5 Schallschutz

2.5.1 Anforderungen

Die Anforderungen im Hinblick auf den Schallschutz gegen Außenlärm sind der DIN 4109 [37] in Abhängigkeit von der Nutzung des Gebäudes und des maßgeblichen Außenlärmpegels zu entnehmen.

2.5.2 Einflussfaktoren

Beim Nachweis des vorhandenen Schalldämm-Maßes einer Außenwand mit einem WDV-System muss berücksichtigt werden, dass es sich bei dieser Konstruktion um einen Zwei-Massen-Schwinger (m_1 = Putzsystem; m_2 = tragende Wandkonstruktion) handelt, dessen Massen über eine Feder (Wärmedämmung, Verdübelung) miteinander gekoppelt sind (s. Bild 2.5-1). Hieraus können sich infolge Resonanz Einbrüche im frequenzabhängigen Schalldämm-Maß ergeben, die berücksichtigt werden müssen.

Für den Nachweis des Schallschutzes nach DIN 4109 [37] ist der Rechenwert des bewerteten Schalldämm-Maßes $R'_{w,R}$ der Wandkonstruktion entsprechend der nationalen bzw. europäischen Zulassungen nach folgender Gleichung zu ermitteln:

$$R'_{w,R} = R'_{w,R,o} + \Delta R_{w,R}$$

mit

$R'_{w,R,o}$ Rechenwert des bewerteten Schalldämm-Maßes der Massivwand ohne WDVS, ermittelt nach Beiblatt 1 zu DIN 4109 [38] in dB

$\Delta R_{w,R}$ Korrekturwert in dB

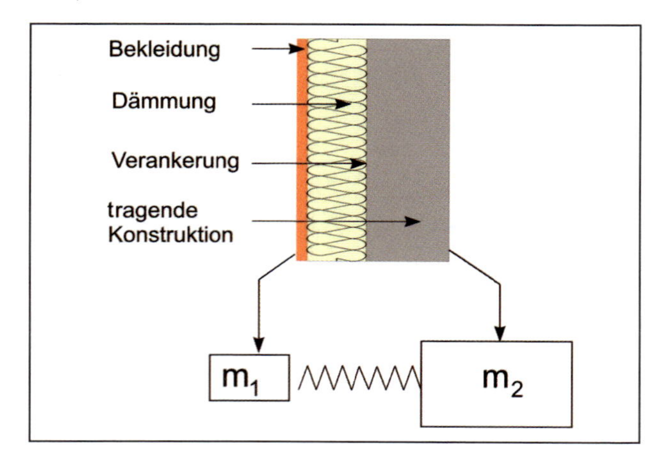

Bild 2.5-1: Masse-Feder-Masse-Modell einer Massivwand mit WDVS

Die Korrekturwerte $\Delta R_{w,R}$ können für das jeweilige WDVS aus

- der entsprechenden nationalen allgemeinen bauaufsichtlichen Zulassung oder
- der nationalen Anwendungszulassung zur jeweiligen europäischen Zulassung (ETA)

als

- auf der sicheren Seite liegender Wert oder
- in Abhängigkeit vom konkreten Systemaufbau nach einem Rechenverfahren

ermittelt werden.

Der genauere rechnerische Nachweis berücksichtigt den Einfluss von

- der Lage der Resonanzfrequenz f_0,
- ggf. vorhandenen Dübeln,
- dem Flächenanteil der Verklebung sowie
- verschiedenen Trägerwänden

wie folgt:

$$\Delta R_{w,R} = \Delta R'_{w,S} + K_{Dübel} + K_{Klebung} + K_{Trägerwand}$$

Resonanzfrequenz

Die Lage der Resonanzfrequenz wird durch die Größe der Massen m_1 und m_2 sowie die Federsteifigkeit s' bestimmt. Da die flächenbezogene Masse der Massivwand deutlich größer als die der äußeren Bekleidung ist, vereinfacht sich die Berechnung der Resonanzfrequenz f_0 wie folgt:

$$f_0 = 160\sqrt{\frac{s'}{m_1}}$$

Dabei ist

s' die dynamische Steifigkeit der Dämmschicht in MN/m³. Die dynamische Steifigkeit ist nach DIN EN 29052-01 an Proben zu bestimmen, die nicht einer vorherigen Druckbeanspruchung unterzogen wurden. Der rechnerische Ansatz erfolgt mit den in DIN EN 13163 ff. angegebenen Stufen.

m_1 die flächenbezogene Masse der äußeren Bekleidung in kg/m².

Vergleicht man das frequenzabhängige Schalldämm-Maß R von einer massiven Außenwand mit und ohne WDVS (s. Bild 2.5-2) so können drei Frequenzbereiche unterschieden werden:

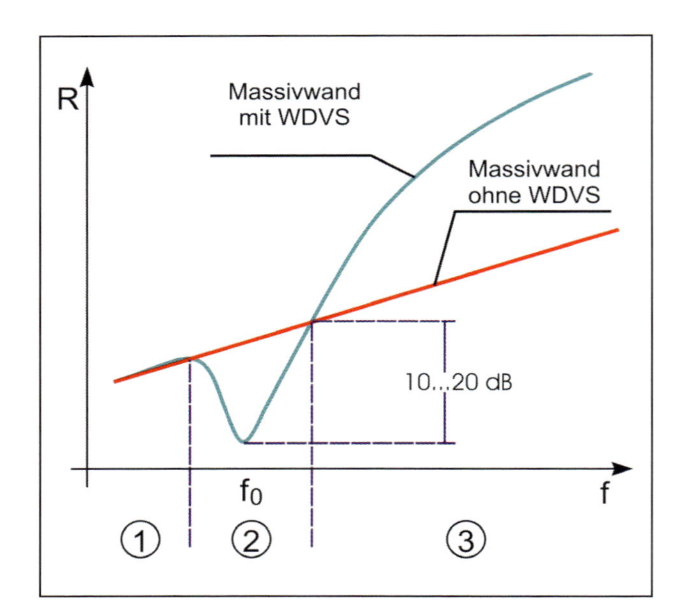

Bild 2.5-2: Frequenzabhängiges Schalldämm-Maß R einer Massivwand mit und ohne WDVS nach [30]

- **Bereich 1:**

  Im Frequenzbereich unterhalb der Resonanzfrequenz schwingen beide Massen gleichphasig, als wären sie starr gekoppelt. Es ergibt sich durch das WDVS keine Veränderung der Schalldämmung gegenüber einem einschaligen gleichschweren Bauteil. Die frequenzabhängige Schalldämmung erhöht sich um 6 dB je Oktave (Frequenzverdoppelung).

- **Bereich 2:**

  Im Bereich der Resonanzfrequenz schwingen beide Massen gegenphasig. Die Eigenschwingung des Systems stimmt mit der Anregungsfrequenz überein (Resonanz). Die Amplituden sind größer als die Anregung, dadurch wird die Schalldämmung erheblich verschlechtert.

- **Bereich 3:**

  Oberhalb der Resonanzfrequenz schwingt die Masse der Bekleidung mit einer derart hohen Frequenz, dass die schwere tragende Wand diesen Schwingungen nicht mehr folgen kann. Es tritt eine Entkopplung der beiden Massen ein. Die Amplituden werden kleiner als die Anregung. Die Schalldämmung wird durch die Anordnung des WDVS erheblich verbessert.

Für die Schalldämmung der Außenwand mit WDVS ist die Lage der Resonanzfrequenz in Bezug auf den bauakustisch relevanten Frequenzbereich von besonderer Bedeutung. Je größer die dynamische Steifigkeit der Dämmschicht und je

Bild 2.5-3: Resonanzfrequenz von Massivwänden mit WDVS in Abhängigkeit von der dynamischen Steifigkeit s' und der flächenbezogenen Masse m_1 des Außenputzes oder der Bekleidung nach [39]

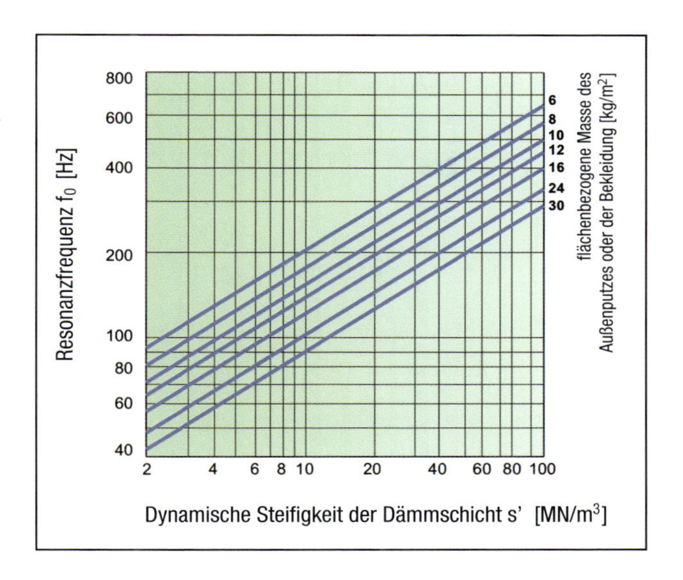

kleiner die Masse der Bekleidung, umso größer ist die Resonanzfrequenz. Für bauübliche Randbedingungen lässt sich die Resonanzfrequenz entsprechend Bild 2.5-3 ermitteln.

Geringe Resonanzfrequenzen führen entsprechend Bild 2.5-4 zu einer Verbesserung der Schalldämmung.

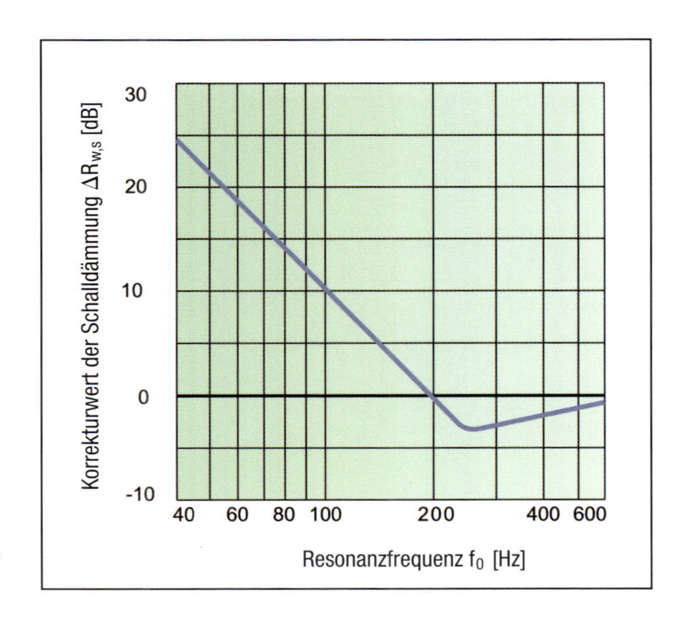

Bild 2.5-4: Korrektur der Schalldämmung $\Delta R_{w,S}$ in Abhängigkeit von der Resonanzfrequenz f_0 nach [39]

Geringe Resonanzfrequenzen ergeben sich aus einer hohen flächenbezogenen Masse der Bekleidung und einer geringen dynamischen Steifigkeit des Dämmstoffs.

Für die dynamische Steifigkeit s' gilt:

$$s' = \frac{E_{dyn}}{d}$$

mit

E_{dyn} dynamischer Elastizitätsmodul in MN/m^2 (s. Tabelle 2.5-1)
d Dämmstoffdicke in m

Tabelle 2.5-1: Dynamischer Elastizitätsmodul E_{dyn} in MN/m^2 nach [39]

Dämmstoffart	Dynamischer Elastizitätsmodul E_{dyn} in MN/m^2
expandierte Polystyrol-Platten (EPS)	4,800
expandierte Polystyrol-Platten, elastifiziert (EEPS)	0,680
Mineralwolle-Lamellenplatten, Anwendungstyp WD	5,150
Mineralwolleplatten (Typ HD), Anwendungstyp WD	0,480
Mineralwolleplatten, Anwendungstyp WV	0,440

Fazit:

Je kleiner also der dynamische Elastizitätsmodul und je dicker der Dämmstoff umso kleiner die dynamische Steifigkeit. Je kleiner die dynamische Steifigkeit und je größer die flächenbezogene Masse der Bekleidung umso kleiner ist die Resonanzfrequenz und umso besser die Schalldämmung.

Verdübelung

Eine Verdübelung von WDVS führt in der Regel zu einer Verminderung der Schalldämmung. Die Dübel wirken als „Schallbrücken" bzw. als zusätzliche Versteifung des Systems. Dabei ist die Minderung durch die Verdübelung umso größer je niedriger die Resonanzfrequenz des unverdübelten Systems ist (s. Bild 2.5-5).

Bild 2.5-5: Einfluss einer Verdübelung, Korrekturwert $K_{Dübel}$ in Abhängigkeit vom resonanzfrequenzbezogenen Verbesserungsmaß $\Delta R_{w,S}$ nach [39] für vier Dübel je m²

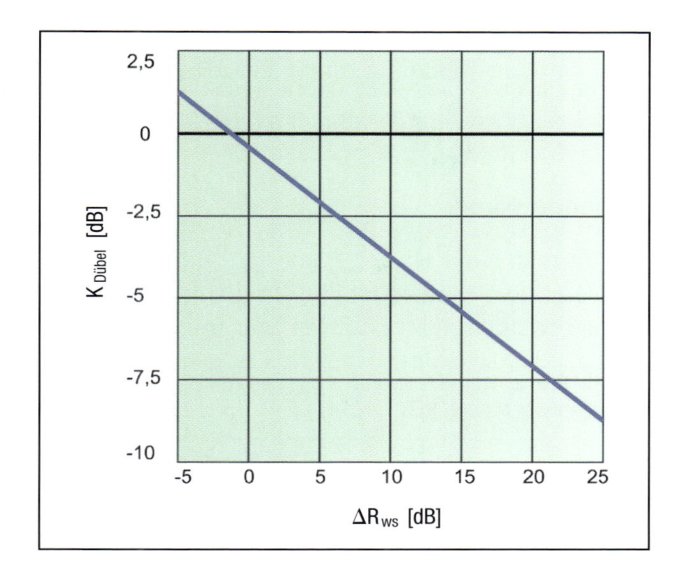

Fazit:

Bei WDVS mit höherer dynamischer Steifigkeit des Dämmstoffes wirkt sich die Verdübelung nur geringfügig aus.

Klebeflächenanteil

Mit zunehmendem Klebeflächenanteil vermindert sich die Schalldämmung des Systems (s. Bild 2.5-6).

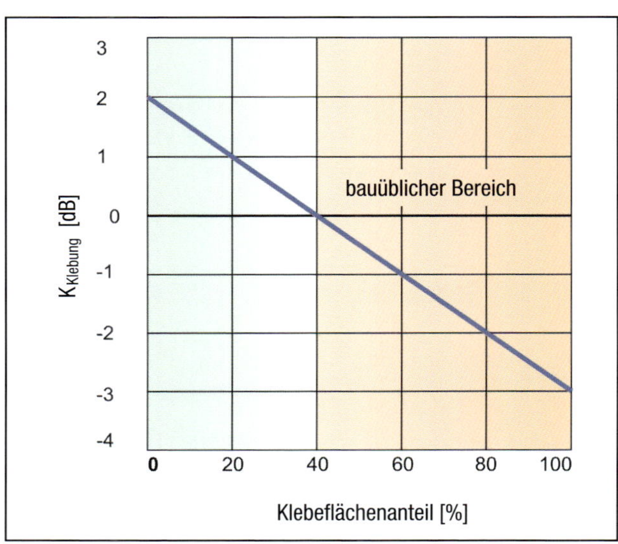

Bild 2.5-6: Einfluss des Klebeflächenanteils, Korrekturwert $K_{Klebung}$ nach [39]

Fazit:

Ein bauüblicher Klebeflächenanteil von 40 bis 100 % führt zu einer Verminderung des Schalldämm-Maßes um 0 bis 3 dB.

Tragende Wand

Der Korrekturwert $K_{Trägerwand}$ kann in Abhängigkeit der Resonanzfrequenz des WDVS und vom bewerteten Schalldämm-Maß der Trägerwand aus der allgemeinen bauaufsichtlichen Zulassung entnommen werden (s. Tabelle 2.5-2).

Tabelle 2.5-2: Korrekturwert $K_{Trägerwand}$ in Abhängigkeit vom bewerteten Schalldämm-Maß der Trägerwand nach [39]

Resonanzfrequenz	bewertetes Schalldämm-Maß der Trägerwand R_w in dB					
	43-45	46-48	49-51	52-54	55-57	58-60
$f_0 \leq 60$ Hz	10	7	3	0	-3	-7
60 Hz $< f_0 \leq$ 80 Hz	9	6	3	0	-3	-6
80 Hz $< f_0 \leq$ 100 Hz	8	5	3	0	-3	-5
100 Hz $< f_0 \leq$ 140 Hz	6	4	2	0	-2	-4
140 Hz $< f_0 \leq$ 200 Hz	4	3	1	0	-1	-3
200 Hz $< f_0 \leq$ 300 Hz	2	1	1	0	-1	-1
300 Hz $< f_0 \leq$ 400 Hz	0	0	0	0	0	0
400 Hz $< f_0 \leq$ 500 Hz	-1	-1	0	0	0	1
500 Hz $< f_0$	-2	-1	-1	0	1	1

Fazit:

Es zeigt sich, dass das bewertete Schalldämm-Maß der Trägerwand bei einem WDVS mit geringer Resonanzfrequenz von größerer Bedeutung ist, während bei hohen Resonanzfrequenzen des WDVS der Einfluss der Trägerwand von geringerer Bedeutung ist.

2.5.3 Beispiel

Zur Veranschaulichung des aufgeführten Nachweisverfahrens für den vorhandenen Schallschutz dient folgendes Beispiel:

Es soll der Rechenwert des bewerteten Luftschalldämm-Maß $R'_{w,R}$ einer Mauerwerkswand mit einem WDV-System ermittelt werden.

Das Mauerwerk besteht aus Kalksandsteinen (KS) der Steinrohdichteklasse 1800 kg/m³. Die 17,5 cm dicke KS-Wand ist mit Dünnbettmörtel ausgeführt. Innen ist ein Dünnlagenputz aufgebracht. Das bewertete Schalldämm-Maß ohne WDV-System ergibt sich nach DIN 4109, Beiblatt 1 [38] zu

$R'_{w,R,o} = 49$ dB.

Die Kalksandsteinwand ist mit einem 14 cm dicken WDV-System aus elastifiziertem expandiertem Polystyrol-Hartschaum (EEPS) und einem mineralischen Putz mit einer flächenbezogenen Masse von 10 kg/m² versehen. Das WDVS ist geklebt (Klebeflächenanteil 40 %) und mit vier Dübeln je m² gedübelt.

Nach Tabelle 2.5-1 ist für den Dämmstoff ein dynamischer Elastizitätsmodul anzusetzen von

$E_{dyn} = 0{,}680$ MN/m²

Mit der Dämmstoffdicke d = 14 cm ergibt sich die dynamische Steifigkeit s' wie folgt:

$$s' = \frac{E_{dyn}}{d} = \frac{0{,}680}{0{,}14} = 4{,}86\ \mathrm{MN/m^3}$$

Mit der flächenbezogenen Masse des Putzes m_1 und der dynamischen Steifigkeit s' kann die Resonanzfrequenz f_0 entweder aus Bild 2.5-3 entnommen werden oder wie folgt berechnet werden:

$$f_0 = 160\sqrt{\frac{s'}{m_1}} = 160\sqrt{\frac{4{,}86}{10}} = 112\ \mathrm{Hz}$$

Der Einfluss der Resonanzfrequenz f_0 auf das bewertete Schalldämm-Maß ergibt sich als Korrekturwert $\Delta R'_{w,S}$ entsprechend Bild 2.5-4 zu

$\Delta R'_{w,S} = 9$ dB

Der Korrekturwert für die Verdübelung $K_{Dübel}$ ergibt sich in Abhängigkeit vom Einfluss der Resonanzfrequenz $\Delta R_{w,S}$ entsprechend Bild 2.5-5 zu

$K_{Dübel} = -3{,}7$ dB

Bei einem Klebeflächenanteil von 40 % ergibt sich kein Einfluss auf das Schalldämm-Maß. Der Korrekturwert für die Klebung beträgt entsprechend Bild 2.5-6 somit

$K_{Klebung} = \pm\ 0$ dB

In Abhängigkeit vom bewerteten Schalldämm-Maß der Trägerwand $R_{w,R,o}$ und der Resonanzfrequenz f_0 kann entsprechend Tabelle 2.5-2 der Korrekturwert $K_{Trägerwand}$ entnommen werden:

$K_{Trägerwand} = 2$ dB

Aus diesen Korrekturwerten ergibt sich der Einfluss des WDVS $\Delta R_{w,R}$ auf das bewertete Schalldämm-Maß der Massivwand ohne WDVS $R'_{w,R,o}$ zu

$$\Delta R_{w,R} = \Delta R'_{w,S} + K_{Dübel} + K_{Klebung} + K_{Trägerwand} = 9 - 3{,}7 + 0 + 2 = 7{,}3 \text{ dB}$$

und damit der Rechenwert des bewerteten Schalldämm-Maß $R'_{w,R}$ zu

$$R'_{w,R} = R'_{w,R,o} + \Delta R_{w,R} = 49 + 7{,}3 \approx 56 \text{ dB}$$

Das Schalldämm-Maß der Massivwand wird somit durch das Aufbringen des Wärmedämm-Verbundsystems mit elastifizierten expandierten Polystyrol-Platten um ca. 7 dB verbessert, so dass sich ein Schalldämm-Maß der Gesamtkonstruktion von 56 dB ergibt.

2.5.4 Nachweise

Bisherige Verfahren nach DIN 4109

Bei dem bisherigen Nachweis des Schallschutz nach DIN 4109 wird das bewertete Schalldämm-Maß der Massivwand ohne Wärmedämm-Verbundsystem $R'_{w,R,o}$ durch den Korrekturwert $\Delta R_{w,R}$ des WDVS entsprechend nationaler allgemeiner bauaufsichtlicher Zulassung oder entsprechend der nationalen Anwendungszulassung zur europäischen Zulassung (ETA) korrigiert.

Bei Wänden mit Fenstern oder Türen wird dann das resultierende Schalldämm-Maß in Abhängigkeit von dem Schalldämm-Maß der Wand mit WDVS und dem Schalldämm-Maß der Fenster ermittelt. Dieses resultierende Schalldämm-Maß wird den Anforderungen nach DIN 4109 gegenüber gestellt. Bei hohem Fensterflächenanteil dominiert der Einfluss der schlechter schalldämmenden Fenster gegenüber der Wandkonstruktion.

Neues CEN-Rechenverfahren nach DIN EN 12345

Zunächst wird das Schalldämm-Maß der Massivwand mit WDVS ermittelt, indem das Schalldämm-Maß der Massivwand ohne WDVS um den Einfluss des WDVS $\Delta R_{w,R}$ korrigiert wird. Da nach dem neuen Nachweisverfahren nach DIN EN 12345 [40] die verschiedenen Schallübertragungswege einzeln betrachtet werden, muss der Wert dann nach dem in Beiblatt 3 zu DIN 4109 [41] angegebenen Verfahren in das bewertete Schalldämm-Maß R_w – also ohne Berücksichtigung der Flankenübertragung – umgerechnet werden.

Nach DIN EN 12345 [40] ist des Weiteren das Außenlärmspektrum zu berücksichtigen. Innerstädtischer Verkehr, insbesondere von LKW, aber auch Propeller-

oder Düsenflugzeuge in großem Abstand haben ein überwiegend tief- und mittelfrequentes Schallpegelspektrum (s. Bild 2.5-7). Schienenverkehr mit mittlerer oder hoher Geschwindigkeit, Autobahnverkehr oder Düsenflugzeuge in kleinem Abstand haben ein überwiegend mittel- bis hochfrequentes Schallpegelspektrum (s. Bild 2.5-8).

In Abhängigkeit vom Frequenzspektrum der Lärmquelle kann es somit sinnvoll werden, das WDVS so zu wählen, dass die Resonanzfrequenz der gesamten Wandkonstruktion außerhalb des Maximalpegels des Außenlärms liegt (vgl. Bild 2.5-7 und 2.5-8: rot ungünstige Lage der Resonanzfrequenz, blau günstige Lage).

Die neuen europäischen Mess- und Bewertungsnormen geben deshalb neben dem Schalldämm-Maß R_w so genannte Spektrum-Anpassungswerte an. Der Spektrum-Anpassungswert C gilt dabei für überwiegend mittel- und hochfrequenten Außenlärm. Der Wert C_{tr} gilt für überwiegend tief- und mittelfrequenten Außenlärm. Der Spektrum-Anpassungswert wird auf das Schalldämm-Maß aufaddiert.

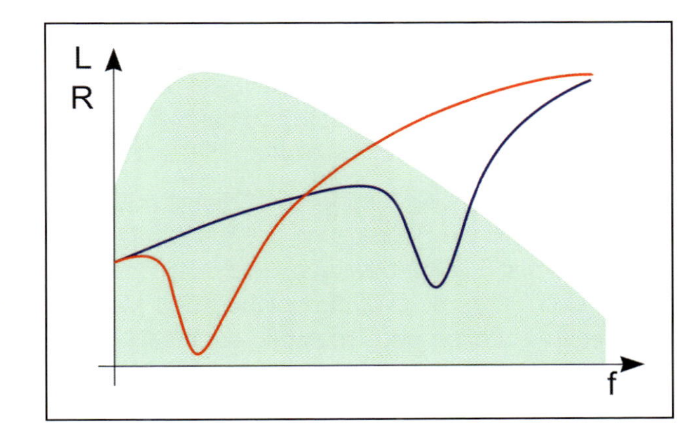

Bild 2.5-7: WDVS bei tieffrequentem Außenlärm nach [30]
rot: ungünstige Lage der Resonanzfrequenz
blau: günstige Lage

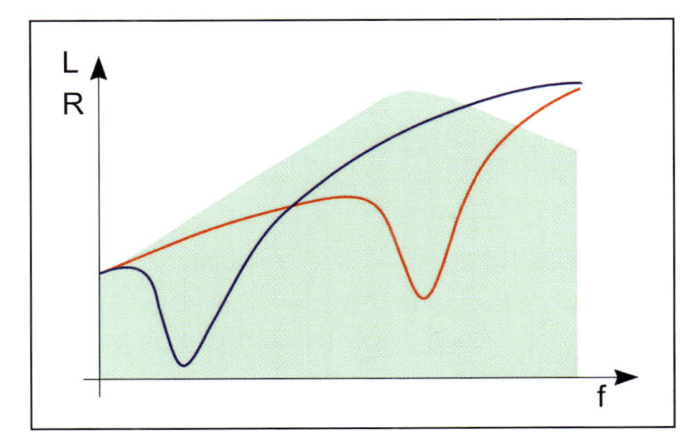

Bild 2.5-8: WDVS bei hochfrequentem Außenlärm nach [30]
rot: ungünstige Lage der Resonanzfrequenz
blau: günstige Lage

2.6 Feuchte- und Witterungsschutz sowie Fassadenverschmutzung

Im Hinblick auf den Feuchte- und Witterungsschutz sind folgende Beanspruchungsarten zu unterscheiden:

- Tauwasserbildung
  - im Wandinnern und
  - auf den inneren Wandoberflächen,
- Schlagregen- und
- Spritzwasserbeanspruchung.

2.6.1 Tauwasserbildung im Wandinnern

Nach DIN 4108-03 [42] ist nachzuweisen, dass das gegebenenfalls in der Tauperiode (Wintermonate) im Innern der Bauteile anfallende Tauwasser während der Verdunstungsperiode (Sommermonate) wieder ausdiffundieren kann. Gleichzeitig wird die anfallende Tauwassermasse auf 1,0 kg/m² bei kapillar wasseraufnahmefähigen Bauteilschichten und auf 0,5 kg/m² bei kapillar nichtwasseraufnahmefähigen Bauteilschichten begrenzt.

Eine weitere Voraussetzung für die Erfüllung des Tauwasserschutzes nach DIN 4108-03 [42] ist die Begrenzung der Erhöhung des massebezogenen Feuchtegehaltes um ≤ 5 M.-% bzw. von Holz oder Holzwerkstoffen um ≤ 3 M.-%. Dabei werden Holzwolle-Leichtbauplatten und Mehrschicht-Leichtbauplatten aus Schaumkunststoffen und Holzwolle nach DIN 1101-01, die bei einigen WDV-Systemen als Wärmedämm-Material eingesetzt werden ausdrücklich von dieser Anforderung ausgenommen (DIN 4108-03, Abschnitt 4.2.1 e).

Bei folgenden Außenwandkonstruktionen kann – unter der Voraussetzung eines ausreichenden Wärmeschutzes nach DIN 4108-02 [32] – auf einen Nachweis des Tauwasserausfalls infolge Dampfdiffusion verzichtet werden:

Ein- und zweischaliges Mauerwerk, Wände aus Normalbeton, Wände aus gefügedichtem oder haufwerksporigen Leichtbeton jeweils mit Innenputz und folgenden Außenschichten:

- Putz nach DIN 18550-1 oder Verblendmauerwerk
- angemörtelte oder angemauerte Bekleidungen nach DIN 18515-1 oder DIN 18515-2 bei einem Fugenanteil von mindestens 5 %
- Außendämmungen nach DIN 1102 oder nach DIN 18550-3 oder durch ein zugelassenes Wärmedämm-Verbundsystem.

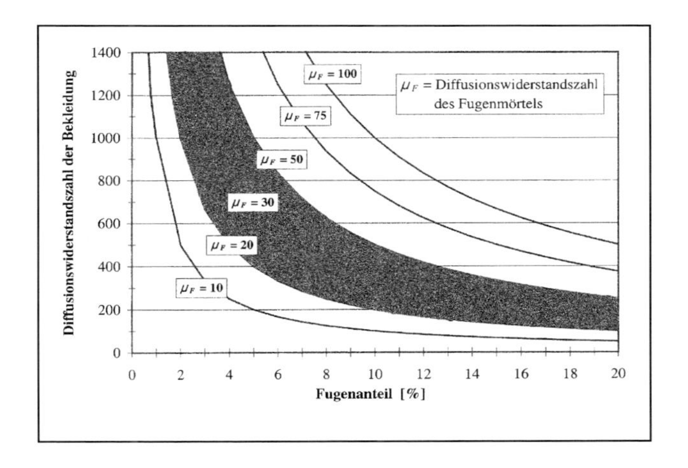

Bild 2.6-1: Wirksamer Wasserdampfdiffusionsdurchlasswiderstand keramischer Beläge in Abhängigkeit vom Fugenanteil [43]

Bezüglich der Tauwasserbildung bei WDVS mit keramischen Bekleidungen ist ein Diffusionsnachweis entsprechend DIN 4108-3 [42] zu führen. Hierzu ist in Bild 2.6-1 der wirksame Diffusionswiderstand keramischer Bekleidungen in Abhängigkeit vom Fugenanteil in Anlehnung an [43] dargestellt. Diese rechnerisch ermittelten Werte wurden durch Versuche weitestgehend bestätigt [44]. Anzumerken ist, dass die Beurteilung von Außenwänden mit keramischen Belägen nach dem in DIN 4108 angegebenen Glaserverfahren zu einer Fehleinschätzung führen kann, weil der Einfluss von Schlagregen und insbesondere der Einfluss der in den tragenden Wänden enthaltenen Bauwerksfeuchtigkeit unberücksichtigt bleiben. Die Beurteilung solcher Wände sollte besser mit instationären Berechnungsverfahren erfolgen (z.B. mit dem Programmsystem WUFI, das vom Fraunhofer-Institut für Bauphysik vertrieben wird).

2.6.2 Tauwasserbildung auf Bauteiloberflächen im Rauminnern und Schimmelpilzbildung

Der normative Nachweis der Tauwasserfreiheit auf Bauteiloberflächen insbesondere im Bereich von Wärmebrücken geschieht nach DIN 4108-2 [32]. Ecken und Kanten von Bauteilen mit gleichartigem Aufbau, deren Einzelkomponenten die Anforderungen nach DIN 4108-2, Tabelle 3 hinsichtlich des Mindestwärmeschutzes erfüllen, bedürfen keines besonderen Nachweises. Für davon abweichende Konstruktionen muss der Temperaturfaktor an der ungünstigsten Stelle die Mindestanforderung $f_{Rsi} \geq 0{,}70$ erfüllen, d.h., bei den unten angegebenen Randbedingungen entsprechend DIN 4108-2 ist eine raumseitige Oberflächentemperatur von $\theta_{si} \geq 12{,}6$ °C eingehalten.

Der Temperaturfaktor f_{Rsi} folgt nach DIN EN ISO 10211-2 zu

$$f_{Rsi} = \frac{\theta_{si} - \theta_e}{\theta_i - \theta_e} \geq 0{,}70$$

Dabei ist

θ_{si} die maßgebende, raumseitige Oberflächentemperatur;
θ_i die Innenlufttemperatur;
θ_e die Außenlufttemperatur

Für die Berechnung der raumseitigen Oberflächentemperatur $\theta_{si} = f_{Rsi} (\theta_i - \theta_e) + \theta_e$ kann der Temperaturfaktor z.B. aus Tabellenwerken entnommen werden (s. Bild 2.6-2; [45]).

Wenn der Temperaturfaktor f_{Rsi} nicht aus Tabellenwerken übernommen werden kann, weil die zu untersuchende Konstruktion dort nicht aufgeführt ist, kann die Konstruktion mit einem Wärmebrückenprogramm nach der FE-Methode untersucht werden. Bei dieser Berechnung sind die Randbedingungen nach DIN 4108-2 wie folgt anzusetzen:

- Innenlufttemperatur θ_i = 20 °C;
- relative Luftfeuchte innen ϕ_i = 50 %;
- auf der sicheren Seite liegende kritische zugrunde gelegte Luftfeuchte nach DIN EN ISO 13788 für Schimmelpilzbildung auf der Bauteiloberfläche ϕ_{si} = 80 %;
- Außenlufttemperatur θ_e = -5 °C;

		λ = 0,21		λ = 0,56		λ = 0,99	
d [cm]	s [cm]	Ψ	f_{Rsi}	Ψ	f_{Rsi}	Ψ	f_{Rsi}
2	30	0,16	0,73	0,20	0,64	0,21	0,58
4	30	0,14	0,76	0,18	0,65	0,20	0,58
6	30	0,13	0,77	0,17	0,66	0,20	0,58
2	36,5	0,15	0,76	0,19	0,67	0,20	0,61
4	36,5	0,13	0,78	0,17	0,68	0,19	0,61
6	36,5	0,12	0,79	0,17	0,68	0,19	0,62

Bild 2.6-2: Faktor f_{Rsi} beispielhaft für eine Außenwandkonstruktion [45]

- Wärmeübergangswiderstand, innen:
  $R_{si} = 0,25\ m^2 \cdot K/W$ (beheizte Räume);
  $R_{si} = 0,17\ m^2 \cdot K/W$ (unbeheizte Räume);
- Wärmeübergangswiderstand, außen
  $R_{se} = 0,04\ m^2 \cdot K/W$

Bei Wärmebrücken in Bauteilen, die an das Erdreich oder an unbeheizte Kellerräume und Pufferzonen grenzen, muss von den in Tabelle 2.6-1 angegebenen Randbedingungen ausgegangen werden.

Tabelle 2.6-1: Temperaturrandbedingungen zur Wärmebrückenberechnung nach DIN 4108-2 [32]

Gebäudeteil bzw. Umgebung	Temperatur[1] θ in °C
Keller	10
Erdreich	10
unbeheizte Pufferzone	10
unbeheizter Dachraum	-5

[1] Randbedingungen nach DIN EN ISO 10211-1

Es ist der Nachweis zu führen, dass unter Zugrundelegung der genannten Randbedingungen gilt:

min $\theta_{si} \geq 12,6$ °C

Die Durchführung einer Wärmebrückenberechnung für die in Bild 2.6-3 dargestellte Konstruktion nach der Methode der finiten Elemente ist beispielhaft in Bild 2.6-4 dargestellt.

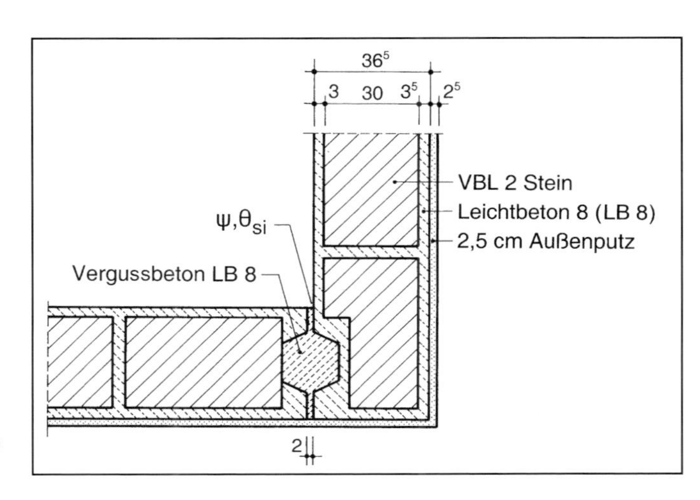

Bild 2.6-3: Bereich einer Außenwandkante – Wandkonstruktion

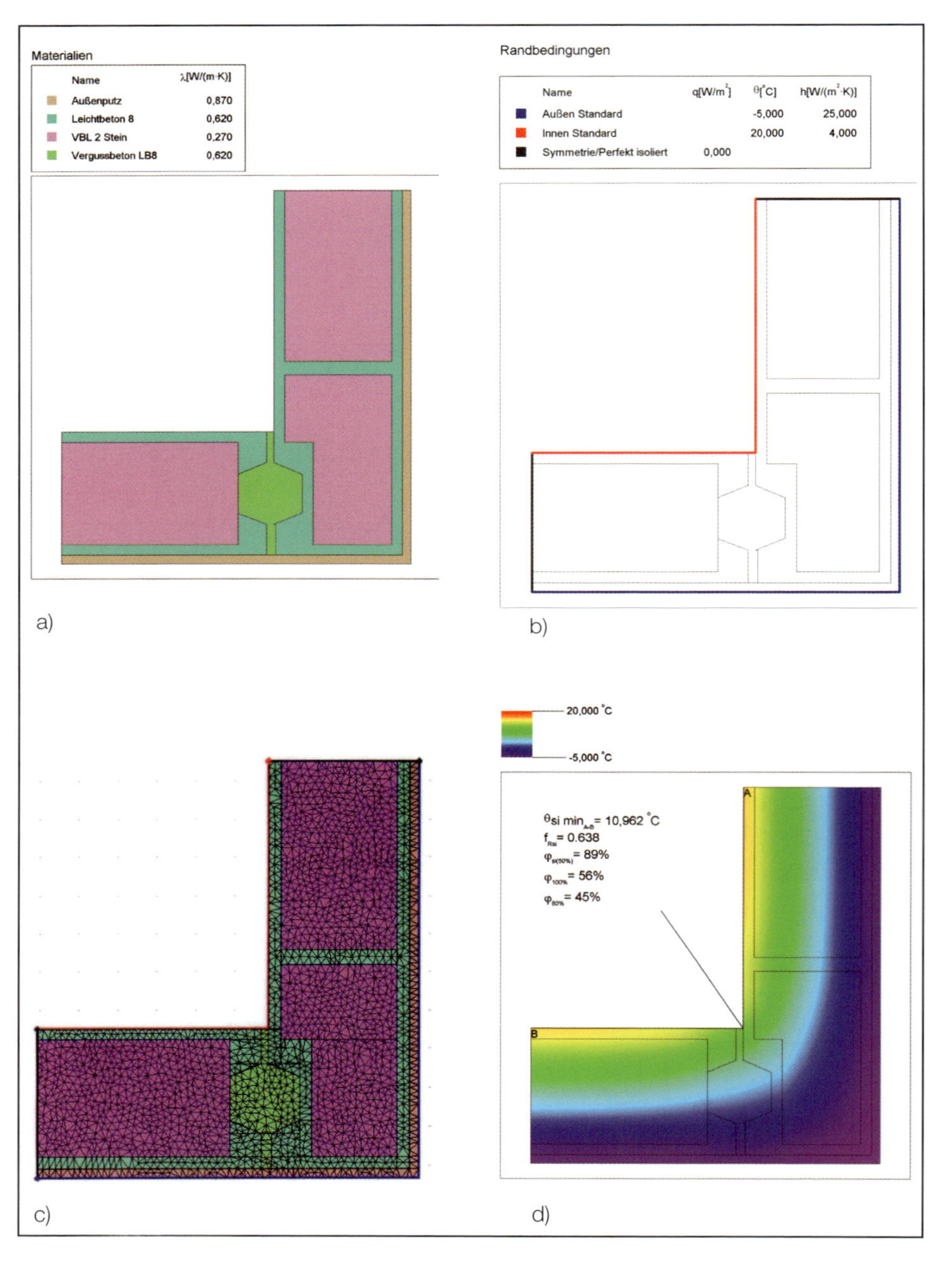

Bild 2.6-4: Berechnung der minimalen Oberflächentemperatur θ_{si} sowie von f_{Rsi} im Bereich einer Außenwandkante mit einem Wärmebrückenprogramm nach der Methode der finiten Elemente (vgl. Bild 2.6-3)
a) Geometrie und Baustoffe, b) Randbedingungen, c) Automatische Netzgenerierung, d) Ergebnisdarstellung

Hinweis: Abweichend zu DIN 4108-2 sind in DIN EN ISO 1021-1 auch in Abhängigkeit von der Möblierung weitere Werte für R_{si} (früher $1/\alpha_i$) angegeben (vgl. Tabelle 2.6-2).

Tabelle 2.6-2: R_{si}-Werte nach DIN EN ISO 1021-1

obere Raumhälfte	R_{si} = 0,25 m² · K/W
untere Raumhälfte	R_{si} = 0,35 m² · K/W
hinter Möbeln	R_{si} = 0,50 m² · K/W
hinter Einbauschränken	R_{si} = 1,00 m² · K/W

Um den Einfluss sowohl unterschiedlicher geometrischer Wärmebrücken (ebene Wand, Wandkanten, dreidimensionale Ecken, Ecke einschließlich Attika) als auch unterschiedliche Wärmeübergangswiderstände R_{si} aufzuzeigen, wird auf Bild 2.6-5 verwiesen.

Konstruktion		min θ_{si} [°C] bei einem inneren Wärmeübergangswiderstand R_{si} =					
		1	0,5	0,33	0,25	0,20	0,13
ungestörte Wand	ⓔ θ_e = -5°C, R_{se} = 0,04; ⓘ θ_i = +20°C; d=6 cm, 14 cm	10,7	14,1	15,7	16,6	17,2	18,2
zweidim. Ecke	ⓔ ⓘ d=6 cm, 14 cm	8,5	12,2	14,0	15,0	15,7	16,9
dreidim. Ecke	d=6 cm ⓔ ⓘ	6,3	10,0	11,9	13,1	13,9	15,3
dreidim. Ecke mit Attika	d=6 cm, 30 cm ⓔ ⓘ	4,5	8,2	10,2	11,4	12,3	13,9

Bild 2.6-5: Minimale Oberflächentemperatur unterschiedlicher Konstruktionen in Abhängigkeit von R_{si}

Ein Schadensfall soll den Einfluss geometrischer Wärmebrücken verdeutlichen. Im Wohnzimmer eines Gebäudes, das außenseitig mit einem 6 cm dicken Wärmedämm-Verbundsystem versehen war, trat am Eckpfeiler zweier aneinander stoßender Fenster ein Schimmelpilzbefall auf (s. Bild 2.6-6) während am Mittelpfeiler und an den anschließenden Wänden kein Schimmelpilzbefall vorhanden war (s. Bild 2.6-7). Die nach DIN 4108-2 angegebene Mindestoberflächentemperatur von θ_{si} = 12,6 °C wird nur am Eckpfeiler unterschritten.

Bild 2.6-6: Eckpfeiler im Bereich zweier aneinander stoßender Fenster mit Schimmelpilzbefall (vgl. hierzu Bild 2.6-7)

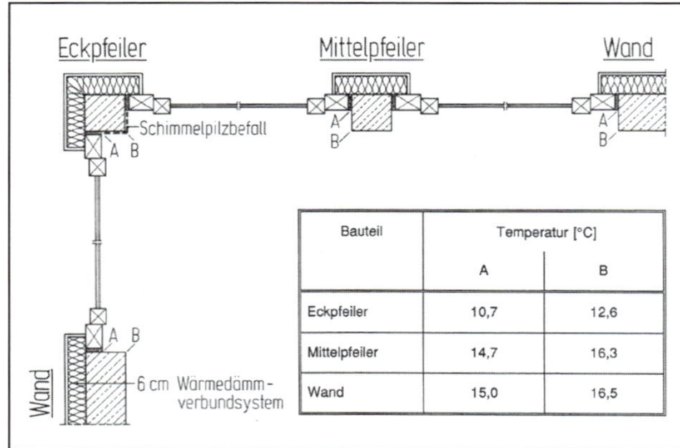

Bauteil	Temperatur [°C]	
	A	B
Eckpfeiler	10,7	12,6
Mittelpfeiler	14,7	16,3
Wand	15,0	16,5

Bild 2.6-7: Grundriss einer Wohnung mit Angaben der berechneten Oberflächentemperaturen; Schimmelpilz trat nur am Eckpfeiler auf (θ_{si} = 10,7 °C < 12,6 °C); vgl. Bild 2.6-6

2.6.3 Schlagregenschutz

In DIN 4108-3 [42] werden drei Schlagregenbeanspruchungsgruppen definiert (Beanspruchungsgruppe I = geringe Schlagregenbeanspruchung bis III = starke Schlagregenbeanspruchung); Sie sind abhängig von

- den regionalen, klimatischen Bedingungen (Regen, Wind),
- der örtlichen Lage (Bergkuppe, Tal) sowie
- der Gebäudeart (Hochhaus, eingeschossiges Gebäude).

Daneben werden Beispiele genormter Wandkonstruktionen angegeben, die den Anforderungen an die jeweiligen Beanspruchungsgruppen genügen, ohne andere Konstruktionen mit entsprechend gesicherter, praktischer Erfahrung auszuschließen (s. Tabelle 2.6-3).

Tabelle 2.6-3: Zuordnung von WDVS im Hinblick auf die Schlagregen-Beanspruchungsgruppen entsprechend DIN 4108-3 [42]

Beanspruchungsgruppe I	Beanspruchungsgruppe II	Beanspruchungsgruppe III
geringe Schlagregenbeanspruchung	**mittlere Schlagregenbeanspruchung**	**starke Schlagregenbeanspruchung**
Außenputz ohne besondere Anforderungen an den Schlagregenschutz nach DIN 18550-1 auf	wasserhemmender Außenputz nach DIN 18550-1 auf	wasserabweisender Außenputz nach DIN 18550-1 bis DIN 18550-4 oder Kunstharzputz nach DIN 18558 auf
Holzwolle-Leichtbauplatten und Mehrschicht-Leichtbauplatten nach DIN 1101, ausgeführt nach DIN 1102		
Außenwände mit im Dickbett oder Dünnbett angemörtelten Fliesen oder Platten nach DIN 18515-1		Außenwände mit im Dickbett oder Dünnbett angemörtelten Fliesen oder Platten nach DIN 18515-1 mit wasserabweisendem Ansetzmörtel
Wände mit Außendämmung durch ein Wärmedämmputzsystem nach DIN 18550-3 oder durch ein zugelassenes Wärmedämmverbundsystem		

Als wasserhemmende Putzsysteme werden nach DIN V 18550 [46] und DIN EN 998-1 [47] Putze bestimmter Mörtelgruppen angegeben. Wasserabweisende Putzsysteme werden nach [46] über folgende Anforderungen definiert, die nach DIN EN 1015-18 und DIN EN 1015-19 zu prüfen sind:

- Wasseraufnahmekoeffizient
  $w \leq 0{,}5\ kg/(m^2 \cdot h^{0{,}5})$
  $w \leq 1{,}0\ kg/(m^2 \cdot h^{0{,}5})$ (bei Prüfung im Alter von 28 d)

- diffusionsäquivalente Luftschichtdicke
  $s_d \leq 2{,}0$ m
- $w \cdot s_d \leq 0{,}2$ kg/(m² · h^0,5^)

Die Prüfung der wasserabweisenden Eigenschaften wird im Rahmen des Zulassungsverfahrens für WDV-Systeme geprüft. Der Wasseraufnahmekoeffizient wird dabei mit Hilfe des Kapillaritätstests nach der ETAG-Leitlinie [10] ermittelt.

Eine Auswertung von ca. 150 allgemeinen bauaufsichtlichen Zulassungen [48] im Hinblick auf wasserabweisende Eigenschaften der Putzsysteme ist Bild 2.6-8 zu entnehmen. Der überwiegende Anteil der dort beschriebenen Putzsysteme erfüllt die Anforderungen der Schlagregengruppe III.

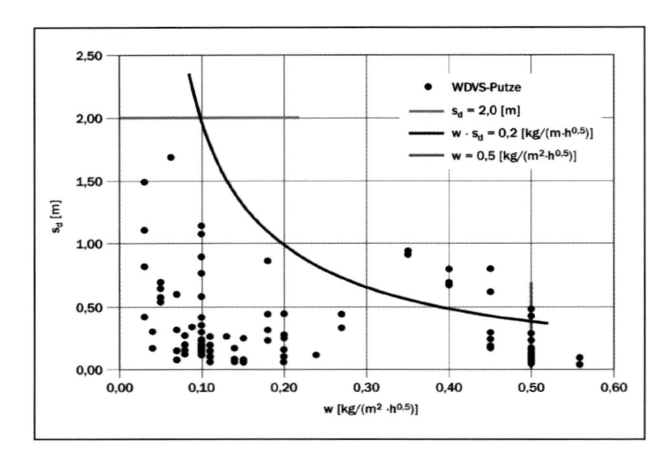

Bild 2.6-8: Auswertung von WDV-Putzsystemen im Hinblick auf wasserabweisende Eigenschaften [48]

Im Hinblick auf den dauerhaften Schlagregenschutz ist neben der kapillaren Wasseraufnahme eine Rissbreitenbeschränkung im Putzsystem erforderlich. Zur Untersuchung der zulässigen Rissbreiten wurden im Institut für Baukonstruktion und Festigkeit der Technischen Universität Berlin umfangreiche Untersuchungen durchgeführt.

Die Auswirkung von Rissen in Putzsystemen von Wärmedämm-Verbundsystemen sind:

- Durchfeuchtung der Wärmedämmung,
- verminderte Haftzugfestigkeit zwischen Putz und Wärmedämmung,
- verminderte Querzugfestigkeit der Mineralfaser-Dämmung sowie
- verminderte Frost-Tau-Wechselbeständigkeit.

Um den Einfluss der Rissbreite auf die o.g. einzelnen Auswirkungen zu untersuchen, wurden Probekörper gefertigt und mit eigens hergestellten Rissvorrichtungen vorgegebene Rissbreiten zwischen 0,1 und 1,0 mm in den Probekörpern erzeugt. Wegen der Vielzahl der zu untersuchenden Parameter und zur Beschleunigung der Versuchsdurchführung wurden drei unterschiedliche Verfahren zur Wasserbeaufschlagung der Probekörper gewählt.

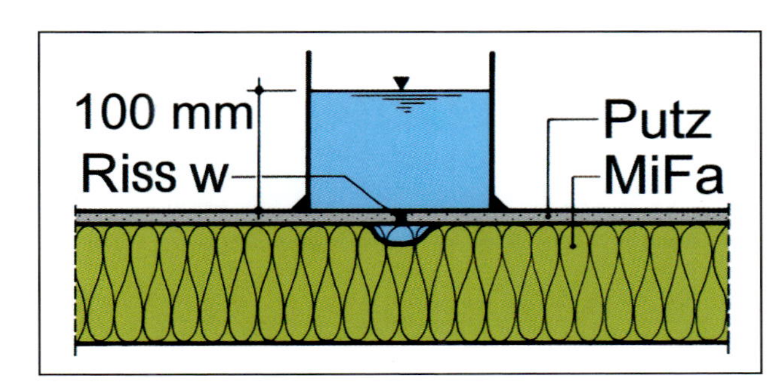

Bild 2.6-9: Untersuchungsmethode 1: Beanspruchung durch statisch wirkende Wassersäule

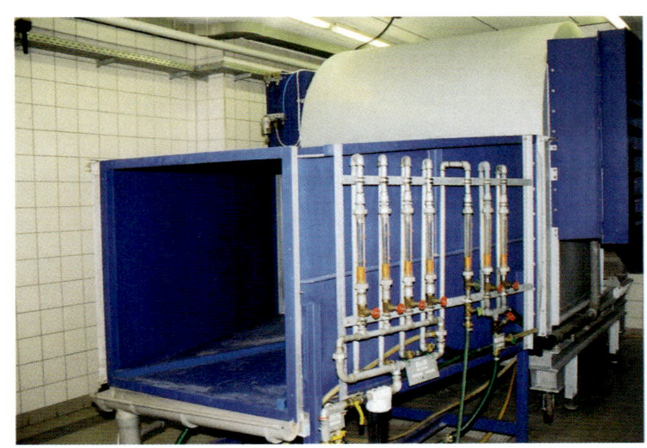

Bild 2.6-10: Untersuchungsmethode 2: Schlagregenversuchsstand, der es ermöglicht, einen Schlagregen weitgehend naturgetreu zu simulieren

Bild 2.6-11: Untersuchungsmethode 3: Freibewitterung von WDVS-Probekörpern

Bild 2.6-12: Probekörper mit eingeprägtem Riss aus Untersuchungsmethode 3 (Riss ist nachgezeichnet)

Die Ergebnisse der durchgeführten Versuche können wie folgt zusammengefasst werden:

- Die in das WDVS eindringende Wassermenge ist abhängig von den Eigenschaften und – bei Mineralfaser-Dämmung – von dem Alterungszustand der Wärmedämmung bzw. des Putzes. Die klimatische Vorbelastung („Belastungsvorgeschichte") des WDVS wirkt sich auf die Wasserverteilung in unmittelbarer Rissnähe aus.
- Für Risse mit sich nicht ändernden Rissbreiten und mit einer Rissbreite von ca. 0,1 mm wurden nur sehr kleine Wassereindringmengen festgestellt. Mehrfach nahm der Wassereindrang im Laufe des Versuches so stark ab, dass kein Wasserzutritt mehr vorlag („Selbstheilung" von Rissen).
- In WDVS mit Putzen auf Polystyrol-Dämmung tritt weniger Wasser ein als in vergleichbaren Systemen mit Putzen auf Mineralfaser-Dämmung (s. Bild 2.6-13).

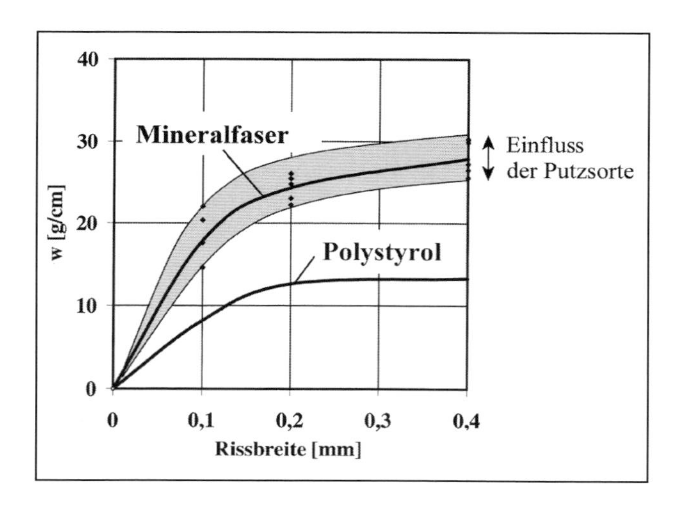

Bild 2.6-13: Wasseraufnahme von Wärmedämm-Verbundsystemen in Abhängigkeit von der Rissbreite

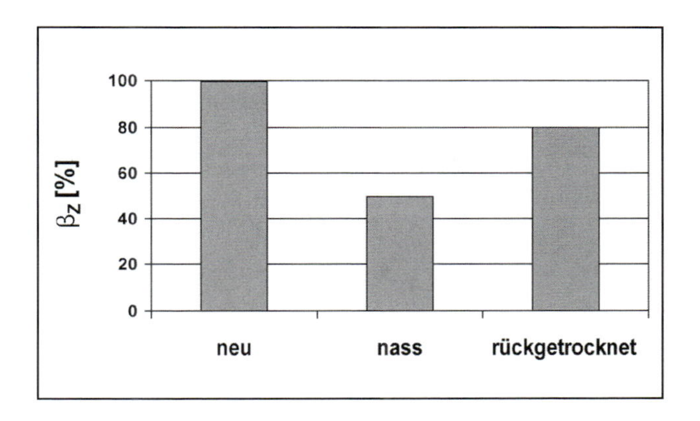

Bild 2.6-14: Verluste der Querzugfestigkeit von Mineralfaser-Dämmstoffen nach Durchfeuchtung und Rücktrocknung

- Die Querzugfestigkeit zwischen Putz und Mineralfaser-Wärmedämmung wird durch Wassereinfluss irreversibel herabgesetzt. Auch nach einer Rücktrocknung wird nicht wieder die Ausgangsfestigkeit erreicht (s. Bild 2.6-14).
- Die Haftzugfestigkeit des WDVS ist von der Verteilung des eingedrungenen Wassers in der Mineralfaser-Wärmedämmung abhängig. Dringt das Wasser tief in den Dämmstoff ein (z.B. durch Diffusionsvorgänge), so wird die Haftzugfestigkeit stärker herabgesetzt als bei einer Anlagerung der Feuchte zwischen Putz und Wärmedämmung. Auch hier ist der Einfluss der Rissbreite signifikant. Insbesondere ist auf den sprunghaften Abfall der Haftzugfestigkeit bei w = 0,3 mm hinzuweisen (s. Bild 2.6-15).
- Aufgrund des signifikanten Abfalls der Haftzugfestigkeit zwischen dem Putz und den Mineralfaser-Dämmplatten und des günstigeren Verhaltens von WDVS mit einer Wärmedämmung aus Polystyrol wird folgende Regelung für

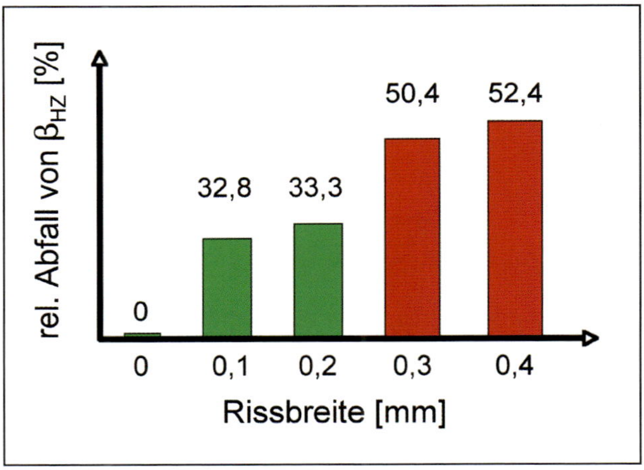

Bild 2.6-15: Relativer Abfall der Haftzugfestigkeit von Putzen auf Mineralfaser-Dämmstoffen in Abhängigkeit von der Rissbreite im Putz

die zulässige Rissbreite allein unter Berücksichtigung technischer Aspekte vorgeschlagen:

– Putz auf Mineralfaser-Dämmung $w \leq 0{,}2$ mm
– Putz auf Polystyrol-Dämmung $w \leq 0{,}3$ mm

Nach dem europäischen Regelwerk [18], [19] wird in Übereinstimmung mit der Putznorm DIN 18550 ist jedoch einheitlich festgelegt worden:

zul $w = 0{,}2$ mm.

Häufig wirken sich Risse im Putz auf die ästhetische Erscheinung eines Gebäudes aus, weil sich an den durchfeuchteten Putzrändern nach Regenfällen Staubansammlungen bilden oder sich die Risse aufgrund des in den Rissen gespeicherten Wassers nach dem Abtrocknen der Putzoberfläche markieren. Es ist darauf hinzuweisen, dass in stark strukturierten Putzen Risse als optisch weniger störend empfunden werden im Vergleich zu Rissen im Bereich von Glattputzen.

2.6.4 Spritzwasser

WDV-Systeme, die bis in den Spritzwasserbereich (≤ 30 cm über Geländeoberfläche) heruntergeführt werden, sind mit einem wasserabweisenden Putzsys-

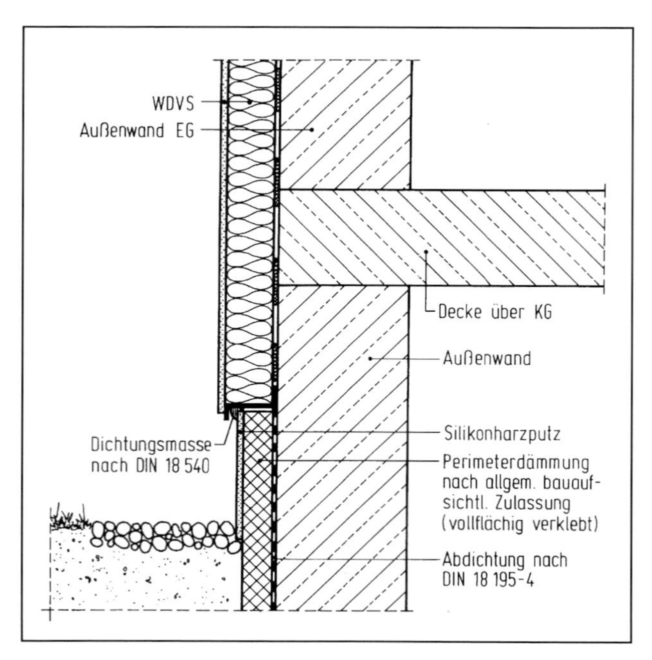

Bild 2.6-16: Spritzwasserschutz

tem auszuführen. Die erhöhten Anforderungen bezüglich der Stoßfestigkeit im Sockelbereich sind zu beachten. Des Weiteren ist zu empfehlen, an den Gebäudeaußenflächen einen ca. 50 cm breiten und 20 cm tiefen Kiesstreifen anzuordnen, um die Bildung von Spritzwasser bei Niederschlägen und eine damit einhergehende Verschmutzungsgefährdung der Putzoberfläche zu reduzieren (s. Bild 2.6-16).

WDV-Systeme sollen nicht in das Erdreich einbinden, um eine dauernde Feuchtebeanspruchung, die in jedem Fall zumindest durch Bodenfeuchtigkeit gegeben ist, auszuschließen. Sofern ein Einbinden nicht vermeidbar ist, sind im Erdreich vorzugsweise allgemein bauaufsichtlich zugelassene Perimeter-Dämmungen zu verwenden (vgl. auch Kapitel 7.12.5).

2.6.5 Oberflächenverschmutzung, Veralgungen

Mit zunehmender Lebensdauer der WDV-Systeme ergibt sich, wie bei anderen Bauarten auch, eine zunehmende Verschmutzung der Putzoberfläche. Diese führt zu einer Erhöhung des Absorptionsgrades für Sonnenstrahlung, die gegebenenfalls im Hinblick auf die Ermittlung der thermischen Beanspruchung zu berücksichtigen ist (s. Kapitel 2.2).

Da eine gleichmäßige Verschmutzung optisch als weniger störend empfunden wird, ist durch geeignete konstruktive Maßnahmen (s. Kapitel 6) sicherzustellen, dass z.B. durch das von horizontalen Flächen (Fenster-, Sohlbänken, Attika-Abdeckblechen o. Ä.) ablaufende Niederschlagswasser keine Schmutzläufer entstehen (vgl. Bild 2.6-17). In diesem Zusammenhang sei darauf hingewiesen,

Bild 2.6-17: Fassadenverschmutzung

dass vermeidbare Fassadenverschmutzungen nach einem Urteil des OLG Stuttgart als Baumängel zu bewerten sind [49]. Der Verursacher dieser Mängel haftet danach für deren Behebung.

Zu den Oberflächenverschmutzungen zählen auch die Ansiedlung von Algen und Flechten. Bei Algen handelt es sich um einzellige Organismen mit einer Gesamtgröße von etwa 10 mm [50] (s. Bild 2.6-18). Die Vermehrung der Algen geschieht durch Zellteilung, wobei sie sich bei günstigen Lebensbedingungen alle vier Stunden verdoppeln. Für das Wachstum der Algen sind Wasser bzw. eine hohe relative Luftfeuchtigkeit, Licht, Kohlendioxid, Stickstoffverbindungen, Phosphate und Schwefelverbindungen erforderlich. Diese Komponenten sind in der uns umgebenden Atmosphäre vorhanden. Vornehmlich im Bereich von Seen, Biotopen oder feuchten Gebieten gedeihen Algen kräftig, aber auch an den nach Norden und Westen ausgerichteten Außenwänden wachsen Algen bei hoher Schlagregenbeanspruchung (s. Bild 2.6-19).

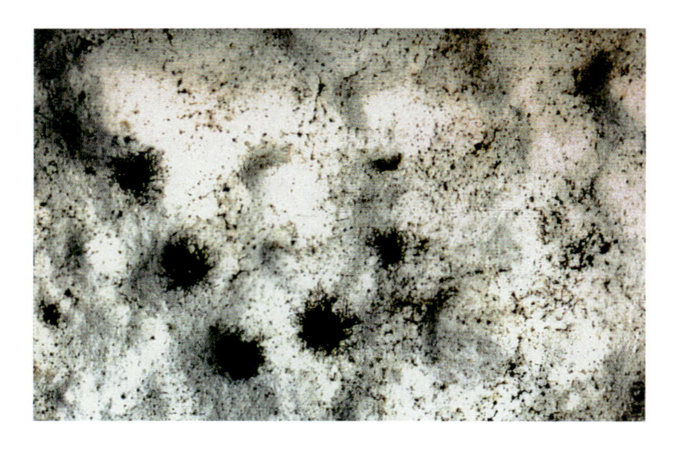

Bild 2.6-18: Algenwachstum [51]

Bild 2.6-19: Von Algen befallene Fassade

Flechten stellen eine Lebensgemeinschaft von Pilzen und Algen dar. Die Algenzellen sind im Pilzmyzel eingebettet und so vor Austrocknung und Witterungseinflüssen geschützt. Während die Algen für ihre Existenz auf Wasser angewiesen sind, können Flechten auch auf trockenen, sonnigen Flächen wachsen. Das zum Wachsen benötigte Wasser kann periodisch zugeführt werden. Während längeren Trockenperioden sterben Flechten nicht ab, sondern verharren in einem Ruhezustand bis zur erneuten Zufuhr von Wasser.

Das Wachstum von Flechten und insbesondere von Algen auf Wärmedämm-Verbundsystemen wird durch folgende Faktoren begünstigt ([51] bis [53]):

- Durch die gute Wärmedämmung der WDVS wird die Putzoberfläche im Winter kühl gehalten, so dass die Abtrocknung feuchter Putzoberflächen verzögert wird. In den Nachtstunden – insbesondere bei unbedecktem Himmel – kann es zudem durch die Wärmeabstrahlung zu einer Unterkühlung des Putzes gegenüber der Außenluft kommen, mit der Gefahr der Tauwasserbildung. Damit sind für das Wachstum der Algen und Flechten günstige Lebensbedingungen gegeben.
- Während mineralische Putze Wasser schnell speichern und es auch schnell wieder abgeben, verhalten sich Kunststoffputze bzw. kunstoffmodifizierte Putze in hygrischer Hinsicht träger, so dass auch hier während längerer Zeiträume das für das Algenwachstum notwendige Wasser zur Verfügung steht. Es kommt hinzu, dass Kunststoffputze auch ein hohes Sorptionsverhalten aufweisen, so dass zusätzlich auch während längerer Zeiträume günstige Lebensbedingungen für das Algenwachstum herrschen.
- Algen und Flechten auf WDVS verursachen keine Bauschäden, weil die Algen zum Wachsen nicht die Bestandteile des Putzes assimilieren. Sie beziehen ihre Nahrung aus der Umwelt. Andererseits stellt ein Algenbefall eine ästhetisch/optische Beeinträchtigung dar (vgl. Bild 2.6-19).
- Als vorbeugende Maßnahme können bei Neubauten dem Putz Biozide beigefügt werden, die das Algen-/Flechtenwachstum verhindern. Nach [51] muss ein Biozid in die Algenzelle eindringen können. Dazu muss es wasserlöslich sein. Die Wasserlöslichkeit muss so groß sein, dass eine wirksame Konzentration des Biozides in die Zelle eindringen kann. Andererseits muss die Löslichkeit so gering sein, dass das Biozid vom Regen nicht ausgewaschen wird. Insofern lassen sich keine allgemeingültigen Aussagen über die Wirkungsdauer von Bioziden treffen – nur die, dass die Wirksamkeit zeitlich auf jeden Fall begrenzt ist. Die Wirkungsdauer von Bioziden ist bei Kunststoffputzen größer als bei mineralischen Putzen. Über die Umweltverträglichkeit liegen derzeit keine gesicherten Angaben vor.

- Auf alkalischen Substraten mit pH-Werten > 9,5 sind Algen und Pilze im Allgemeinen nicht lebensfähig. Die anfänglich hohe Alkalität von Kalkhydrat- und Zementputzen wird aufgrund der geringen Masse der Putze und der damit verbundenen geringen chemischen Pufferkapazität durch die Karbonatisierung relativ schnell neutralisiert. Kaliwasserglas enthaltende Putze verhalten sich im Prinzip günstiger. Das während der Karbonatisierung der Wasserglasbinder entstehende Kaliumkarbonat bildet ein chemisch höher basisches System. Das relativ leicht lösliche Kaliumkarbonat wird jedoch durch Regenwasser ausgewaschen. Deshalb haben auch die wasserglasgebundenen Putzsysteme nur eine zeitlich begrenzte Widerstandskraft gegen Algenbewuchs.
- Hohe und länger anhaltende Oberflächenfeuchten von 90 bis 100 % r.F. fördern das Algenwachstum. Geringfügig erscheinende Temperaturunterschiede von 0,1 bis 0,2 K, die z.B. im Bereich von Wärmebrücken in Wärmedämm-Verbundsystemen (z.B. punktuelle Wärmebrücken durch Verdübelung) auftreten, zeigen, dass bereits eine geringe Steigerung der Temperatur zu einem deutlich geringeren Algenbefall führt (s. Bild 2.6-19).

Derzeit werden verschiedene bauphysikalische bzw. chemisch-baustofftechnische Lösungsansätze zur Vermeidung einer Veralgung untersucht:

Bauphysikalischer Lösungsansatz

- Einfärbung der Oberflächen mit dunklen Farben zur Erhöhung der Strahlungsenergiegewinne bei gleichzeitiger Erhöhung der Speichermasse bzw. der spezifischen Wärmespeicherkapazität (ggf. unter Nutzung latent wärmespeichernder Systeme).

Chemisch-baustofftechnische Lösungsansätze

- Einsatz von Putzen bzw. Beschichtungssystemen mit mikroglatter hydrophober Oberfläche zur Minderung der Feuchtigkeitsaufnahme sowie einer möglichen Verschmutzung, z.B. durch hydrophobierend wirkende wasserdampfdiffusionsoffene Silikonharz-Beschichtungen mit Lotuseffekt. Über die Langzeitwirksamkeit der Anstrichsysteme mit Lotus-Effekt gibt es zurzeit noch wenig Aussagen.
- Einsatz von infrarot-reflektierenden Beschichtungen, die durch eine geringere langwellige Emission den Strahlungsaustausch mit dem Nachthimmel reduzieren und damit die Gefahr der Unterkühlung vermindern.

Die Entwicklung geeigneter Maßnahmen zur Vermeidung von Algen- und Flechtenbefall befindet sich im Fluss und ist nicht abgeschlossen.

2.7 Langzeitbeständigkeit

2.7.1 Glasfasergewebeeinlage

Für die Glasfaserbewehrung des Putzes ist eine ausreichende Langzeitbeständigkeit zu fordern – insbesondere im Hinblick auf das alkalische Milieu des umgebenden Putzes. Die Alkaliresistenz (AR) der Glasgewebe wird dabei in der Regel durch eine Kunststoffschlichte erzielt, die das Gewebe ummantelt, da als Grundmaterial für das Gewebe meistens ein E-Glas (Porosilikatglas) zur Anwendung kommt, das nicht alkaliresistent ist.

Der Nachweis der Langzeitbeständigkeit des Glasfasergewebes erfolgt derzeit bei den nationalen allgemeinen bauaufsichtlichen Zulassungen nach einem Vorschlag des DIBt in Form einer künstlichen Alterung bei unterschiedlichen Lagerungsbedingungen entsprechend Tabelle 2.7-1. Die Mindestwerte der vorgeschriebenen Reißfestigkeit müssen nach der Lagerung eingehalten werden.

Tabelle 2.7-1: Erforderliche Reißfestigkeit des Glasgewebes nach künstlicher Alterung (DIBt)

Lagerzeit und Temperatur	Lagermedium	Mindestreißfestigkeit
Nullversuche		≥ 1,75 kN / 5 cm
28 d bei +23 °C	5 % NaOH	≥ 0,85 kN / 5 cm
6 h bei +80 °C	alkal. Lösung pH = 12,5	≥ 0,75 kN / 5 cm

Nach der ETAG 004 [10] erfolgt die Prüfung der Dauerhaftigkeit des Textilglasgitters an Proben im Anlieferungszustand und nach Alterung durch Lagerung in einer alkalischen Lösung über einen Zeitraum von 28 Tagen bei 23 °C. Nach der Alterung muss die Reißfestigkeit mindestens 50 % der Festigkeit im Anlieferungszustand und mindestens 20 N/mm betragen.

Diese Arten der Prüfung der Langzeitbeständigkeit werden derzeit in der Fachwelt kontrovers diskutiert, da auf Grundlage von Ringversuchen festgestellt wurde, dass

- die Ergebnisse sehr hohen versuchsbedingten Streuungen unterliegen und
- nahezu sämtliche am Markt vertretenen Gewebe trotz der nachgewiesenen Praxisbewährung eine unzureichende Reißfestigkeit nach Lagerung entsprechend Tabelle 2.7-1 aufweisen (s. Bild 2.7-1).

Dieser Umstand wird auf die unrealistisch hohe alkalische Beanspruchung zurückgeführt und es wird des Weiteren argumentiert, dass die tatsächliche Alkalität der dünnen Putzschicht durch die Karbonatisierung relativ kurzfristig abgebaut wird. Untersuchungen an der Technischen Universität Berlin haben gezeigt,

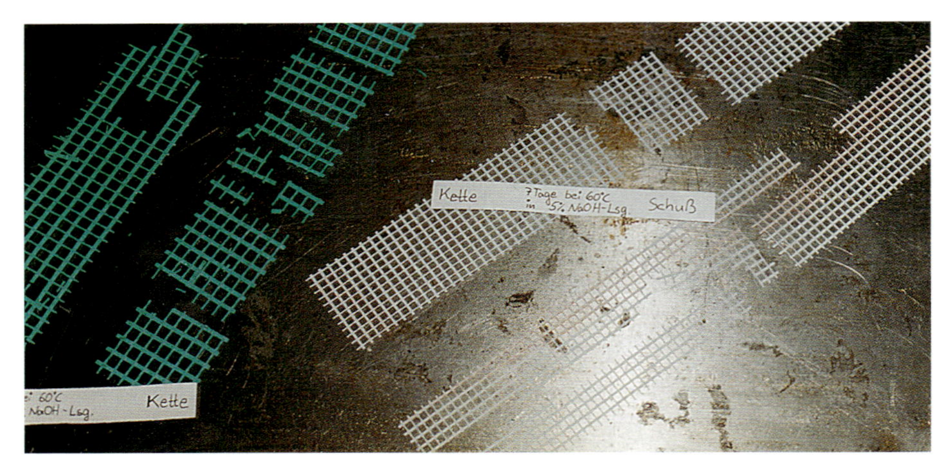

Bild 2.7-1: Zerfallenes Glasgewebe nach Alterungstest entsprechend Tabelle 2.7-1; eine Zugprüfung des Glasgewebes konnte nicht erfolgen.

dass in der Regel nach maximal vier Wochen mineralische Leichtputzschichten so stark durchkarbonatisiert sind (pH < 8), dass eine Gefährdung der Glasfasern durch die Alkalität des Putzes ausgeschlossen ist. Weitere Untersuchungen an einem ausgeführten Objekt zeigten, dass die Reißfestigkeit des dort verwendeten Gewebes von einer Anfangsfestigkeit von 1,6 kN/5 cm nur geringfügig auf 1,5 kN/5 cm nach 15-jähriger Standzeit abgenommen hat, während bei gleichem Gewebe nach künstlicher Alterung die Mindestreißfestigkeit nicht eingehalten wird.

Anders verhält sich der Alkalitätsabbau des Putzes bei WDVS mit angemörtelter keramischer Bekleidung. Hier zeigten Untersuchungen, dass noch nach zwei Jahren eine relativ hohe Alkalität im Unterputz vorhanden ist (pH > 11), da die Keramik das Einwirken des in der Luft vorhandenen Kohlendioxids auf den Unterputz – und damit die Karbonatisierung – verhindert. Da die Bewehrung des Unterputzes aber langfristig ihre Festigkeit behalten muss, ist eine besonders alkaliresistente Bewehrung bei WDVS mit keramischer Bekleidung zu fordern. Nach den allgemeinen bauaufsichtlichen Zulassungen wird eine Prüfung entsprechend den Regelungen des DIBt gefordert.

Es sei in diesem Zusammenhang darauf hingewiesen, dass es möglich ist, statt eines Gittergewebes auch eine mit alkaliresistenten Glasfasern bewehrte Spritz-Putzschicht aufzubringen [54] (s. Kapitel 4.1.4.3). Langzeiterfahrungen oder eine allgemeine bauaufsichtliche Zulassung für diese Art der Putzbewehrung liegen derzeit jedoch noch nicht vor.

2.7.2 Dübel

An die Dübel in WDVS werden im Hinblick auf die Langzeitbeständigkeit folgende Anforderungen gestellt:

- Dauerhaftigkeit der Dübelmaterialien
- Begrenzung der wechselnden Dübelkopfauslenkung infolge der thermisch-hygrisch bedingten Längenänderung des Putzes.

2.7.2.1 Dauerhaftigkeit der Dübelmaterialien

Die Beurteilung der Dauerhaftigkeit von Kunststoffdübeln erfolgt nach der ETAG 014 [55] für ihre Metallteile sowie für die Kunststoffhülse.

Dauerhaftigkeit der Metallteile

Besondere Nachweise, dass Korrosion nicht auftreten kann, sind nicht erforderlich, wenn die Kunststoffdübel gegen Korrosion ihrer Stahlteile, wie nachstehend angegeben, geschützt sind:

- Wenn die Metallteile der Kunststoffdübel aus Stahl mit Zinkbeschichtung bestehen und sichergestellt ist, dass nach dem Einbau des Dübels der Bereich des Metallteilkopfes gegen Feuchtigkeit so geschützt ist, dass sich im Bereich des Kunststoffhülsenschlitzes kein Kondenswasser bildet.
- Ein Schutz des Metallteilkopfes aus Stahl mit Zinkbeschichtung ist nicht erforderlich, wenn das Metallteil des Kunststoffdübels mit mindestens 50 mm Dämm-Material bedeckt ist (z.B. Befestigung von Profilen).
- Ein Schutz des Metallteilkopfes ist ebenfalls nicht erforderlich, wenn das Teil aus nichtrostendem Stahl einer geeigneten Stahlgruppe (Stahlgruppe A2 oder A4 gemäß ISO 3506 oder gleichwertig) besteht.

Werden andere als die oben aufgeführten Korrosionsschutzmaßnahmen (Material oder Beschichtung) gewählt, ist die Korrosionsschutzwirkung unter Anwendungsbedingungen nachzuweisen, die die Aggressivität der verschiedenen Umwelteinflüsse berücksichtigen.

Dauerhaftigkeit der Kunststoffhülse

Die Dauerhaftigkeit der Kunststoffhülse wird in Bezug auf hohe Alkalität (pH = 13,2) geprüft.

2.7.2.2 Begrenzung der Dübelkopfauslenkung

Infolge der hygrothermischen Wechselbeanspruchung der Putzschicht ergibt sich eine wechselnde Dübelkopfauslenkung (s. Kapitel 5.3). Im Hinblick auf die

Langzeitbeständigkeit der Dübel ist entsprechend den nationalen allgemeinen bauaufsichtlichen Dübelzulassungen nachzuweisen, dass die Schwingungsbreite begrenzt wird. Dabei wird festgelegt, dass der Spannungsausschlag σ_A um den Mittelwert σ_M die Größe 50 N/mm² nicht überschreiten darf, wenn die Lastspielzahl $N \geq 10^4$ beträgt [5].

Auf Grundlage einer Abschätzung ergibt sich nach [5], dass bei üblichen WDV-Systemen und Dübeln des Durchmessers von 8 mm die o.g. σ_A-Bedingung in der Regel eingehalten wird. Bei WDV-Systemen mit größerer Dehnsteifigkeit des Putzsystems und/oder geringeren Dämmstoffdicken und Dübeln größeren Durchmessers (z.B. Ø 10 mm) sind Spannungsüberschreitungen jedoch möglich.

2.7.3 Dämmstoffe

Im Hinblick auf die Dauerhaftigkeit von Polystyrol-Dämmstoffen ist auf die Alterung durch UV-Strahlung hinzuweisen. So darf eine Polystyrol-Dämmung nicht über längere Zeiträume – gemeint sind mehrere Wochen – der Sonnenstrahlung ausgesetzt sein, da sich infolge oberflächennaher Alterung abmehlende Zersetzungsprodukte bilden, die keine ausreichende Haftung zwischen Dämmplatte und Unterputz gewährleisten. Um einen hinreichenden Haftgrund wieder herzustellen, ist die Dämmung bis in ausreichende Tiefe abzuschleifen und vom Schleifstaub gründlich zu säubern (s. Bild 2.7-2).

Bild 2.7-2: Entfernen der Zersetzungsprodukte von durch UV-Strahlen beanspruchten Polystyrol-Dämmplatten (auf die hier zudem ungenügende Dämmplattenanordnung ist hinzuweisen.)

In [56] werden Untersuchungen zum Alterungsverhalten von Dämmstoffen unter simulierter klimatischer Wechselbeanspruchung beschrieben. Dabei wurden als künstliche Bewitterung

- Wärme-Feuchte-Zyklen mit
  - Beregnung oder
  - Wasserlagerung,
- Frost-Tau-Wechsel mit
  - Beregnung oder
  - Wasserlagerung und
- Diffusionstests (Wasserdampf, Wärme und Befrostung)

sowie Kombinationen davon durchgeführt und die Änderungen der Materialeigenschaften – wie Haftzugfestigkeit oder Schubmodul – bestimmt. Die Ergebnisse dieser Untersuchungen lassen sich wie folgt zusammenfassen:

- Bei den Versuchen an Polystyrol-Systemen wurden keine signifikanten Veränderungen der Haftzugfestigkeit infolge Bewitterung festgestellt.
- Bei den Systemen mit Mineralfaser-Dämmung wurde unter Feuchteeinwirkung ein erheblicher Abfall der Haftzugfestigkeit ermittelt. Dieser ist auf eine Schwächung der Faserbindung durch eindiffundierende OH-Gruppen zurückzuführen. Die prozentualen Festigkeitsverluste waren bei Mineralfaser-Dämmplatten in der Regel größer als bei Mineralfaser-Lamellen – ein Beweis dafür, dass bei Mineralfaser-Lamellen mit ihrer vorwiegend senkrecht zur Plattenebene ausgerichteten Fasern die Mineralfasereigenfestigkeit wirksam wird. Die Restfestigkeit der Lamellensysteme und der Systeme mit liegenden Mineralfasern Typ TR 15 (Querzugfestigkeit $\geq$ 15 kPa; annähernd vergleichbar mit ehemals Typ HD) wiesen auch nach Bewitterung noch eine hohe Sicherheit ($\gamma \approx 5$) gegenüber der maximalen Windsoglast auf.
- Bei Mineralfaser-Lamellen und Mineralfaser-Dämmplatten wurde eine vergleichbare Abminderung der Schubsteifigkeit in Abhängigkeit von der Bewitterungsdauer auf ca. 25 bis 50 %, bezogen auf nichtbewitterte/ungealterte Platten, festgestellt.

Die Ergebnisse verdeutlichen, dass eine Durchfeuchtung von Wärmedämm-Verbundsystemen mit Mineralfaser-Dämmung zwingend ausgeschlossen werden muss. Dieses gilt auch für den Bauzustand. Längere Zeit der Witterung ausgesetzte Mineralfaser-Dämmplatten sind ggf. zu entfernen oder es ist eine Überprüfung der ausreichenden Querzugfestigkeit durchzuführen.

2.7.4 Versuchstechnische Prüfung des Langzeitverhaltens von WDV-Systemen

Sofern das Langzeitverhalten von WDV-Systemen – insbesondere unter hygrothermischer Wechselbeanspruchung – nicht anderweitig nachgewiesen werden kann, erfolgt nach ETAG 004 [10] die Prüfung anhand einer Prüfwand (Fläche ≥ 6 m², Breite ≥ 2,5 m, Höhe ≥ 2,0 m) mit einer an der Ecke der Prüfwand angeordneten Öffnung (Breite 0,4 m, Höhe 0,6 m). Diese Prüfwand wird einer künstlichen klimatischen Wechselbeanspruchung (s. Bild 2.7-3) wie folgt ausgesetzt:

80 Wärme/Regen-Zyklen

- Erwärmung auf 70 °C (Anstieg während einer Stunde) und Aufrechterhalten der Temperatur von (70 ± 5 °C) bei 10 bis 15 % rel. Feuchte während zwei Stunden (insgesamt drei Stunden),
- Besprühen mit Wasser während einer Stunde (Wassertemperatur (+15 ± 5)°C, Wassermenge 1 l/(m² min),
- Ruhen während zwei Stunden (Entwässerung).

5 Wärme/Kälte-Zyklen

Nach mindestens 48 Stunden nachfolgender Konditionierung bei Temperaturen zwischen 10 und 25 °C und einer relativen Feuchte von mindestens 50 % wird die gleiche Prüfwand fünf Wärme/Kälte-Zyklen von 24 Stunden Dauer mit folgenden Phasen ausgesetzt:

- siebenstündige Beanspruchung bei (50 ± 5)°C (Anstieg während einer Stunde) und maximal 10 % r.F. (insgesamt acht Stunden),
- 14-stündige Beanspruchung bei (-20 ± 5)°C (Absenkungsdauer zwei Stunden) (insgesamt 16 Stunden).

Zur Beurteilung der Langzeitbeständigkeit erfolgt während und nach der klimatischen Wechselbeanspruchung eine visuelle Überprüfung im Hinblick auf Riss- oder Blasenbildung, Loslösen oder Haftverlust etc. Nach Beendigung der klimatischen Wechselbeanspruchung können weitere Versuche zur Bestimmung einer etwaigen Minderung der Quer- oder Haftzugfestigkeit sowie der Stoßfestigkeit durchgeführt werden.

Nach neuen Untersuchungen von Röder [59] sind in Übereinstimmung mit Künzel [57] die oben aufgeführten Bewitterungszyklen nur bedingt für die Überprüfung der Langzeitbeständigkeit von WDVS geeignet. Aufgrund der entstehenden Umkehrdiffusion kommt es zu einer unrealistisch hohen Feuchteansammlung in der Wärmedämmung, die insbesondere bei WDVS mit Mineralfaser-Däm-

Bild 2.7-3: Prüfeinrichtung zur künstlichen Bewitterung von WDV-Systemen (EOTA-Wand);
a) Prinzipskizze
b) Prüfstand

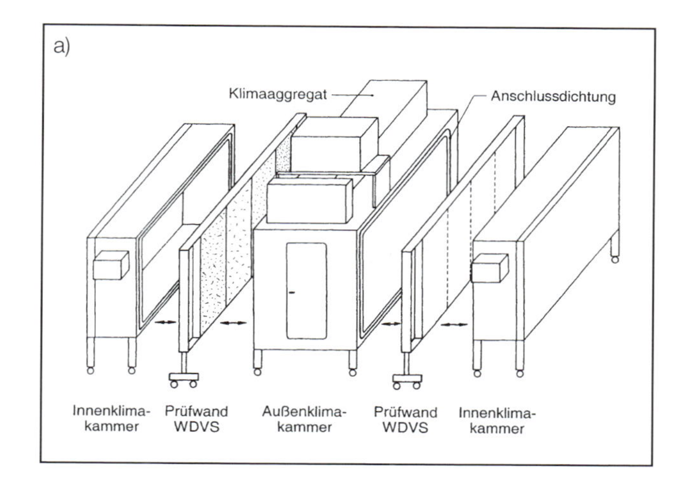

mungen zu einem erhöhten Festigkeitsabfall und damit zu einer zu ungünstigen Beurteilteilung führt.

2.7.5 Langzeitverhalten ausgeführter Wärmedämm-Verbundsysteme

Wärmedämm-Verbundsysteme werden seit mehr als vier Jahrzehnten verwendet. Das Fraunhofer-Institut für Bauphysik hat in einer Studie das Langzeitverhalten der Wärmedämm-Verbundsysteme an mehreren Objekten untersucht [57], wobei das Alter der überprüften WDVS zwischen 19 und 35 Jahren betrug. Einen Überblick der untersuchten Gebäude mit den vorgenommenen Renovierungen sowie der Bewertung der Schadensbilder zeigt Bild 2.7-4.

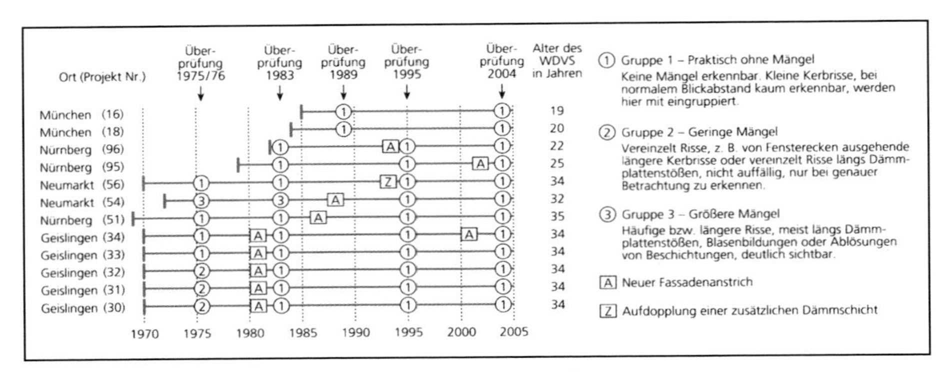

Bild 2.7-4: Darstellung der Zeitabläufe von Herstellung Überprüfung und Renovierung von WDV-Systemen in der Praxis mit Angabe des Fassadenzustandes durch die Beurteilungsgruppe 1, 2 oder 3 [57]

Die gefundenen Ergebnisse lassen sich wie folgt zusammenfassen:

- Schäden an WDVS treten im Vergleich zu Wänden mit Putz nach DIN 18550 seltener auf. Auch Schäden aufgrund von Stoßbeanspruchungen treten relativ selten auf.
- Es herrscht eine relativ hohe Anfälligkeit gegenüber Algenbefall. Das kann derzeit durch biozid/algizid eingestellte Putzsysteme und geeigneten Farbbeschichtungen – zumindest zeitlich begrenzt – kompensiert werden.
- Der Wartungsaufwand und die Wartungshäufigkeit bei WDVS entsprechen Konstruktionen mit Putz nach DIN 18550. Das gilt auch für die Dauerhaftigkeit [57].

2.8 Eignung der WDVS als Korrosionsschutz

Insbesondere bei dreischichtigen Außenwandelementen des Großtafelbaues werden häufig Schäden infolge Korrosion der Bewehrung in der Vorsatzschicht/Wetterschutzschicht vorgefunden (s. Bild 2.8-1).

Wie Labor- und Freilanduntersuchungen an der Technischen Universität Berlin zeigten [58], kann der Korrosionsfortschritt gestoppt werden, wenn der Gleichgewichtsfeuchtegehalt des Betons der Vorsatzschicht unter einen kritischen Wert von ca. 80 bis 85 % r.F. absinkt (s. Bild 2.8-2) und damit eine notwendige Voraussetzung für Korrosion – das Vorhandensein eines Elektrolyts – nicht mehr gegeben ist.

Bild 2.8-1: Korrodierte Bewehrung in der äußeren Betonschicht (Vorsatzschale/Wetterschutzschicht) einer dreischichtigen Betonaußenwand (Betonsandwichwand)

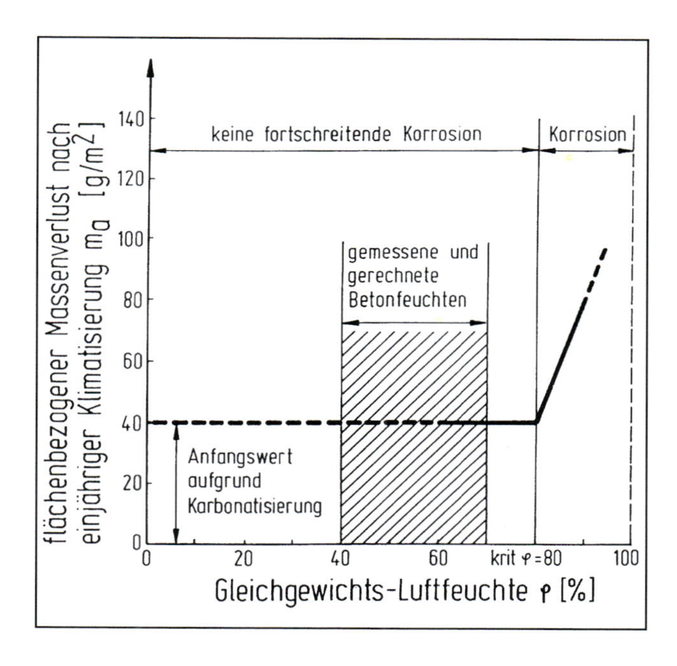

Bild 2.8-2: Korrosionsbeginn einer Stahlbewehrung im karbonatisierten Beton in Abhängigkeit vom Gleichgewichtsfeuchtegehalt des Betons

Durch ein nachträgliches Aufbringen einer zusätzlichen Wärmedämm-Maßnahme trocknen die dahinter liegenden Bauteilschichten – insbesondere der Beton der Vorsatzschicht/Wetterschutzschicht – langfristig aus, wie Messungen an ausgeführten Objekten und instationäre Feuchtestromberechnungen ergaben (s. Bild 2.8-3).

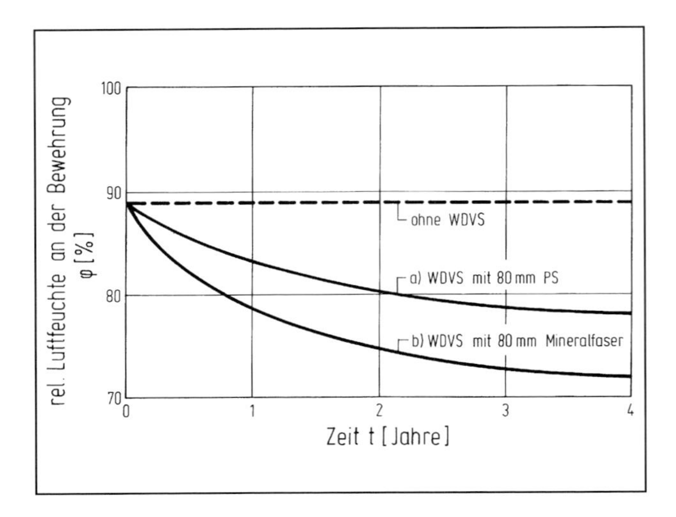

Bild 2.8-3: Langfristige Austrocknung der Wetterschutzschicht einer dreischichtigen Außenwand nach dem Aufbringen von WDV-Systemen
a) Polystyrol-Dämmung mit Kunstharzputz
b) Mineralfaser-Dämmung mit mineralischem Putz

Selbst unter Ansatz einer extremalen Schlagregenbeanspruchung in einer exponierten Hochhauslage sinkt der Gleichgewichtsfeuchtegehalt des Betons der Vorsatzschicht unter den o.g. kritischen Wert von 80 % r.F. ab (vgl. Bild 2.8-3):

- bei Polystyrol-WDV-Systemen mit Kunstharzputz ca. zwei Jahre nach Ausführung und
- bei Mineralfaser-WDV-Systemen mit mineralischem Putz bereits ca. 0,5 Jahre nach Ausführung.

Wird ein Korrosionsschutz mit WDV-Systemen geplant (System W entsprechend der Richtlinie des Deutschen Ausschusses für Stahlbeton), ist zunächst der vorhandene Zustand der zu bekleidenden Wandkonstruktion mit einer ausreichenden Anzahl von Stichproben zu überprüfen. Folgende Untersuchungen sind durchzuführen:

- Rissbildung (Rissverlauf, Rissbreite),
- Korrosionszustand der vorhandenen Bewehrung,
- Karbonatisierungstiefe des Betons,
- Betondeckung,
- Betongüte und
- Stahlgüte der Verankerungselemente zwischen Vorsatzschicht und Tragschicht.

Dabei ist zu überprüfen, ob die vorhandene Konstruktion auch nach Aufbringen der Zusatzlasten aus dem WDV-System tragfähig ist (s. Kapitel 5.6). Im Hinblick auf die Bewertung der Dauerhaftigkeit ist zu berücksichtigen, dass der Korrosionsschutz für die Bewehrung im Beton – in Abhängigkeit vom gewählten WDV-System – erst nach 0,5 bis zwei Jahren wirksam wird (vgl. Bild 2.8-3).

2.9 Rissüberbrückungsfähigkeit

WDV-Systeme müssen begrenzte Bewegungen des Untergrundes – wie z.B. im Bereich von Rissen – schadensfrei überbrücken können. Insbesondere im Zusammenhang mit der nachträglichen Dämmung von Gebäuden in Großtafelbauart ergab sich die Frage, ob WDV-Systeme die hygrothermisch bedingten Fugenbewegungen zwischen Vorsatzschichten von Dreischichtenplatten (s. Bild 2.9-1) aufnehmen können.

In [22] wurde die Größe der Fugenbewegungen sowohl rechnerisch unter Berücksichtigung der maßgebenden Klimawerte (Lufttemperatur, Sonnenstrahlung, relative Luftfeuchte und Schlagregenbeanspruchung) ermittelt, als auch an einem bestehenden Gebäude gemessen. Im ersten Schritt wurden die Berechnungsergebnisse mit den gemessenen Fugenbewegungen unter Berücksichtigung der tatsächlichen klimatischen Randbedingungen verglichen und eine gute Übereinstimmung festgestellt, so dass die Berechnungsmethode damit bestätigt wurde.

Im zweiten Schritt wurden unter Zugrundelegung der bemessungsmaßgebenden Klimawerte (5 %-Fraktilwert mit 75 %iger Aussagewahrscheinlichkeit) aus den Klimadaten von drei repräsentativen Orten (Arkona auf Rügen, Potsdam, Dresden) für einen Zeitraum von 20 Jahren die charakteristischen Klimawerte ermittelt (s. Kapitel 2.2). Bei der Berechnung der extremalen Fugenbewegungen wurde auf Grundlage der statistischen Auswertung von einem charakteristischen Tagesmittelwert der Lufttemperatur von θ_{Einbau} = +24 °C beim Aufbringen des Wärmedämm-Verbundsystems ausgegangen.

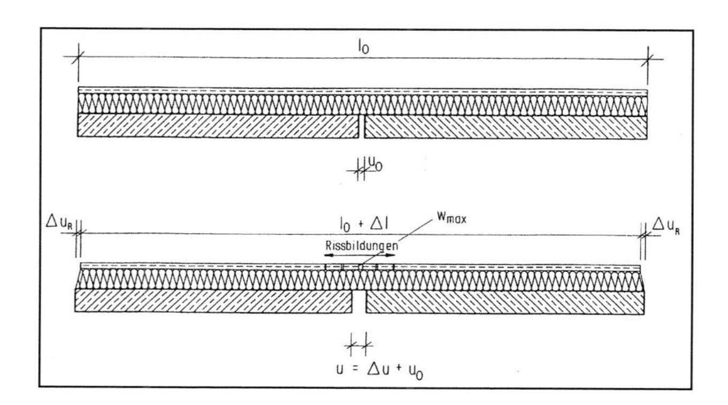

Bild 2.9-1: WDV-System über einer Fuge, die durch zwei Vorsatzschichten von Dreischichtplatten gebildet wird

Nach dem Aufbringen des Wärmedämm-Verbundsystems trocknet, wie in Kapitel 2.8 bereits beschrieben, die Vorsatzschicht der Dreischichtenplatte über einen Zeitraum von mehreren Jahren aus. Hieraus ergibt sich der erläuterte positive Effekt, dass der Korrosionsfortschritt, der in der Vorsatzschicht liegenden Bewehrung, wirksam gestoppt wird. Andererseits führt aber die Austrocknung dazu, dass sich die Vorsatzschichten hinter dem Wärmedämm-Verbundsystem verkürzen.

Unter Zugrundelegung einer Gleichgewichtsfeuchte der Vorsatzschicht von 97 % r.F. beim Aufbringen des WDVS, die im Rahmen der Feldversuche mehrfach gemessen wurde, trocknet die Wand auf bis zu ca. 45 % r.F. aus. Der hohe Anfangsfeuchtegehalt ergibt sich dann, wenn das Wärmedämm-Verbundsystem nach einer längeren Regenperiode auf die Wände aufgebracht wird, die Wände zum Verkleben vorgenässt werden oder freies Wasser aus dem Klebemörtel kapillar vom Beton der Wetterschutzschicht aufgenommen wird.

Unter Ansatz einer Einbautemperatur von θ_{Einbau} = +24 °C ergibt sich aus der Überlagerung der thermisch und hygrisch bedingten Verformungsanteile eine Dehnung des Vorsatzschichtbetons von ca. 0,4 ‰ (s. Bild 2.9-2). Größere Dämmstoffdicken reduzieren naturgemäß den thermisch bedingten Anteil der Fugenbewegung, der jedoch durch den hygrisch bedingten Anteil – insbesondere aus der mehrjährigen Austrocknung – in annähernd gleicher Größe kompensiert wird (vgl. Bild 2.9-2).

Bei planmäßiger Ausführung einer Betonsandwichwand (Dreischichtenplatte) wird somit unabhängig von der nachträglich aufgebrachten Dämmschicht des Wärmedämm-Verbundsystems eine maximale Fugenaufweitung im Bereich der Vertikalfugen zwischen zwei 6 m-Wandelementen ermittelt zu:

max.Δw = 2,4 mm bei θ_{Einbau} = +24 °C
max.Δw = 2,0 mm bei θ_{Einbau} = +15 °C

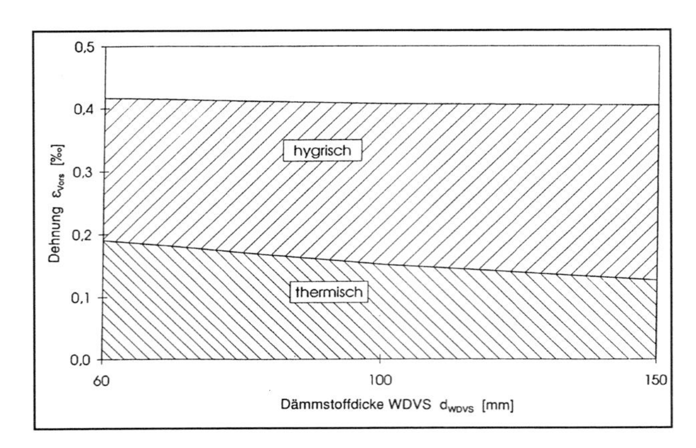

Bild 2.9-2: Thermische und hygrische Dehnungsanteile des Vorsatzschichtbetons in Abhängigkeit von der Dämmstoffdicke eines mineralischen WDV-Systems, bezogen auf eine Einbautemperatur von θ_{Einbau} = + 24 °C und eine Initialfeuchte der Vorsatzschicht von ϕ_{Einbau} = 97 % r.F.

Zur Abschätzung der überbrückbaren Fugenaufweitungen unterschiedlicher Wärmedämm-Verbundsysteme wurden sowohl Berechnungen (Universität Bochum, Technische Universität Berlin, Universität Dortmund) als auch Versuche in Reißrahmen unter Klimawechselbeanspruchung (Universität Bochum, Technische Universität Berlin) durchgeführt.

Die Ergebnisse dieser Untersuchungen bilden die Grundlage für die Aufnahme oder den Ausschluss des Anwendungsbereiches der „Großtafelbauart mit Dreischichtenplatten" in der bauaufsichtlichen Zulassung der einzelnen Systeme. Dabei ist im Rahmen der Versuche oder Berechnungen nachzuweisen, dass infolge der o.g. Fugenaufweitung im Untergrund ggf. auftretende Risse im Putz des WDV-Systems in ihrer Breite auf $w \leq 0{,}2$ mm begrenzt werden.

2.10 Untergrundbeschaffenheit

2.10.1 Mineralische Untergründe

Der Untergrund, auf den WDV-Systeme aufgebracht werden, muss

- tragfähig,
- staubfrei und
- ölfrei sowie
- ausreichend eben sein.

Bei Neubauten gelten Wände aus Mauerwerk nach DIN 1053 und Beton nach DIN 1045 auch für rein verklebte WDV-Systeme als ausreichend tragfähig. Beim Bestandsbauten mit Altputzen oder Altanstrichen ist für ausschließlich verklebte Systeme durch stichprobenartige Haftzugversuche nachzuweisen, dass die Mindestabreißfestigkeit σ_{HZ} für Systeme mit teilflächiger Verklebung von 40 % mindestens 80 kN/m² und bei vollflächiger Verklebung mindestens 30 kN/m² beträgt.

Bei verklebten Systemen müssen die Oberflächen frei von Verschmutzungen, wie z.B. Staub, Ölen, Fetten, Algen sein. Bei Altanstrichen muss die Verträglichkeit (z.B. mit kunststoffmodifizierten Klebemörteln) überprüft werden, da negative Wechselwirkungen – wie Verseifungen, die zu einer Abminderung der Haftzugfestigkeit führen, nicht auszuschließen sind.

Bei verdübelten Systemen sind – sofern die Materialgüte der Wandbaustoffe nicht zweifelsfrei aus Planungsunterlagen entnommen werden können – stichprobenartige Ausziehversuche durchzuführen, um die zulässige Dübelauszugskraft festlegen zu können. Gleiches gilt bei Wandbaustoffen, für die in der bauaufsichtlichen Zulassung für Dübel keine Angaben zu den zulässigen Dübelauszugskräften gemacht werden.

Im Hinblick auf die erforderliche Ebenheit des Untergrundes e sind bezogen auf eine Messlänge von 1,0 m folgende Anforderungen zu stellen:

- Verklebte Systeme: $e \leq 1$ cm
- Verklebte und gedübelte Systeme: $e \leq 2$ cm
- mechanisch befestigte Systeme: $e \leq 3$ cm

Bei größeren Unebenheiten müssen gegebenenfalls Ausgleichsmörtelschichten aufgebracht werden.

2.10.2 Hölzerne Untergründe

Im Holzrahmenbau werden zur Energieeinsparung immer häufiger zusätzlich zur Gefachdämmung außenseitig Wärmedämm-Verbundsysteme eingesetzt. Den Aufbau einer Holzrahmenbauwand mit einem aufgeklebten WDVS zeigt Bild 2.10-1 [59]. Im Holzrahmenbau kommen bevorzugt WDVS zum Einsatz, die auf die äußere Beplankung ohne zusätzliche mechanische Sicherung verklebt werden. Zeitaufwändige und teure mechanische Befestigungen in der dünnen Beplankung der Holzrahmenbauwände entfallen in der Regel. Als Wärmedämm-

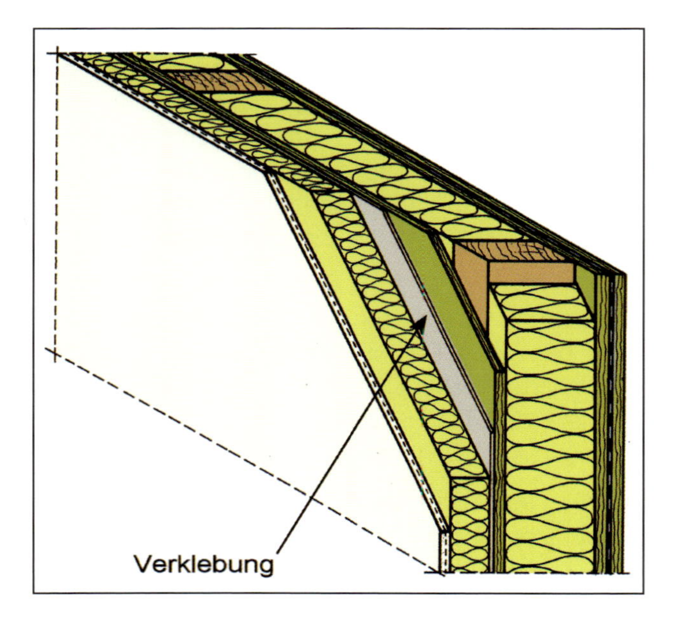

Bild 2.10-1: Aufbau einer Holzrahmenbauwand mit Wärmedämm-Verbundsystem (WDVS)

stoff des WDVS werden überwiegend expandiertes Polystyrol und in geringerem Umfang Mineralfaser-Lamellenplatten eingesetzt.

In der Vergangenheit sind bei der Verklebung von WDVS auf Beplankungswerkstoffen von Holzrahmenbauwänden Schäden aufgetreten, die zur Beeinträchtigung der Standsicherheit und der Gebrauchstauglichkeit der WDVS geführt haben. Bild 2.10-2 zeigt einen typischen Schaden: Der Klebemörtel hat sich von der Holzwerkstoffplatte nahezu vollständig gelöst. Die Schadensursache solcher Adhäsionsbrüche konnte bisher meist nicht eindeutig geklärt werden. Grundlegende Untersuchungen zum Tragverhalten der Verklebung von Polystyrol-Dämmstoffen und Mineralfaser-Lamellendämmstoffen auf Beplankungswerkstoffen des Holzrahmenbaus liegen nicht vor, so dass die Beurteilung solcher Systeme bisher im Wesentlichen empirisch erfolgte.

Unsicherheit besteht darüber, ob auf den Beplankungswerkstoffen neben flexiblen kunststoffgebundenen Klebemörteln auch überwiegend mineralisch gebundene Klebemörtel mit Kunststoffvergütung eingesetzt werden können, oder ob es bei dieser Werkstoffkombination zu Verbundproblemen zwischen der Klebemörtelschicht und dem Beplankungswerkstoff kommen kann. An der Technischen Universität Berlin wurden umfangreiche Untersuchungen durchgeführt, um objektive Kriterien für die Standsicherheit und Dauerhaftigkeit der Verklebung von WDVS auf Beplankungswerkstoffen des Holzrahmenbaus zu schaffen [59].

Bild 2.10-2: Adhäsionsbruch zwischen Klebemörtel und Holzspan-Flachpressplatte

Zur Verklebung von WDVS auf Beplankungen des Holzrahmenbaus werden derzeit im Wesentlichen drei Klebemörtelarten eingesetzt:

- kunststoffgebundene Klebemörtel,
- mineralisch gebundene Klebemörtel mit Kunststoffvergütung und
- Mischklebemörtel (kunststoffgebundene Klebemörtel mit Portlandzementzugabe).

Als Beplankungswerkstoffe werden verwendet (s. auch Bild 2.10-3):

- geschliffene Holzspan-Flachpressplatten mit feinen, homogen verteilten Spänen,
- geschliffene und ungeschliffene Holzspan-Flachpressplatten mit groben Spänen,
- geschliffene und ungeschliffene OSB3-Platten sowie
- Gipsfaserplatten mit hydrophober Oberfläche.

Die auftretenden Verbundspannungen infolge der inhomogenen Dickenquellung von kunstharzgebundenen Holzwerkstoffplatten durch den Feuchteeintrag nach dem Auftrag der Klebemörtel zeigt Bild 2.10-4: Die wesentlich größeren und ungleichmäßigen hygrisch bedingten Verformungen der Holzwerkstoffe führen da-

Bild 2.10-3: Vergleichende Darstellung der Oberflächenstruktur von Holzspan-Flachpressplatten und OSB3-Platten (Ausschnitte: $3{,}7 \cdot 2{,}5\ cm^2$)

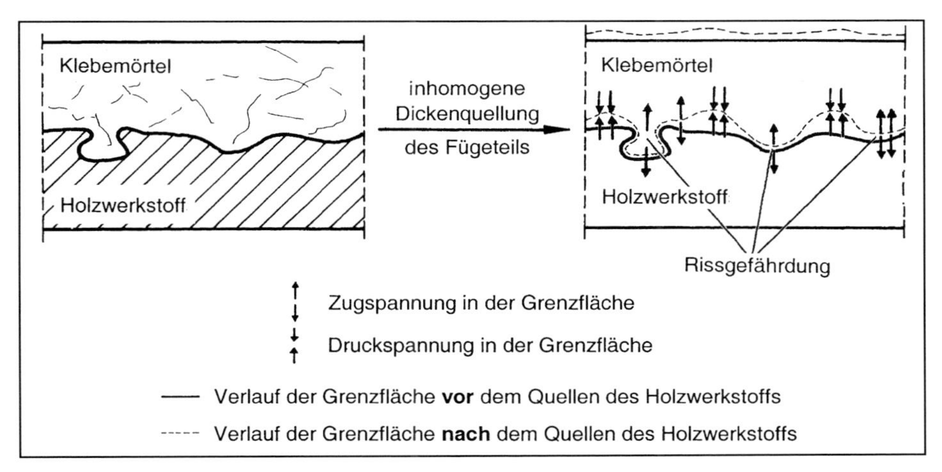

Bild 2.10-4: Modell zur Erklärung der Beanspruchungen der Verbundzone durch das inhomogene Quellen der vom Klebemörtel abgegebenen Feuchte und der damit verbundenen Topografieänderungen der Oberfläche von grobspanigen Holzwerkstoffen [59].

zu, dass die Verklebung auf Holzwerkstoffplatten anderen und größeren Beanspruchungen als auf mineralischen Untergründen ausgesetzt ist. Diese Topografieänderungen werden durch die Feuchteaufnahme der Holzwerkstoffe nach dem Klebemörtelauftrag hervorgerufen (s. Bild 2.10-5 bis 2.10-9).

Bild 2.10-4 erläutert modellhaft die durch die Topografieänderung der Holzwerkstoffoberfläche entstehenden Druck- und Zugbeanspruchungen in der Grenzfläche zwischen grobspanigen Holzwerkstoffen und schnell aushärtenden, mineralisch gebundenen vergüteten Klebemörteln. Der Quelldruck der Holzspäne führt bei den schnell aushärtenden und damit nur noch wenig verformbaren mineralisch gebundenen vergüteten Klebemörteln zu Zwängungsbeanspruchungen und partiellen Adhäsionsbrüchen. Im Gegensatz dazu können kunststoffgebundene Klebemörtel die Quellverformungen durch eigene Verformungen ausgleichen (s. Bild 2.10-6), da diese beim Auftreten der Quellverformungen aufgrund der langsamer voranschreitenden Festigkeitsentwicklung weitestgehend zwängungsfrei verformbar sind.

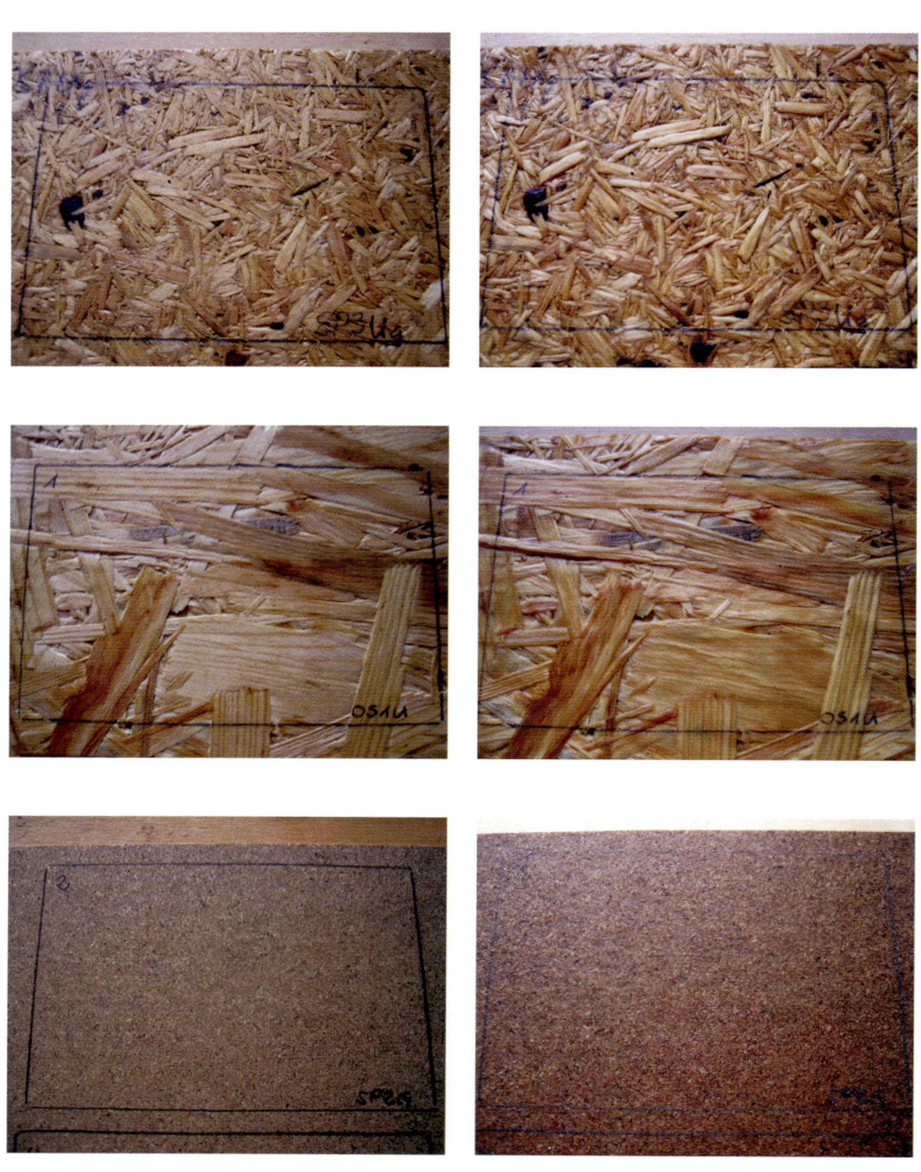

Bild 2.10-5: Veränderung des Oberflächenprofils unterschiedlicher Holzwerkstoffe durch eine 48-stündige Wasserlagerung: In der linken Spalte sind die Oberflächen vor und in der rechten Spalte nach der Wasserlagerung dargestellt (die eingezeichneten Rechtecke haben eine Größe von $12 \cdot 8\ cm^2$) [59].

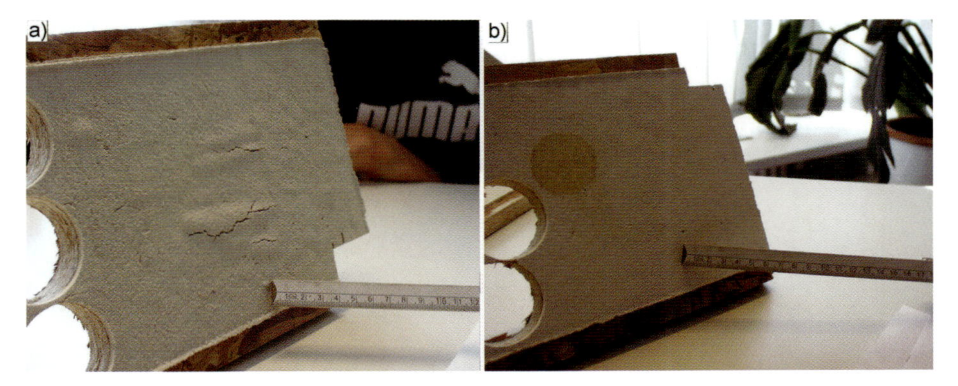

Bild 2.10-6: Durch Quellen auf der Oberfläche der Klebemörtelschicht sich abzeichnende Spanstruktur der ungeschliffenen OSB-Platte:
a) kunststoffgebundener Klebemörtel
b) mineralisch gebundener vergüteter Klebemörtel

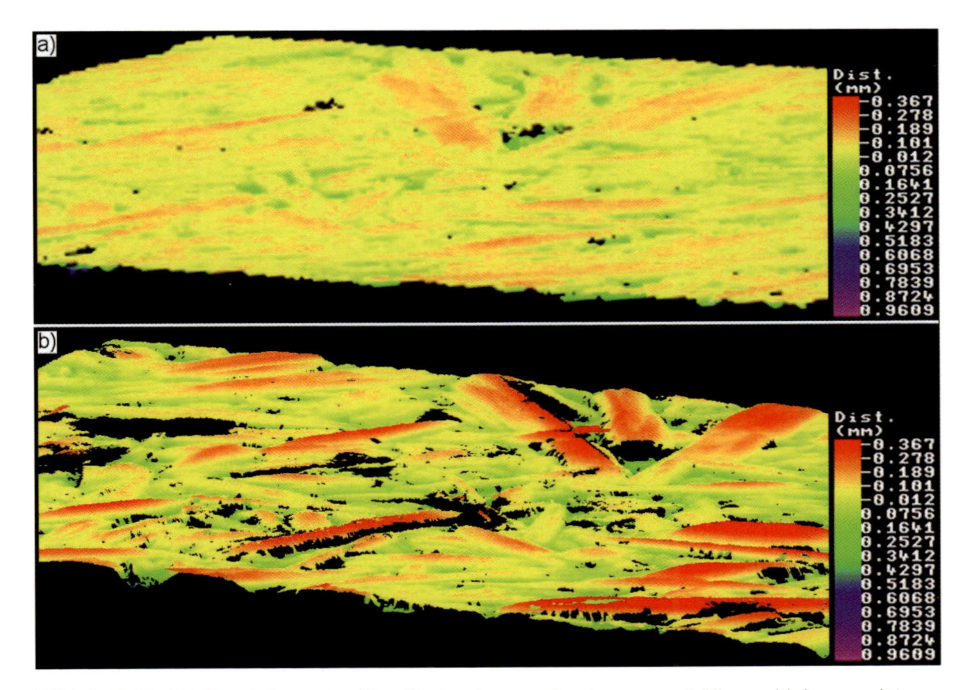

Bild 2.10-7: 3D-Darstellung der Oberflächentopografie der ungeschliffenen Holzspanplatte vor und nach der 24-stündigen Lagerung auf einem feuchten Schwamm (Bildausschnitte etwa 5,2 · 4,1 cm^2):
a) Oberfläche vor der Feuchtebelastung bei 65 % r.F.
b) Oberfläche nach der 24-stündigen Schwammlagerung

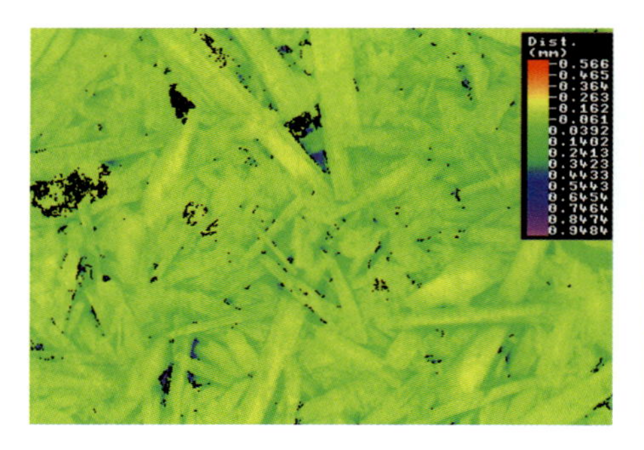

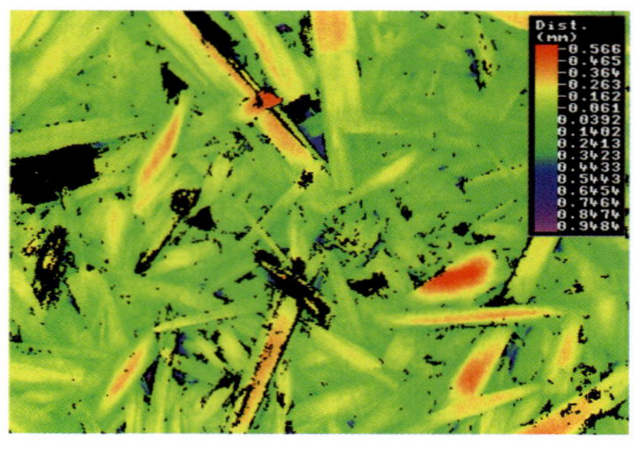

Bild 2.10-8: Grobspanige Holzspan-Flachpressplatte: Veränderung der Oberflächentopografie vor und nach der 24-stündigen Lagerung auf einem feuchten Schwamm von einer recht ebenen Oberfläche zu einer Oberfläche mit hervortretenden Hügeln im Bereich einzelner Späne (Fläche 4,5 · 3,3 cm²)

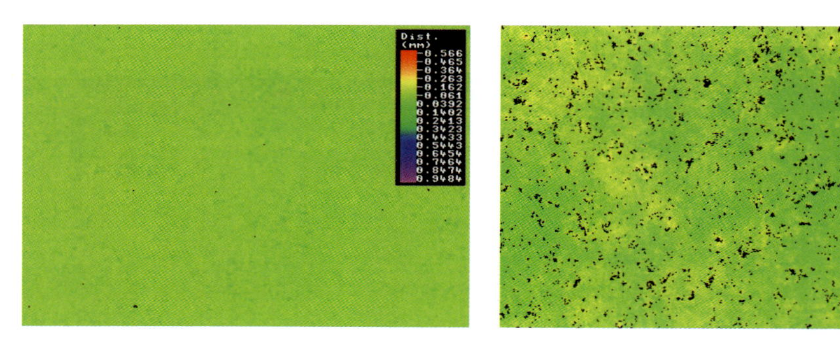

Bild 2.10-9: Feinspanige Holzspan-Flachpressplatte: Veränderung der Oberflächentopografie vor und nach der 24-stündigen Lagerung auf einem feuchten Schwamm von einer sehr ebenen Oberfläche zu einer Oberfläche mit leichten Unebenheiten (Fläche 4,5 · 3,3 cm²)

Die Eignung der unterschiedlichen Klebemörtel auf den verschiedenen Beplankungswerkstoffen von Wänden in der Holzrahmenbauart ist aufgrund der Auswertung der Topografieveränderungen infolge Feuchteeinwirkung durch die Klebemörtel und der durchgeführten Haftzugfestigkeitsversuche zusammenfassend in Tabelle 2.10-1 angegeben.

Tabelle 2.10-1: Empfehlungen und Grenzen für die Anwendung der verschiedenen Klebemörtelarten auf kunstharzgebundenen Holzwerkstoffplatten sowie auf Gipsfaserplatten [59]

Eignung von Klebemörtel – Beplankungswerkstoff – Kombinationen				
Klebemörtelart	**Beplankung**			
	kunstharzgebundene Holzwerkstoffplatten			**Gipsfaserplatten**
	große/grobe/dicke Späne		**mäßig feine/feine Späne**	**GF 1**
	ungeschliffen	**geschliffen**	**geschliffen**	
Kunststoffklebemörtel[1)]	+	++	++	+
Mischklebemörtel[2)]	+	+	++	+
Mineral.geb. Klebemörtel[3)]	-	-	+[4)]	+

Die Symbole geben die Eignung der verschiedenen Klebemörtel auf den Beplankungswerkstoffen an:

++: diese Kombination Klebemörtel – Beplankungswerkstoff ist gut geeignet, eine gute Einarbeitung des Klebemörtels mit dem Kammspachtel in die Oberfläche der Beplankung ist zu empfehlen

+: diese Kombination Klebemörtel – Beplankung ist geeignet; eine gute Einarbeitung des Klebemörtels mit dem Kammspachtel in die Oberfläche der Beplankung ist durchzuführen

-: diese Kombination Klebemörtel – Beplankungswerkstoff ist nicht geeignet

[1)] kunststoffgebundene Klebemörtel

[2)] kunststoffgebundene Klebemörtel mit einer Portlandzementzugabe von ≤ 5 M.-% bezogen auf die verarbeitungsfertige Kunststoffdispersion

[3)] mineralisch gebundene Klebemörtel mit einem Kunststoffvergütungsanteil > 2,5 M.-% bezogen auf die Trockenmörtelmasse bzw. kunststoffgebundene Klebemörtel mit einer Portlandzementzugabe von > 5 M.-% bezogen auf die verarbeitungsfertige Kunststoffdispersion

[4)] Die jahreszeitliche Schwankung des Feuchtegehaltes in der Außenbeplankung ist bei der Verwendung dieser Klebemörtel nach dem Erkenntnisstand der vorliegenden Arbeit auf maximal 5 M.-% zu begrenzen.

Während die mikroskopisch aufgetretenen hygrisch bedingten Verformungen der Holzspäne den Haftverbund zwischen Beplankung und Klebemörtel beeinflussen, wird die Verbindung zwischen der Beplankung und dem hölzernen Tragstielen (s. Bild 2.10-10) durch die makroskopisch bedingte hygrische Verformung der Spanplatte beeinflusst. Die Verformung der Beplankung (Spanplatte aus dem Anmachwasser des Klebemörtels) zeigt Bild 2.10-10.

Bild 2.10-10: Verwölbung der zwängungsfrei gelagerten Holzspan-Flachpressplatte während der Aushärtung des Klebemörtels mit einhergehendem Schwinden und der Austrocknung der Beplankung

3 WDVS-Konstruktionen im Überblick

3.1 Vorbemerkung

Derzeit wird eine Vielzahl unterschiedlicher WDV-Systemvarianten angeboten. In Bild 3.1-1 sind die üblichen Systeme in Abhängigkeit von

- der Verankerung an der tragenden Konstruktion,
- dem gewählten Wärmedämmstoff sowie
- der Art der Beschichtung zusammengestellt.

Da die Eigenschaften von WDV-Systemen wesentlich durch die Abstimmung der Materialkomponenten – wie z.B. der Kombination von Dämmung und Putzsystem oder von Unter- und Oberputz – bestimmt werden, dürfen nur systemkonforme Materialien verwendet werden. Der Austausch einzelner Komponenten oder die Kombination einzelner Komponenten unterschiedlicher Hersteller ist unzulässig.

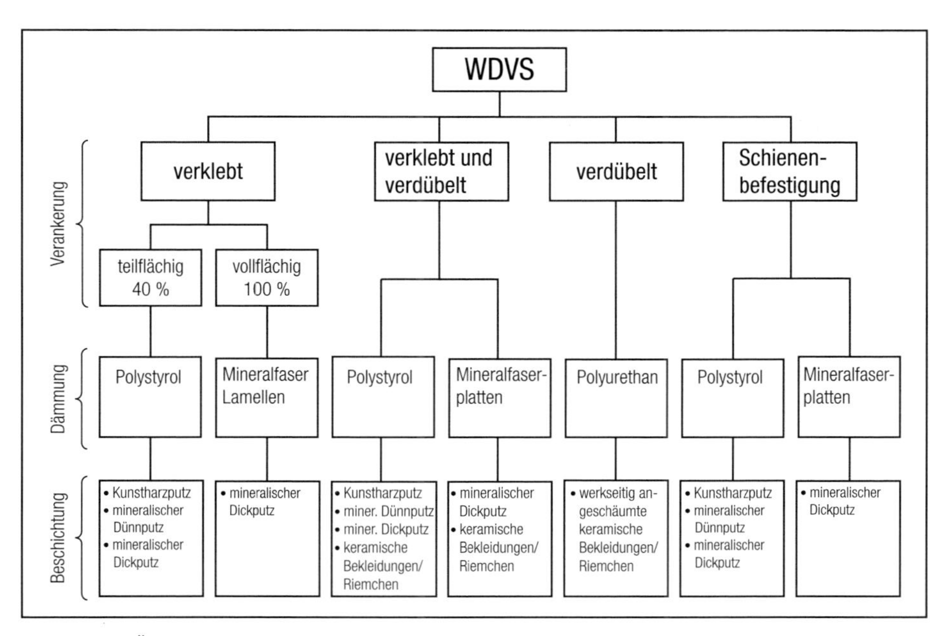

Bild 3.1-1 Übersicht marktüblicher WDV-Systeme

Die allgemeinen bauaufsichtlichen Zulassungen sind somit auch als „System-Zulassungen" zu verstehen, da im Rahmen der Zulassungsprüfungen – insbesondere im Hinblick auf die Gebrauchsfähigkeit – Systemprüfungen durchgeführt werden. Die im Folgenden beschriebenen Systeme werden nach der derzeit beim zuständigen Sachverständigenausschuss des DIBt üblichen Klassifizierung eingeteilt.

3.2 Geklebte Polystyrol-Systeme

Bei geklebten Polystyrol-Systemen (s. Bild 3.2-1) werden die Polystyrol-Platten nach DIN EN 13163 [13] mit einem Flächenanteil von mindestens 40 % am Verankerungsgrund verklebt. Als Mindestquerzugfestigkeit der Dämmplatten werden $\beta_{QZ} \geq 100$ kN/m² gefordert.

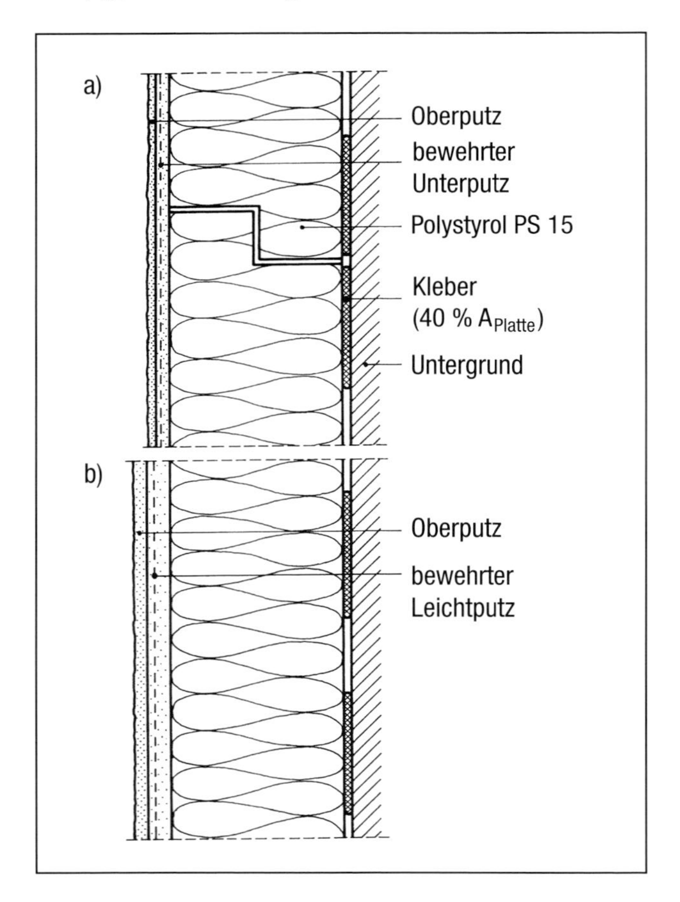

Bild 3.2-1: Geklebtes Polystyrol-System
a) Unterputz d = 4 mm bis 6 mm
b) Unterputz aus bewehrtem Leichtputz

Die Anforderungen an den Verankerungsgrund für verklebte Systeme entsprechend Kapitel 2.10 sind zu berücksichtigen. Die flächenanteilige Verklebung erfolgt entweder nach der Wulst-Punkt-Methode oder mit einem maschinellen mäanderförmigen Klebemörtelauftrag.

Bei der Wulst-Punkt-Methode wird die Plattenrückseite mit einem an den Rändern umlaufenden Wulst versehen und zusätzlich in Plattenmitte ein Klebestreifen oder mehrere Mörtelbatzen gesetzt (s. Bild 3.2-2). In die Dämmplattenstöße darf kein Klebemörtel gelangen. Durch den umlaufenden Wulst soll sichergestellt werden, dass eine Verschiebung der Dämmplattenränder infolge Temperaturänderungen oder Restschwinden sowie insbesondere ein Aufschüsseln der Platten behindert wird und damit eine Zwangsbeanspruchung des Putzes im Dämmplattenstoßbereich erheblich reduziert wird.

Statt einer Verklebung nach der Wulst-Punkt-Methode ist auch eine mäanderförmige Teilflächenverklebung mit einem Flächenanteil von mindestens 60 % möglich (s. Bild 3.2-3). Dabei wird der Klebemörtel maschinell auf den tragenden Untergrund aufgebracht.

Die Polystyrol-Platten, die im Verband zu verlegen sind, werden durch ein leichtes Hin- und Herschieben in Plattenebene bei gleichzeitigem Andruck so an den bereits verlegten Platten ausgerichtet, dass die Verlegung „press" und eben – ohne Versatz – erfolgt. Dabei erweist sich eine Plattenrandausbildung mit Stufenfalz als hilfreich. Ein gegebenenfalls entstandener Versatz in der Plattenebene muss abgeschliffen werden, um eine unstetige Putzdickenänderung und eine damit einhergehende Rissgefährdung des Putzes zu verhindern.

Die in den Entwicklungsjahren bei Polystyrol-Systemen vereinzelt aufgetretenen Rissbildungen im Putz oberhalb der Dämmstoffplattenstöße waren auf das Schwindverhalten der Dämmplatten infolge des Ausdiffundierens von Treib-

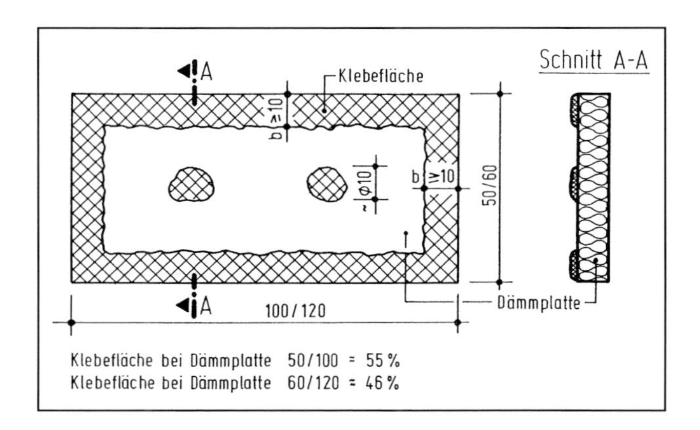

Bild 3.2-2: Mörtelauftrag nach der Wulst-Punkt-Methode

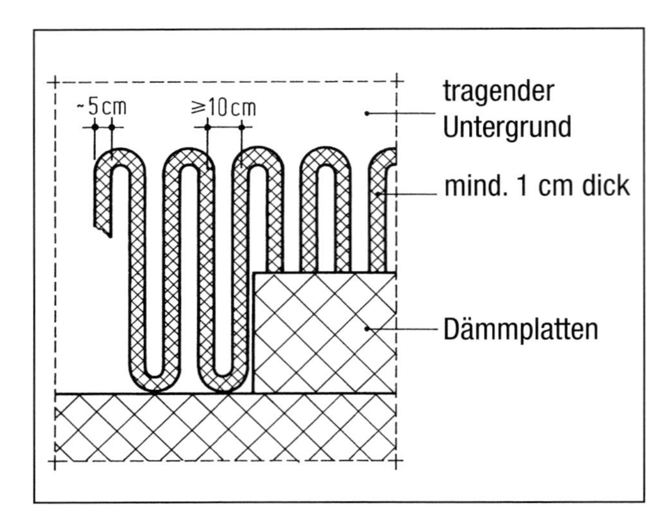

Bild 3.2-3: Mäanderförmige Teilflächenverklebung bei maschinellem Klebemörtelauftrag auf den tragenden Untergrund

mitteln zurückzuführen. Dieser Schwindvorgang erstreckt sich über 2 bis 2,5 Jahre (Bild 3.2-4). Da der überwiegende Anteil der Schwindverkürzungen innerhalb der ersten zwei Monate nach Herstellung erfolgt ist, werden von den Systemanbietern nur noch „ausreichend abgelagerte" Dämmplatten ausgeliefert. Als „ausreichend abgelagert" gelten Dämmplatten, deren irreversible Längenänderung ≤ 0,15 % beträgt.

Auf die Dämmplatten wird in der Regel ein mineralisches kunstharzmodifiziertes Putzsystem (Marktanteil ca. 90 %), seltener ein reines Kunstharzsystem (Marktanteil ca. 10 %) aufgebracht. Bei den mineralischen Putzsystemen kommen entweder Dünn- oder Dickputzsysteme zur Anwendung.

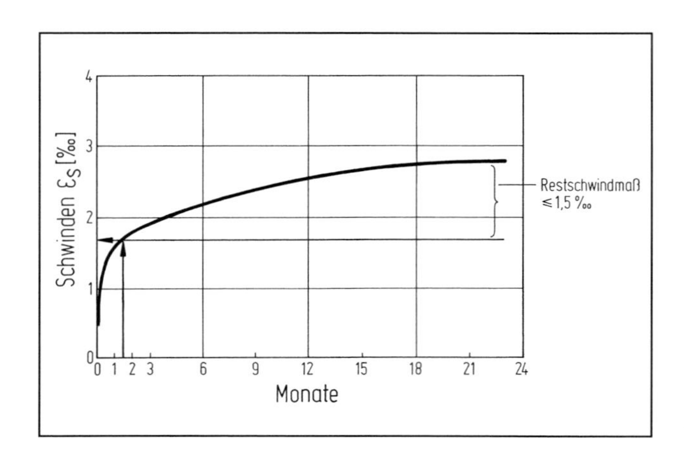

Bild 3.2-4: Schwindkurven von Polystyrol-Hartschaumplatten. Deutlich erkennbar ist, dass das Schwinden in den ersten drei Monaten am größten ist.

3.3 Systeme mit geklebten und gedübelten Mineralfaser-Dämmplatten

Bei geklebten und gedübelten Mineralfaser-Dämmplattensystemen (s. Bild 3.3-1) erfolgt zusätzlich zur Verklebung nach der Wulst-Punkt-Methode eine Verdübelung.

Dabei ist zwischen Systemen,

- bei denen der Dübelteller direkt auf der Dämmplattenoberseite aufliegt und
- bei denen der Dübelteller das Gewebe umfasst zu unterscheiden.

Es dürfen nur bauaufsichtlich zugelassene Dübel verwendet werden. Die erforderliche Anzahl der Dübel ist der allgemeinen bauaufsichtlichen Zulassung in Abhängigkeit von den jeweiligen Windsog-Bereichen sowie der Lage des Dübeltellers zu entnehmen. Für den Nachweis der Standsicherheit der Dübel im tragenden Untergrund sind die jeweiligen nationalen oder europäischen Zulassungen der Dübel zu beachten.

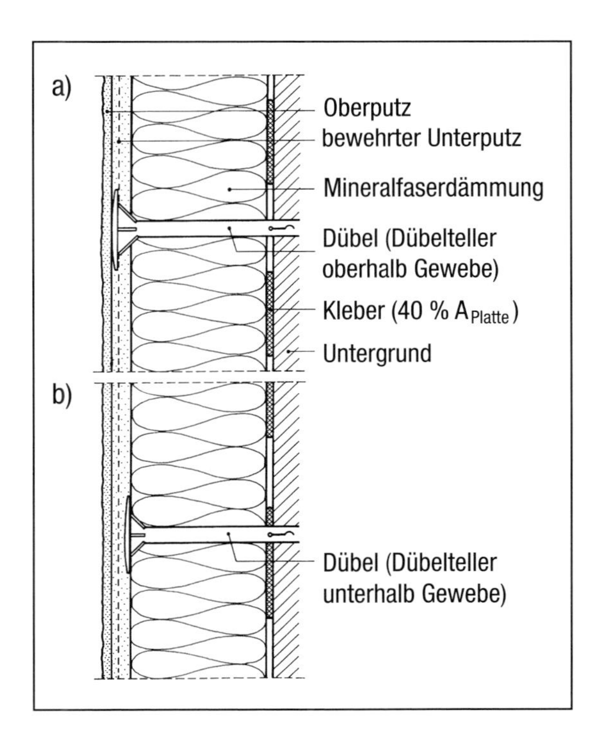

Bild 3.3-1: Geklebte und gedübelte Mineralfaser-Dämmplattensysteme
a) Dübelteller umfasst Gewebe
b) Dübelteller unterhalb Gewebe

Da eine dauerhafte Wirksamkeit der Verklebung auf „mürben“ Untergründen beim Standsicherheitsnachweis in der Regel nicht vorausgesetzt werden kann, können gedübelte Systeme auch bei ungünstigerem Untergrund (Altputz etc.) Anwendung finden. Mindestanforderungen an die Abreißfestigkeit/Haftzugfestigkeit des Untergrundes werden somit nicht gestellt.

3.4 Systeme mit geklebten Mineralfaser-Lamellen

Mineralfaser-Lamellen sind dadurch gekennzeichnet, dass die Mineralfasern vorwiegend senkrecht zur Plattenebene ausgerichtet sind und somit eine derart hohe Querzugfestigkeit – Mindestanforderung $\beta_{QZ} \geq 80$ kN/m² – gegeben ist, dass eine reine Verklebung am Verankerungsgrund zur Aufnahme der Windsogkräfte ausreichend ist (s. Bild 3.4-1). Dabei wird eine vollflächige Verklebung (100 %) vorgeschrieben. Um eine ausreichende Haftung des Klebers auf der Lamellenoberfläche zu gewährleisten, muss der Kleber in einem ersten Arbeitsschritt in die Oberfläche der Mineralfaser-Lamellen „einmassiert“ werden, bevor der eigentliche Kleberauftrag erfolgt. Beim „Einmassieren“ dürfen die oberflächennahen Mineralfasern jedoch nicht brechen.

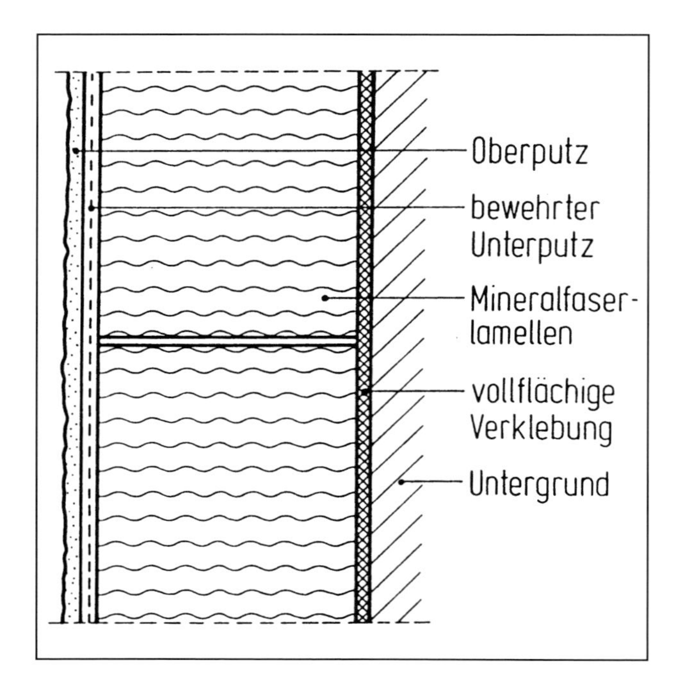

Bild 3.4-1: Vollflächig verklebtes Mineralfaser-Lamellensystem

Bei Verwendung vorbeschichteter Lammellen darf der Klebemörtel auch vollflächig auf den Wand-Untergrund aufgetragen werden. Unmittelbar vor dem Ansetzen der Lammellenplatten ist der Klebemörtel mit einer Zahntraufel aufzukämmen. Die Dämmstoffplatten sind unverzüglich, spätestens nach zehn Minuten mit der beschichteten Seite in das frische Klebemörtelbett einzudrücken, einzuschwimmen und anzupressen. Für beschichtete Platten können Sonderregelungen bezüglich einer Reduzierung der Klebefläche auf bis zu 50 % geltend gemacht werden, wenn entsprechende Nachweise vorgelegt werden und eine Teilflächenverklebung explizit nach Zulassung möglich ist.

Im Bereich erhöhter Windsoglasten im Randbereich eines Gebäudes ist eine zusätzliche Verdübelung mit bauaufsichtlich zugelassenen Dübeln (Dübelteller ≥ 140 mm) erforderlich. Die erforderliche Anzahl der Dübel ist den bauaufsichtlichen Zulassungen der Lamellensysteme zu entnehmen. Die Zulassungen für die Dübel sind ebenfalls zu beachten.

Auf die Mineralfaser-Lamellen wird in der Regel ein mineralisches, kunstharzmodifiziertes Putzsystem aufgebracht.

3.5 WDVS mit Schienenbefestigung

Seit mehreren Jahren werden WDV-Systeme mit einer Schienenbefestigung (s. Bild 3.5-1) angeboten, die den Vorteil haben, größere Unebenheiten des Untergrundes (vgl. Kapitel 2.10.1) durch Distanzscheiben ausgleichen zu können. Die Wärmedämmstoff-Platten sind stirnseitig umlaufend mit einer Nut versehen, in die vertikale Befestigungsschienen sowie horizontale T-Profile greifen.

Bei Systemen mit Polystyrol-Dämmplatten, die eine Abreißfestigkeit von $\beta_{QZ} \geq 150\ kN/m^2$ (Typ TR 150) aufweisen müssen, werden im Abstand a = 50 cm horizontale PVC-Befestigungsschienen angeordnet, die im Abstand von e = 30 cm mit Dübeln (Ø = 10 mm) im tragenden Untergrund und somit mit 6,7 Dübeln/m^2 verankert sind. Im Abstand a = 50 cm sind vertikale PVC-T-Profile angeordnet, die an ihren Enden ausgeklinkt sind und in diesem Bereich unter den Flansch des horizontalen Profils greifen.

Bei Systemen mit Mineralfaser-Dämmplatten (Typ TR 15, annähernd vergleichbar mit ehemals Typ HD: $\sigma_{QZ} \geq 14\ kN/m^2$) werden vergleichbare Profile in der Regel aus Aluminium verwendet. Der Abstand der horizontalen Schienen beträgt a = 62,5 cm, der der vertikalen Profile a = 80 cm. Die horizontalen Profile werden meistens im Abstand von e = 30 cm durch Dübel verankert.

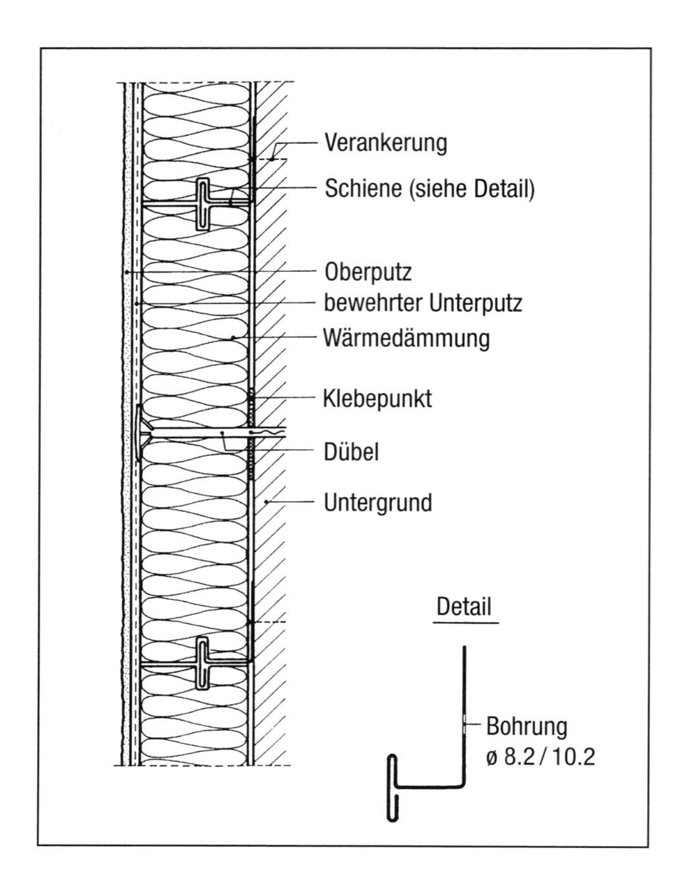

Bild 3.5-1: WDV-Systeme mit Schienenbefestigung

Neben der Schienenbefestigung wird für die Dämmplatte die Anordnung eines zusätzlichen Mörtelbatzens in Plattenmitte gefordert. Dabei wird bei Systemen mit Polystyrol-Dämmplatten eine 10-prozentige Verklebung, also ein Mörtelbatzen, bei Systemen mit Mineralfaser-Platten eine 20-prozentige Verklebung, also zwei Mörtelbatzen, ausgeführt.

Aus wärmeschutztechnischen Gründen wird ein durchgehender Klebemörtelwulst am unteren sowie am oberen Rand des WDV-Systems und im Bereich von Fensteröffnungen gefordert, um ein Hinterströmen der Dämmplatten durch die Außenluft zu verhindern.

Zur Aufnahme der Windsoglasten wird bei Mineralfasersystemen die zusätzliche Verdübelung (Dübelteller Ø ≥ 60 mm) in Plattenmitte entsprechend Zulassung erforderlich. Bei Systemen mit Polystyrol-Dämmplatten kann im Randbereich ein Zusatzdübel (Dübelteller Ø = 60 mm) erforderlich werden.

Als Putzsysteme werden die in Kapitel 3.2 bzw. 3.3 beschriebenen eingesetzt.

3.6 Sonderkonstruktionen

3.6.1 WDVS mit Putzträger-Verbundplatten

In den 1970er- und 1980er-Jahren wurden WDV-Systeme mit Putzträger-Verbundplatten entsprechend Bild 3.6-1 angeboten. Die Verankerung des Wärmedämm-Verbundsystems in der tragenden Wand erfolgte nur durch Dübel.

Da es sich bei den Verbundplatten um Mineralfaser-Dämmplatten mit aufgeklebten Fibersilikatplatten handelte, einen nicht genormten Baustoff, wurden diese Platten bereits nach dem damaligen Baurecht zulassungspflichtig. Dabei ist anzumerken, dass nach dem damaligen Stand der Regelung weder die Gebrauchsfähigkeit noch die Dauerhaftigkeit Gegenstand einer Zulassung waren.

Aufgrund mehrerer Schadensfälle in Form von systematischen Putzrissbildungen im Bereich der Plattenstöße wurde das System vom Markt genommen.

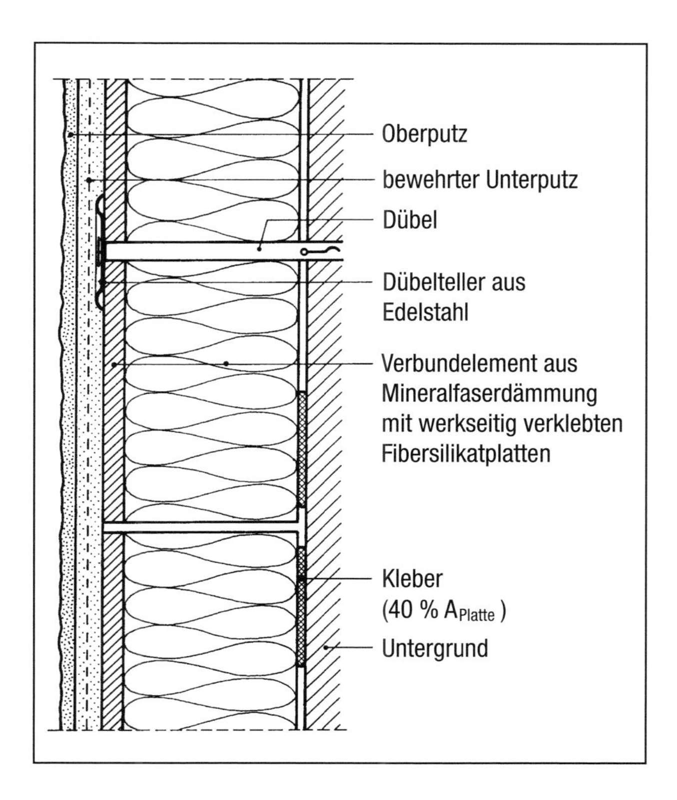

Bild 3.6-1: WDV-System mit Putzträger-Verbundplatten

3.6.2 Hinterlüftete Konstruktionen mit Putzbeschichtung

Derzeit besteht eine Vielzahl von hinterlüfteten Außenwandbekleidungen mit Putzbeschichtungen, bei denen auf eine Unterkonstruktion aus Holz oder Aluminium Putzträgerplatten – z.B. aus Fibersilikat oder aus kunstharzgebundenem Altglas-Schrot – befestigt werden (s. Bild 3.6-2). Hierbei ist auf die Problematik der Wärmebrücken im Bereich der Verankerung des Befestigungsprofils hinzuweisen. Die Wärmebrücke kann z.B. durch eine thermische Entkopplung (PVC- oder PUR-Platte zwischen Untergrund und Verankerungselement) entschärft werden.

Bei diesem System ist der Problematik der Zwangsbeanspruchung des Putzes im Bereich der Stöße der Putzträgerplatten besondere Beachtung zu schenken.

Im Rahmen der vorliegenden Veröffentlichung wird auf diese Systeme nicht weiter eingegangen, da es sich nicht um Wärmedämm-Verbundsysteme im eigentlichen Sinne, sondern um hinterlüftete Außenwandkonstruktionen im Sinne von DIN 18516 handelt.

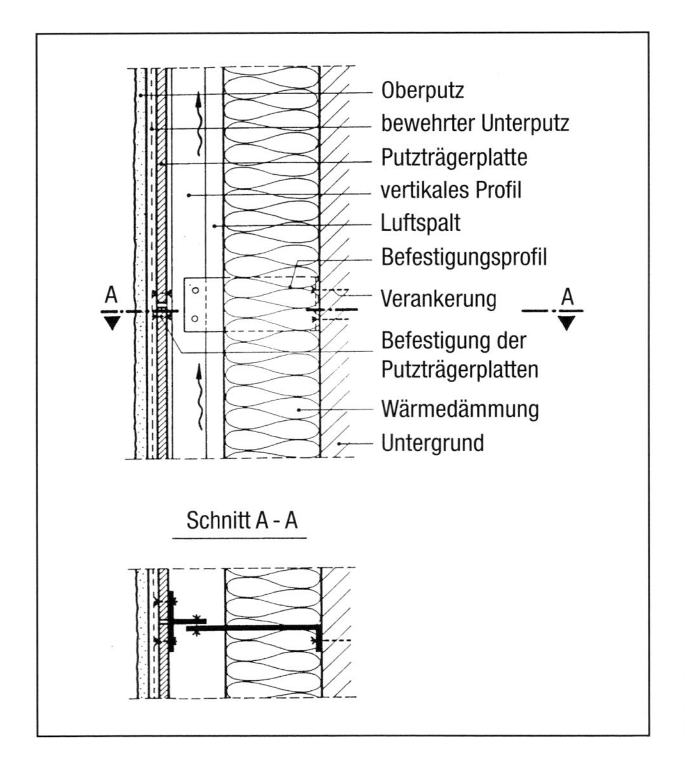

Bild 3.6-2: Hinterlüftete Außenwandbekleidung mit Putzbeschichtung

3.6.3 WDVS mit keramischer Bekleidung

3.6.3.1 Angesetzte keramische Bekleidung

Der grundsätzliche Aufbau eines WDV-Systems mit keramischer Bekleidung ist in Bild 3.6-3 dargestellt.

Damit die Tragfähigkeit und insbesondere auch die Dauerhaftigkeit eines solchen Systems gewährleistet sind, müssen die im Folgenden aufgeführten Anforderungen (A bis H) erfüllt sein:

A Keramische Bekleidung

Schäden an massiven Außenwänden mit keramischen Belägen traten in der Vergangenheit relativ häufig auf (s. Bild 3.6-4). Die Schadensursachen waren nicht immer eindeutig erklärbar. Andererseits ist aber auch bekannt, dass keramische Produkte im Außenbereich an Wand und Boden bereits seit hunderten von Jahren ohne jegliche Schäden zur Anwendung gekommen sind. Aus diesem Grunde ist der Haftmechanismus zwischen keramischen Außenwandbekleidungen und dem Ansetzmörtel im Rahmen eines Forschungsauftrages an der Technischen Universität Berlin näher untersucht worden [44].

Die Wirksamkeit des Haftverbundes zwischen Keramik und Mörtel wird sowohl von den verwendeten Ansetzmörteln als auch von den verwendeten keramischen Fliesen beeinflusst. Der Haftverbund wird maßgeblich durch drei Mechanismen bzw. deren Kombinationen beschrieben:

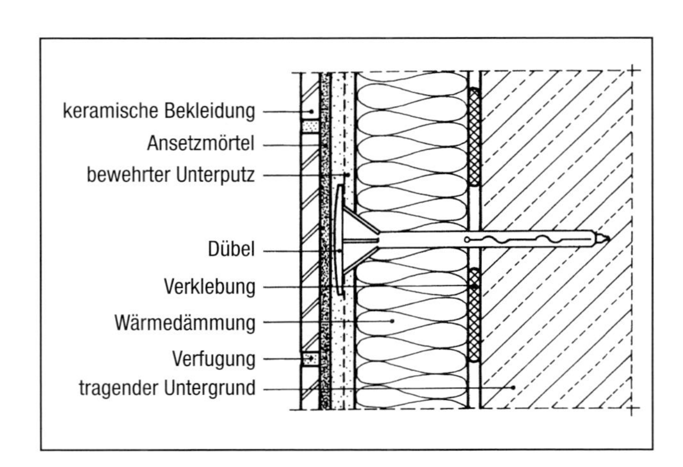

Bild 3.6-3: WDV-System mit keramischer Bekleidung

Bild 3.6-4: Gestörter Haftverbund von angesetzten Fliesen

- Vermörtelung (mechanische Adhäsion)
- Verklebung (thermodynamische Adhäsion)
- Verzahnung (Profilierung der Keramikrückseite).

Der maßgebliche Haftmechanismus bei einer Vermörtelung ist das Prinzip der mechanischen Adhäsion. Es bildet sich eine Verklammerung der Mörtelmatrix mit den rauen Oberflächen der Keramikrückseiten aus (s. Bild 3.6-5).

Die mechanische Adhäsion kann nur dann dauerhaft wirksam werden, wenn die mikroskopische Struktur der Keramikrückseite eine gute Verklammerung mit der Mörtelmatrix zulässt. Die mangelhafte Haftung „glatter" keramischer Produkte kann anschaulich anhand eines einfachen Versuches gezeigt werden: Setzt man

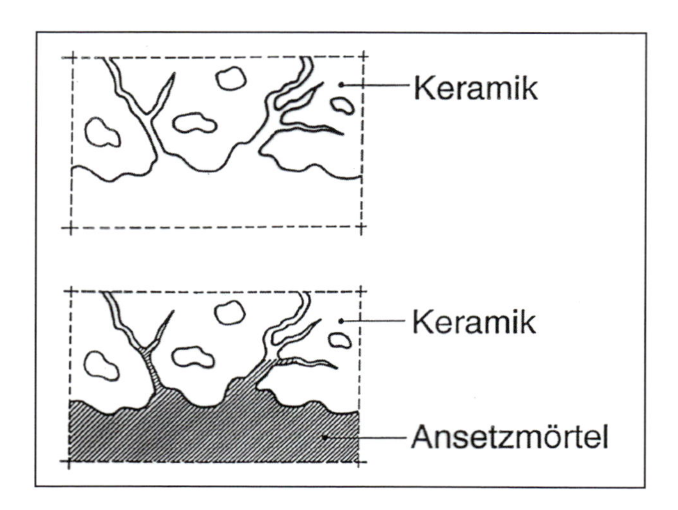

Bild 3.6-5: Haftmechanismus der Vermörtelung: Verklammerung in den Poren der Keramikrückseite mit dem Ansetzmörtel

eine Fliese mit der glasierten Vorderseite im Mörtelbett an, so tritt bereits nach einem Frost-Tauwechsel eine Fliesenablösung auf. Bei einer glasierten Oberfläche kann kein dauerhafter Verbund mit üblichen Mörteln erreicht werden. Das gilt für dichte und „glatte" Keramikrückseiten gleichermaßen.

Der Haftverbund ist damit maßgeblich von den „Rauigkeits-Eigenschaften" der zu vermörtelnden Fliesen abhängig. Zur Beurteilung der Eignung einer keramischen Fliese hinsichtlich ihres Haftverbundes ist folglich die Definition eines Parameters für die Oberflächenrauigkeit der Keramikrückseite notwendig.

Es konnte in über 150 Versuchen mit unterschiedlichen Fliesen quantifizierend gezeigt werden, dass die Porenstruktur der Keramikrückseite (Haftfläche) eine besondere Bedeutung für den Verbund zwischen Keramik und Mörtel zukommt. Die maßgeblichen Parameter zur Beschreibung der Rauigkeit der Keramikrückseiten sind das Volumen und die Größe der Poren. Keramische Produkte mit einer ausreichenden Anzahl von Poren (Porenvolumen) oberhalb einer bestimmten Porengröße (Porenradius) ermöglichen in idealer Weise eine mikroskopische Verklammerung der Mörtelmatrix mit der Keramikrückseite (s. Bild 3.6-6).

Durch die Einführung von Grenzwerten für keramische Produkte hinsichtlich deren Porenvolumenverteilung im Bereich der Haftflächen wurden Voraussetzungen für die dauerhafte Ausführung keramischer Außenwandbekleidungen geschaffen. Die ermittelten Grenzwerte für die Porigkeit sind in DIN 18515-1 „Außenwandbekleidungen – Angemörtelte Fliesen oder Platten", Ausgabe 1998 als auch für die Erteilung bauaufsichtlicher Zulassungen für WDVS mit kera-

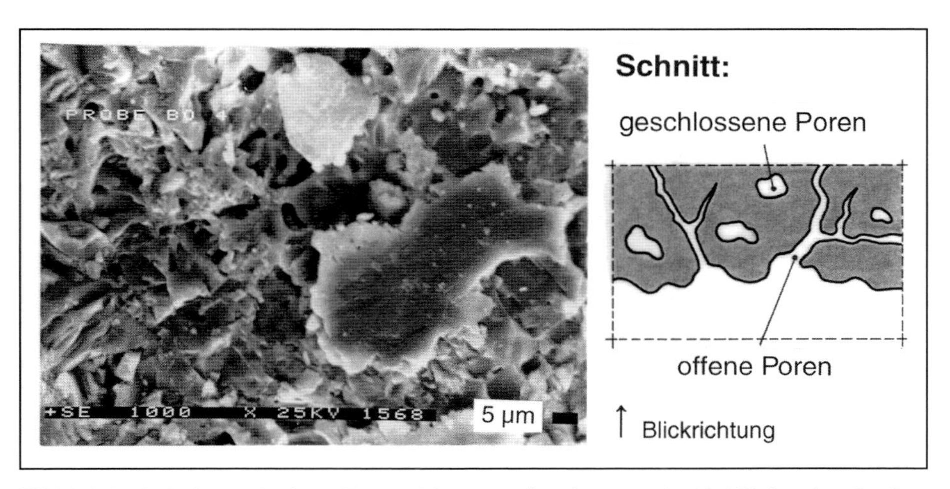

Bild 3.6-6: Aufnahme mit einem Rasterelektronenmikroskop von der Haftfläche einer Spaltplatte (1.000-fache Vergrößerung)

mischen Bekleidungen übernommen worden. Für keramische Bekleidungen mit einem Ansetzmörtel nach DIN 18515-1 gelten die folgenden Werte:

- Porenvolumen der haftvermittelnden Schicht der Keramikrückseite:
  $V_p \geq 20$ mm³/g
- Porengrößenverteilung der Keramikrückseite mit einem Porenradienmaximum:
  $r_p > 0{,}2$ µm

Während in Bild 3.6-7 für eine Steinzeugfliese im Porogramm die Erfüllung der genannten Porenkriterien dargestellt ist, sind in den Bild 3.6-8 und 3.6-9 die Po-

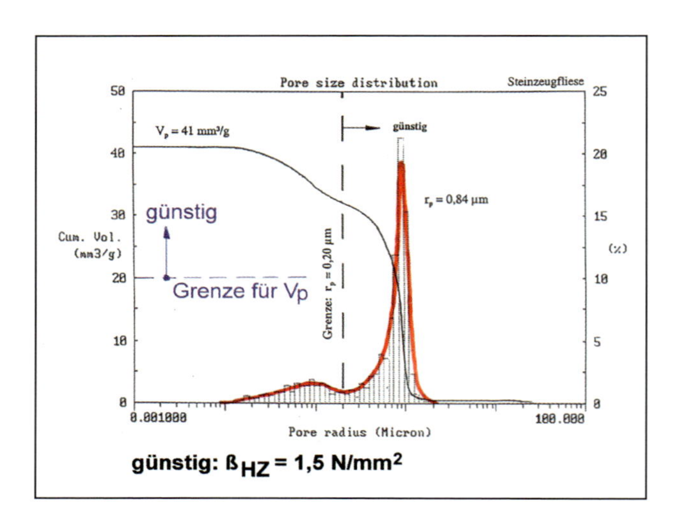

Bild 3.6-7: Porengrößenverteilung (Porogramm) einer Steinzeugfliese; die Grenzwerte sind eingehalten. 25 Frost-Tau-Wechsel: $\beta_{HZ} = 1{,}5$ N/mm² > erf. $\beta_{HZ} = 0{,}5$ N/mm²

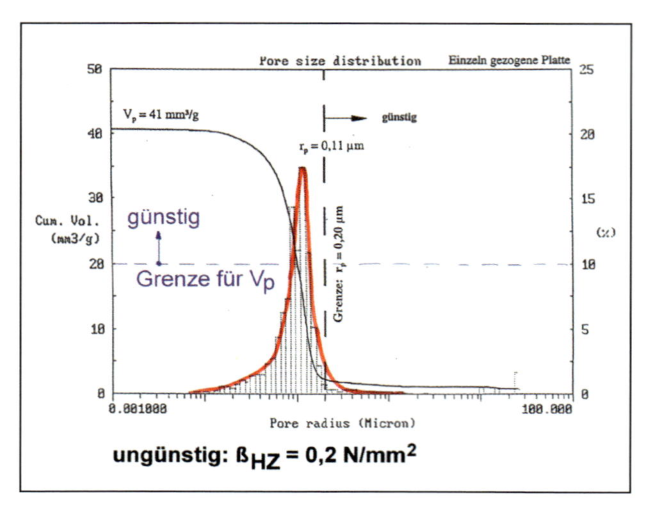

Bild 3.6-8: Porogramm einer Steinzeugfliese mit ungünstigen Hafteigenschaften: Das Kriterium $r_p \geq 0{,}20$ µm ist nicht eingehalten. Nach 25 Frost-Tau-Wechseln: $\beta_{HZ} = 0{,}2$ N/mm² < erf. $\beta_{HZ} = 0{,}5$ N/mm²

Bild 3.6-9: Steinzeugfliese mit ungünstigen Hafteigenschaften: Das Kriterium $V_p \geq 20$ mm³/g ist nicht eingehalten. Nach 25 Frost-Tau-Wechseln: $\beta_{HZ} = 0{,}3$ N/mm² < erf. $\beta_{HZ} = 0{,}5$ N/mm²

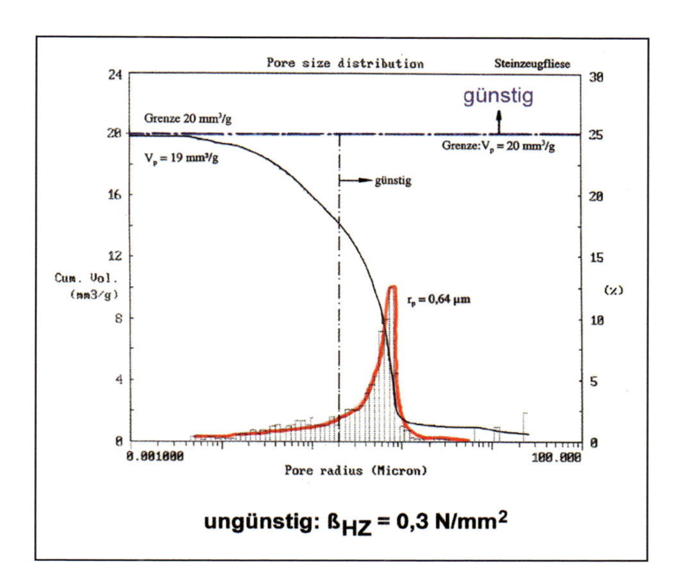

rogramme keramischer Produkte dargestellt, die die Porenkriterien nicht erfüllen. Die erforderliche Mindesthaftzugfestigkeit nach 25 Frost-Tau-Wechseln von 0,5 N/mm² wird von Steinzeugfliesen gemäß Bild 3.6-7 mit einer Haftzugfestigkeit von $\beta_{HZ} = 1{,}5$ N/mm² überschritten, während bei den Fliesen gemäß Bild 3.6-8 die Haftzugfestigkeit $\beta_{HZ} = 0{,}2$ N/mm² und bei den Fliesen nach Bild 3.6-9 nur $\beta_{HZ} = 0{,}3$ N/mm² beträgt.

Eine makroskopische Verklammerung durch eine Profilierung der Keramikrückseite entsprechend Bild 3.6-10 („Schwalbenschwänze" bei Spaltplatten) stellt im eigentlichen Sinn keinen Haftmechanismus dar, sondern ist eine Sicherung gegen das Herabfallen der Keramik. Sie wird in der Praxis oft überschätzt. Ihr Einfluss auf die messbare Haftzugfestigkeit ist gering. Die eigentliche Haftung – und das sei besonders herausgestellt – wird durch eine mikroskopische Verklammerung des Ansetzmörtels mit der rauen Oberfläche der Keramikrückseite erzielt. Die Verzahnung einer Profilierung wird erst dann wirksam, wenn die anderen Haftmechanismen bereits versagt haben.

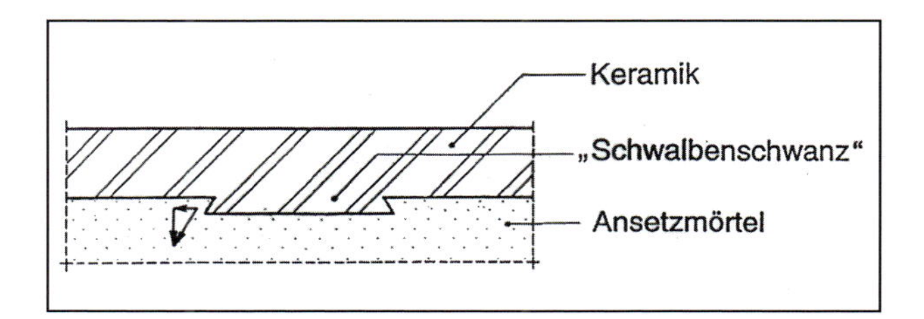

Bild 3.6-10: Schwalbenschwanzförmige Verklammerung einer Fliese

Keramische Fliesen und Platten mit einer Wasseraufnahme von mehr als 6 % sollten nicht für WDVS mit keramischen Bekleidungen verwendet werden. Die Wasseraufnahme der keramischen Platten bei WDVS wird in Abhängigkeit von den verwendeten Wärmedämmplatten wie folgt begrenzt:

$w \leq 3{,}0$ % bei WDVS mit Mineralfaser-Dämmstoffen (einsetzbar sind demnach nur keramische Bekleidungen mit niedriger Wasseraufnahme – Gruppe 1)

$w \leq 6{,}0$ % bei WDVS mit Polystyrol-Dämmstoffen (einsetzbar sind demnach keramische Bekleidungen mit niedriger Wasseraufnahme – Gruppe 1 und mittlerer Wasseraufnahme – Gruppe 2a)

Durch eine höhere Wasseraufnahme wird die Haftzugfestigkeit zwischen Mörtel und Keramik bei Frost-Tauwechselbeanspruchung empfindlich verringert. Produkte mit höherer Wasseraufnahme können nur dann eingesetzt werden, wenn durch eine zusätzliche Hydrophobierung der Bekleidungsschicht eine geringe Wasseraufnahme am Gesamtsystem nachgewiesen wird.

B Ansetzmörtel

Der verwendete Ansetzmörtel muss die Eigenschaften aufweisen, die für die Bildung eines verklammernden Zementsteins an der Kontaktfläche notwendig sind. Die Art des Zementes und die Kornzusammensetzung der Zuschlagstoffe beeinflussen dabei die Fähigkeit des Mörtels zur Ausbildung einer mikroskopischen Verklammerung.

Für Dünnbettmörtel bestehen aufgrund der geringen Schichtdicke des Mörtelauftrages im Dünnbettverfahren hohe Anforderungen an die Rezeptur und Verarbeitungseigenschaften. Bei einer Mörtelschicht von nur wenigen Millimetern Dicke besteht die Gefahr, dass sich aufgrund einer unzureichenden Hydratation keine verklammernde Zementsteinmatrix ausbilden kann.

Handelsübliche Dünnbettmörtel enthalten in geringen Mengen organische Zusätze (Polymere), die die Eigenschaften dieser Mörtel im Hinblick auf die Haftqualität verbessern. Kunststoffzusätze in Form von Redispersionspulver wirken als Elastifizierungsmittel und begünstigen die Haftbrückenbildung. Die Zugabe von wasserrückhaltenden Zusatzmitteln (Methylcellulosen) unterstützt das Kristallwachstum in der Haftzone während des Erhärtungsprozesses. Eine wasserabweisende Vergütung soll zur Feuchte- und Frostbeständigkeit der Verbindung beitragen. Die Dosierung der Zusatzmittel ist bei Dünnbettmörteln durch die stets zu gewährleistende Verarbeitbarkeit der Mörtel begrenzt. Herkömmliche

Produkte in Form von reiner Sackware weisen weniger als fünf Prozent organische Zusätze auf.

Als Ansetzmörtel für keramische Bekleidungen können Mörtel mit einem Prüfzeichen nach DIN 18156-M eingesetzt werden. Für keramische Bekleidungen, die die Grenzwerte der Porengrößenverteilung überschreiten, können nachgewiesene, hochvergütete Ansetzmörtel verwendet werden, deren Eignung in Kombination mit der ausgewählten Keramik nachgewiesen wurde.

Gemäß DIN 18156-2 bzw. DIN EN 1348 gilt für die erforderliche Haftzugfestigkeit

$\beta_{HZ} > 0{,}50\ N/mm^2$

nach vorgegebener Beanspruchung. Hierzu ist insbesondere die Haftzugfestigkeit nach Frost-Tauwechsel Beanspruchung nachzuweisen.

Für die Ausführung von WDVS mit keramischen Bekleidungen ist ausschließlich das kombinierte Ansetzverfahren (Floating-Buttering-Verfahren) anzuwenden, bei dem sowohl der Untergrund als auch die Fliese mit Mörtel bestrichen wird (s. Bild 3.6-11 bis Bild 3.6-16).

Es kommt beim Floating-Buttering-Verfahren zu einer deutlichen Erhöhung der erreichbaren Haftzugfestigkeit gegenüber dem Floating-Verfahren (s. Bild 3.6-17).

Eine häufige Schadensursache beim Ansetzen keramischer Bekleidungen besteht darin, dass der Ansetzmörtel zeitlich zu lange vorgezogen auf die Wand

Bild 3.6-11: Auftragen des Mörtels auf die Wand („floaten“)

Bild 3.6-12: Kämmen des Ansetzmörtels mit einem Zahnspachtel

Bild 3.6-13: Bestreichen der Fliesenrückseite mit dem Mörtel („buttern“)

Bild 3.6-14: Ansetzen der Fliesen, wobei der Mörtel auf die Wand noch keine Hautbildung aufweisen darf

Bild 3.6-15: Einschlämmen des Fugenmörtels

Bild 3.6-16: Säubern der Fliesen

aufgebracht wird, bevor die Keramik angesetzt wird. Eine einsetzende Hautbildung auf dem Mörtel an der Wand reduziert die Hafteigenschaften des Mörtels erheblich. Langzeitschäden sind dann vorprogrammiert.

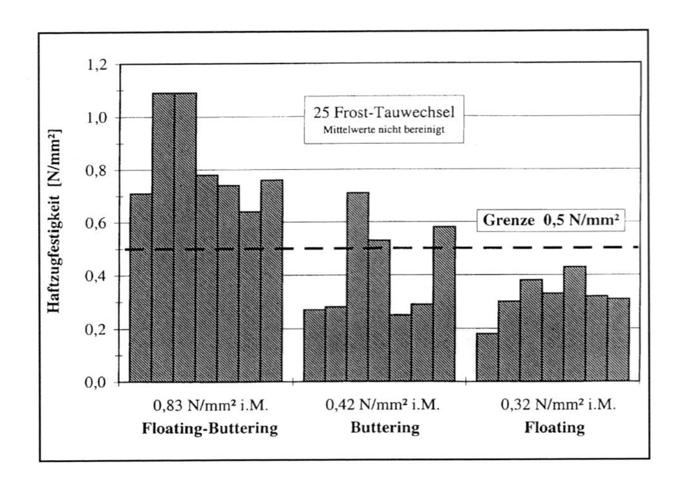

Bild 3.6-17: Haftzugfestigkeiten von Steinzeugfliesen bei unterschiedlichen Ansetzverfahren [44]

Das Aufbringen keramischer Bekleidungen darf nur von ausgebildeten Fliesenlegern ausgeführt werden und soll unter normalen Witterungsbedingungen frühestens eine Woche nach Herstellung des Unterputzes erfolgen. Eine nachträgliche Überprüfung der durchgeführten Verklebung kann an einer herausgeschnittenen Fliese durchgeführt werden (s. Bild 3.6-18).

Bild 3.6-18: Hohlstellen im Mörtelbett beim Floating-Verfahren; „gebutterte“ Klebeschicht fehlt

C Fugenmörtel

Es sind nur hydrophobierte Fugenmörtel mit geringer Rissbildungsneigung zu verwenden. Das eingesetzte Hydrophobierungsmittel muss dauerhaft wirksam sein.

Der Wasseraufnahmekoeffizient gemäß DIN 52617 soll betragen:

$w_t \leq 0{,}10\ kg/m^2h^{1/2}$

D Unterputz

An den Unterputz werden folgende Anforderungen gestellt:

- Wasseraufnahmekoeffizient gemäß DIN 52617:

  $w_t \leq 0{,}50\ kg/m^2h^{1/2}$

- Erforderliche Querzugfestigkeit des Unterputzes nach künstlicher Bewitterung (EOTA-Prüfzyklen sowie 25 Frost-Tauwechsel Zyklen):

  $\beta_{QZ} \geq 0{,}10\ N/mm^2$

Für WDVS mit keramischen Bekleidungen werden generell Unterputze mit höherer Haftzugfestigkeit empfohlen. **Leichtputze sind für diese Systeme auf keinen Fall geeignet!** Es wird weiterhin eine Begrenzung der Schwindzahl auf $\varepsilon_{s,28d} \leq 1{,}0$ mm/m empfohlen.

E Glasfasergewebe

Glasfasergewebe aus Porosilikatglas (E-Glas)

- Erforderliche Zugfestigkeit des Gewebes für WDVS mit keramischen Bekleidungen nach Lagerung in alkalischen Medien gemäß DIBt Richtlinien:

  $\beta_{Z,GK} \geq 1.300\ N/50\ mm$

- Maximaler Abfall der Gewebezugfestigkeit:

  $\Delta\beta_{Z,GK} \leq 50\ \%$ der ermittelten Ausgangsfestigkeit im Anlieferungszustand

Glasfasergewebe aus Zirkonsilikatglas (AR-Glas)

- Erforderliche Zugfestigkeit eines „alkalibeständigen" Zirkonsilikatglas-Gewebes für WDVS mit keramischen Bekleidungen nach Lagerung in alkalischen Medien gemäß DIBt Richtlinien:

  $\beta_{Z,GKA} \geq 1.000\ N/50\ mm$

- Die Prüfung der Alkalibeständigkeit bei starkem alkalischem Angriff ist ergänzend zu den DIBt-Richtlinien mit folgender Lagerungsbedingung nachzuweisen:

  24 h Lagerung in 5 % NaOH-Lösung bei 60 °C:

  $\beta_{Z,GKA} \geq 1.000$ N/50 mm

- Maximaler Abfall der Reißfestigkeit unter allen Lagerungsbedingungen:

  $\Delta\beta_{Z,GK} \leq 50$ % der ermittelten Ausgangsfestigkeit im Anlieferungszustand

F Wärmedämmung

Mineralfaser-Dämmplatten

Es sollen ausschließlich Mineralfaser-Dämmplatten mit einer Ausgangsquerzugfestigkeit von $\beta_{QZ} \geq 14{,}0$ kN/m² verwendet werden. Alle Dämmplatten müssen mit mindestens 40 % ihrer Fläche verklebt werden (Punkt-Wulst-Methode) und sind stets durch das Gewebe hindurch zusätzlich zu verdübeln, wobei für die Ermittlung der Dübelanzahl der volle Windsog ohne Berücksichtigung der Verklebung anzusetzen ist.

Erforderliche Querzugfestigkeit von Mineralfaser-Dämmplatten nach künstlicher Bewitterung (EOTA-Prüfzyklen sowie 25 Frost-Tauwechsel Zyklen):

$\beta_{QZ} \geq 7{,}5$ kN/m²

Es wurde in Untersuchungen wiederholt festgestellt, dass Mineralfaser-Dämmplatten häufig nicht die Ausgangsfestigkeit von $\beta_{QZ} \geq 14{,}0$ kN/m² aufwiesen. Da es sich hier um eine standsicherheitsrelevante Problematik handelt, empfiehlt sich zunächst ausschließlich die Verwendung von Mineralfaser-Lamellenplatten mit hoher Abreißfestigkeit. Untersuchungen zeigen, dass mit modifizierten Herstellungsverfahren jedoch auch Mineralfaser-Dämmplatten mit hohen Ausgangsfestigkeiten von $\beta_{QZ} \geq 25{,}0$ kN/m² hergestellt werden können.

Mineralfaser-Lamellenplatten

Mineralfaser-Lamellenplatten müssen vollflächig verklebt werden. Für beschichtete Platten können Sonderregelungen geltend gemacht werden (Reduzierung auf eine bis zu 50 %ige Verklebung) wenn entsprechende Nachweise vorgelegt werden und eine Teilflächenverklebung nach Zulassung zulässig ist.

Die erforderliche Haftzugfestigkeit von Mineralfaser-Lamellenplatten nach künstlicher Bewitterung beträgt

$\beta_{HZ} \geq 30$ kN/m²

Die Mineralfaser-Lamellenplatten sind stets zu verkleben und zusätzlich durch das Gewebe hindurch zu verdübeln. Hierzu sind gemäß DIBt-Regelung Teller mit einem Durchmesser von 60 mm erforderlich.

Polystyrol-Dämmplatten

Alle Dämmplatten müssen mit mindestens 40 % Fläche verklebt werden. Der Grundwert der geforderten Zug- bzw. Querzugfestigkeit der Polystyrol-Dämmplatten beträgt $\beta_{QZ} = 100$ kN/m² (0,1 N/mm²). Für eine tragfähige Oberfläche gilt weiterhin die Anforderung bezüglich der Haftzugfestigkeit ≥ 80 kN/m². Bei 40 % Verklebung gilt gemäß DIBt-Regelung $\beta_{HZ} = 0{,}40 \cdot \beta_{\perp}$ für Nass- und Trockenlagerung gleichermaßen.

Die erforderliche Haftzugfestigkeit von Polystyrol-Dämmplatten mit mindestens 40 % Verklebung nach künstlicher Bewitterung beträgt demnach

$\beta_{HZ} \geq 32$ kN/m²

Die Polystyrol-Dämmplatten unter der keramischen Bekleidung sind stets zu verkleben und durch das Gewebe hindurch zusätzlich zu verdübeln. Hiervon ausgenommen sind Systeme unterhalb von 8,0 m Höhe über Gelände, wenn der Untergrund eine ausreichende Festigkeit aufweist ($\beta_{\perp} \geq 80$ kN/m²).

G Verklebung und Verdübelung

WDVS mit keramischen Bekleidungen sind stets zu verkleben und zusätzlich durch das Gewebe hindurch zu verdübeln. Hierdurch soll eine Verbindung zwischen der äußeren Bekleidungsschicht (Unterputz einschließlich Ansetzmörtel sowie Keramik) und dem tragfähigen Untergrund unabhängig von der bestehenden Verbindung über die Dämmschicht geschaffen werden. Durch die Verdübelung wird die Kontaktfläche zwischen WDVS und Untergrund sowie der Verbundbereich zwischen Unterputz und Wärmedämmung (insbesondere von Bedeutung bei Mineralfaser-Dämmschichten) überbrückt. Diese Regelung ist als eine zusätzliche Sicherung der relativ schweren und hochbeanspruchten WDVS mit keramischen Bekleidungen zu verstehen.

Für die Ermittlung der zulässigen Dübeldurchzugskraft sind Versuche ohne Verklebung durchzuführen, bzw. die vorhandene Verklebung ist zu lösen (EOTA-Prüfwand). Für die Ermittlung der zulässigen Dübeldurchzugskraft gelten folgende Sicherheiten:

$\gamma_{Dü} = 3{,}00$ im unbewitterten Zustand (bzw. Trockenlagerung)
$\gamma_{Dü} = 2{,}25$ nach der Bewitterung (bzw. Nasslagerung)

Die erforderliche Dübelanzahl ist unter Ansatz der vollen Windsogbeanspruchung ohne Berücksichtigung der Verklebung zu ermitteln.

H Anforderungen an den Untergrund

WDVS mit keramischen Bekleidungen sollen nur auf tragfähigen Untergründen eingesetzt werden. Die Oberfläche der Wand muss dazu fest, trocken, fett- und staubfrei sein. Insbesondere Altputze sind hinsichtlich ihrer Tragfähigkeit stets sachkundig zu prüfen. Lediglich bei Untergründen aus Beton ohne Putz oder Mauerwerk nach DIN 1053 ohne Putz kann eine ausreichende Festigkeit in der Regel vorausgesetzt werden. Größere Unebenheiten müssen z.B. durch einen Putz ausgeglichen werden.

Die erforderliche Haftzugfestigkeit eines tragfähigen Untergrundes beträgt

$\beta_{\perp} \geq 80$ kN/m²

3.6.3.2 Riemchenbekleidung mit werkseitig angeschäumter Dämmung

Bei den WDV-Systemen mit Riemchenbekleidung und werkseitig angeschäumter Dämmung handelt es sich um Verbundelemente aus Polyurethan-Hartschaum und Ziegel-Verblendern (s. Bild 3.6-19). Die Verbundelemente werden werkmäßig hergestellt. Dabei werden die Ziegel-Verblender direkt hinterschäumt. Die Fugenbereiche werden mit einer Quarzsandabstreuung als Haftbrücke für die spätere baustellenseitige Verfugung ausgeführt. Neben den normalen Flächenelementen (l/h ≈ 1,40 m/0,75 m) werden Eckelemente, z.B. für Fensterlaibungsbereiche u. Ä., angeboten.

Bild 3.6-19: Riemchenbekleidung mit werkseitig angeschäumter Wärmedämmung [Foto: Fa. Isoklinker]

Die Elemente werden im Fugenbereich mit bauaufsichtlich zugelassenen Dübeln am tragenden Untergrund verankert. Die umlaufende stirnseitige Nut in der PUR-Dämmung wird anschließend mit PUR-Ortschaum ausgeschäumt. Die im Bereich der vertikalen Elementstöße für die Vervollständigung des Verbandes fehlenden Ergänzungsriemchen werden mit einem Polyurethankleber angebracht. Abschließend erfolgt die Verfugung der gesamten Außenwandfläche mit einem Werk-Fertigmörtel.

4 Systemkomponenten der WDVS

4.1 Putzsysteme

4.1.1 Übersicht

Die Putzsysteme marktüblicher WDV-Systeme bestehen aus einem Unterputz mit einer Glasfasergewebeeinlage – nach DIN 18559 [15] „Armierungsmasse mit einem Armierungsgewebe" genannt – und einem Oberputz – der so genannten „Schlussbeschichtung" nach DIN 18599 [15].

In Abhängigkeit von der Schichtdicke wird zwischen Dünnputz- und Dickputzsystemen unterschieden.

Zu den Dünnputzsystemen gehören die

- Kunstharzsysteme mit Gesamtdicken (Ober- und Unterputz) von ca. 4 bis 6 mm sowie
- kunststoffdispersions-modifizierten mineralischen Systeme mit Gesamtdicken von ca. 5 bis 10 mm.

Zu den Dickputzsystemen gehören die

- mineralischen – in der Regel – Leichtputzsysteme, mit Gesamtdicken von ca. 8 bis 16 mm.

Zunächst wird eine Unterputzschicht aufgetragen, an die die Glasfasergewebebewehrung – je nach örtlicher Gegebenheit mit vertikaler oder horizontaler Gewebebahnenausrichtung – mit einer Kelle flächig angedrückt wird, bis der Mörtel das Gewebe umhüllt. Anschließend wird eine zweite Unterputzschicht „nass in nass" bis zur endgültigen Unterputzschichtdicke derart aufgetragen, dass eine vollständige hohlraumfreie Einbettung des Gewebes gegeben ist (s. Bild 4.1-1). Die Schichtdicken des Unterputzes sind so zu wählen, dass das Gewebe ungefähr in einem Bereich des äußeren Drittels der Unterputzdicke liegt. Abschließend erfolgt die Endbeschichtung mit einem Oberputz (Kapitel 4.1.2). Einige Systemhersteller bieten zur Verbesserung der Haftzugfestigkeit zwischen Unter- und Oberputz Grundierungen an (vgl. auch Kapitel 7.8-1).

Die häufig in der Praxis anzutreffende Einbettung des Gewebes in den Unterputz bei der das Gewebe zuerst direkt auf der Wärmedämmschicht angebracht wird, um dann anschließend den Putz in einem Arbeitsgang aufzutragen, führt

Bild 4.1-1: Einbetten des Gewebes in den Unterputz

zwangsläufig dazu, dass die Bewehrung nicht vollständig im Unterputz eingebettet ist. Fehlt die Überdeckung der Bewehrung durch den Putz, so können die im Putz entstehenden Zugspannungen nicht sicher in die Bewehrung eingeleitet werden: Die Folge sind Risse.

Bei der Ausführung des Unterputzes gehört es zu den allgemein anerkannten Regeln der Technik, eine Diagonalbewehrung entsprechend Bild 4.1-2 an ein-

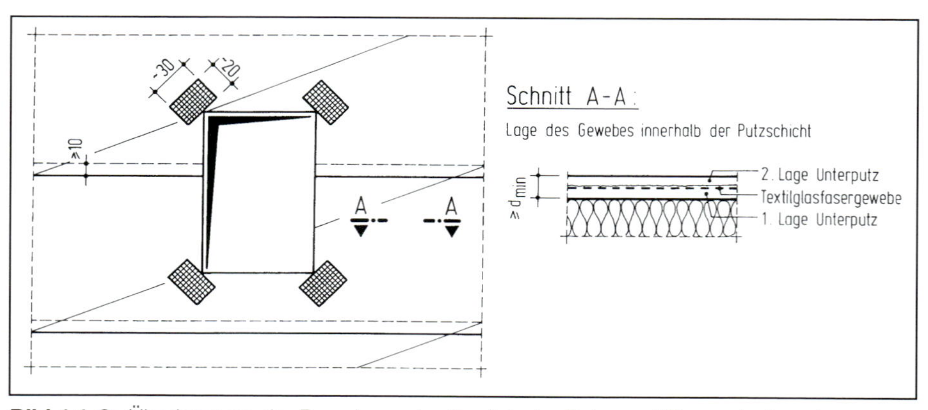

Bild 4.1-2: Überlappung der Bewehrung im Bereich der Bahnenstöße sowie Anordnung von Zusatzbewehrungen im Bereich einspringender Ecken

springenden Ecken auszuführen (s. DIN 55699 [17] sowie Ausführungsempfehlungen der WDVS-Hersteller). Eine Vielzahl von Rissen im Bereich von Fensterecken, bei denen diese Bewehrung fehlte, belegt diese Empfehlung nachdrücklich (Bilder 4.1-3 bis 4.1-5).

Andererseits gibt es aber Gebäude, bei denen die Diagonalbewehrung nicht ausgeführt worden ist und die dennoch rissfrei geblieben sind. Hier entsteht die Frage, ob die nachträgliche Anordnung einer Diagonalbewehrung im Rahmen der Sanierung gefordert werden muss, obwohl der Putz über einige Jahre hinweg rissfrei geblieben ist. Es entsteht insbesondere die Frage, ob die Rissfreiheit des Putzes bei sich oftmals einstellenden hygrischen Wechselbeanspruchungen auch auf Dauer prognostiziert werden kann.

Bild 4.1-3: Riss im Eckbereich
[Foto: H.-J. Rolof]

Bild 4.1-4: Riss im Unterputz nach Entfernen des Oberputzes
[Foto: H.-J. Rolof]

Bild 4.1-5: Fehlende Diagonalbewehrung nach Entfernen des Unterputzes
[Foto: H.-J. Rolof]

Rechnerische Untersuchungen mit der Finite-Elemente-Methode zeigen [61], dass die Rissfreiheit bzw. Rissgefährdung von folgenden Parametern abhängig ist:

- Art des Putzes (mineralischer Putz, Kunstharzputz)
- Dehnsteifigkeit des Putzes (E · d)
- Schwindverhalten (Wasserbindemittelwert, Nachbehandlung)
- Hydrophobierung des Putzes (hygrische Verformungseigenschaften)
- Bruchdehnverhalten des Putzes (ε_z)
- Schubsteifigkeit der Wärmedämmung (G/d_{WD}).

Für die Berechnung des Spannungs-, Dehnungs- und Rissverhaltens des Putzes im Bereich der einspringenden Ecken ist die in Bild 4.1-6 dargestellte Geometrie untersucht worden. Es wurden zwei exemplarische Putzsysteme sowohl rechnerisch als auch empirisch untersucht: Organischer Putz und mineralischer Putz.

Die Spannungs-Dehnungs-Verläufe der beiden Putze sind in den Bildern 4.1-7 und 4.1-8 dargestellt. Die Modellierung des Unterputzes erfolgte für die FE-Berechnung in der Form, dass über das Element des unbewehrten Putzes ein Bewehrungselement gelegt wurde. Die Übereinstimmung zwischen den gemessenen und den berechneten σ-ε-Diagrammen ist hinreichend genau. Beim organischen Putz sind während des Dehnens keine klaffenden Risse beobachtet worden (s. Bild 4.1-7). Erst ab einer Dehnung von mehr als 10‰ waren leichte, feine Anrisse im Putz aufgetreten.

Bild 4.1-6: Modellbildung der Außenwand für die FEM-Berechnung

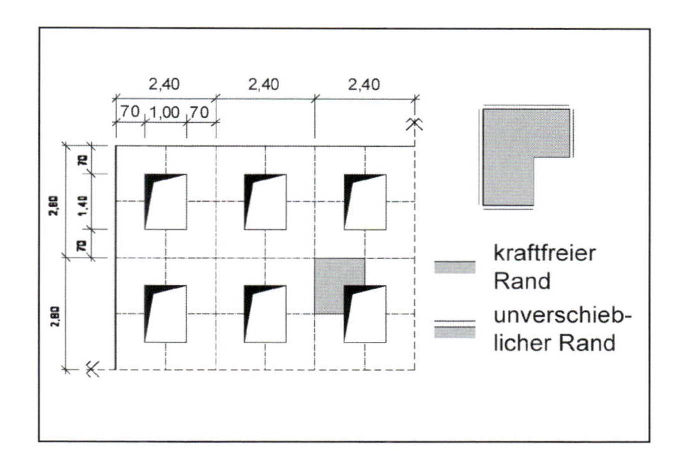

Bild 4.1-7: Zugspannungs-Dehnungs-Diagramm für einen organischen Putz

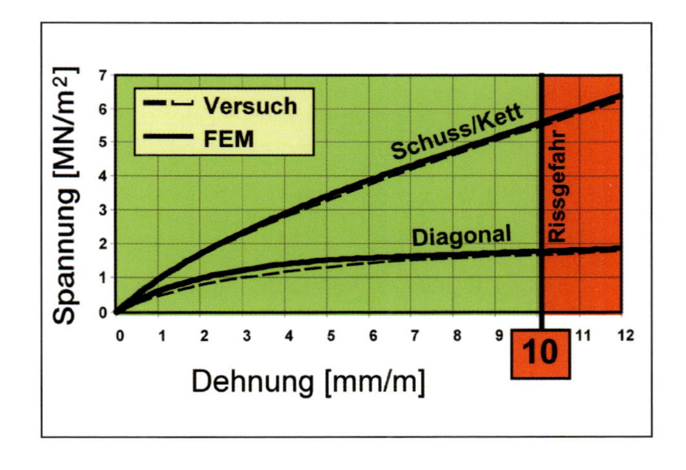

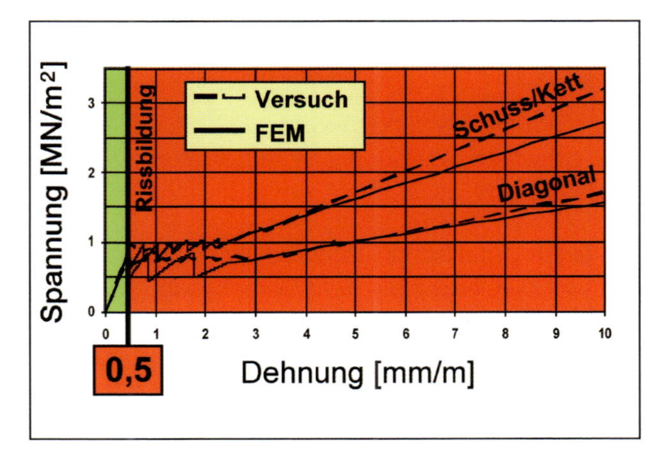

Bild 4.1-8: Zugspannungs-Dehnungs-Diagramm für einen mineralischen Putz

Beim mineralischen Putz wurde ab einer Dehnung von ca. 0,5 ‰ ein erster Riss im Putz beobachtet (s. Bild 4.1-8). Beim Entstehen des Risses trat ein Spannungsabfall auf, bis die Bewehrung im Putz die Last aufnahm. Es entstand anschließend eine Lastumlagerung auf den gerissenen Probekörper und damit verbunden wiederum eine Laststeigerung bis der nächste Riss auftrat. Diese Rissbildungen wiederholten sich bei weiterer Laststeigerung. Sie sind durch einen sägezahnartigen Verlauf des Spannungs-Dehnungs-Diagramms gekennzeichnet (s. auch Abschnitt 4.1.4.2). Nach Erreichen eines abgeschlossenen Rissbildes kam es bei weiterer Dehnungssteigerung zu einem Öffnen der vorhandenen Risse.

Die Berechnung der in Bild 4.1-6 dargestellten Ecke geschieht unter Einprägung der thermisch und hygrisch bedingten Dehnungen:

$$\varepsilon_p = \alpha_{T,P} \cdot \Delta T + \alpha_{u,P} \cdot \Delta u + \varepsilon_{s,\infty}.$$

mit

ε_p Dehnung des Putzes
$\alpha_{T,P}$ thermischer Ausdehnungskoeffizient des Putzes
ΔT Temperaturgradient zwischen Herstelltemperatur und Extremwerten der Temperatur
$\alpha_{u,P}$ hygrischer Ausdehnungskoeffizient des Putzes
Δu Feuchtegradient zwischen Feuchtigkeit bei der Herstellung des Putzes und Extremwerten des Feuchtegehaltes
$\varepsilon_{s,\infty}$ Schwinddehnung

Hierbei kann davon ausgegangen werden, dass die Spannungen infolge $\varepsilon_{s,\infty}$ durch Relaxation weitgehend abgebaut werden [22], [54]. Zur Berechnung nach der FEM wurde aus Gründen der Rechenvereinfachung von einer äquivalenten Temperaturänderung ausgegangen, mit der das Schwinden und der Einfluss der Feuchtedehnung gleichzeitig erfasst werden:

$$\varepsilon_p = \alpha_{T,P} \cdot \Delta T^*$$

Unter Berücksichtigung des Schwindens, der Relaxation und der Feuchteänderung schwankt die äquivalente Temperaturänderung zwischen

$$\Delta T^* = 50 \text{ K bis } 120 \text{ K}$$

Für einen organischen Putz mit einer äquivalenten Temperaturänderung von $\Delta T^* = 50$ K ergibt die FEM-Berechnung, dass auch bei fehlender Diagonalbewehrung keine Rissgefährdung vorliegt. Bei $\Delta T^* = 120$ K besteht bei fehlender Diagonalbewehrung eine Rissgefährdung, während bei vorhandener Diagonalbewehrung eine Rissgefährdung auszuschließen ist (s. Bilder 4.1-9 und 4.1-10).

Bild 4.1-9: Dehnungsverteilung im Bereich einer einspringenden Ecke eines WDVS mit einem organischen Putz; äquivalente Temperaturbeanspruchung 50 K

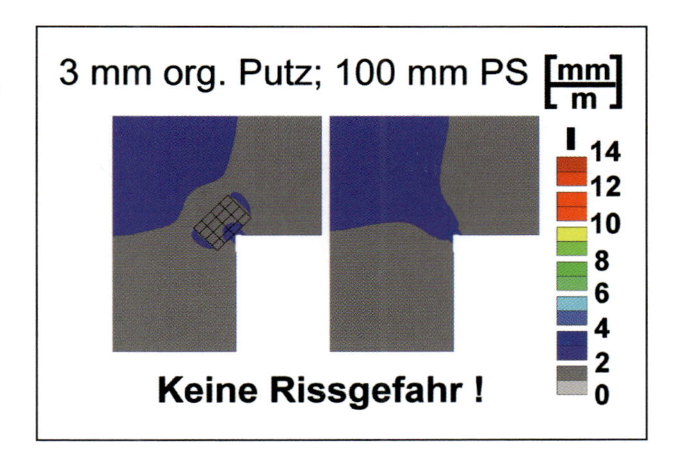

Bild 4.1-10: Dehnungsverteilung im Bereich einer einspringenden Ecke eines WDVS mit einem organischen Putz; äquivalente Temperaturbeanspruchung 120 K

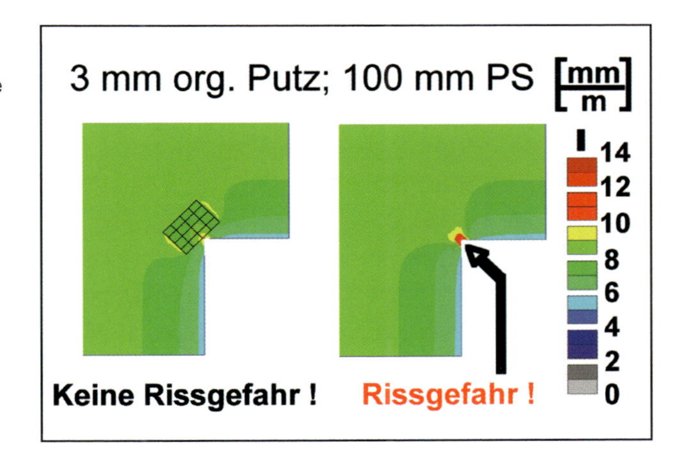

In Bild 4.1-11 sind die Dehnungen im Eckbereich in Abhängigkeit von der Dehnsteifigkeit des Putzes (E · d) und der Schubsteifigkeit der Wärmedämmung (G/d) dargestellt. Es ist ersichtlich, dass z.B. für einen 3 mm dicken organischen Putz mit E · d = 2,4 MN/m und einer 100 mm dicken Wärmedämmung aus Polystyrol (G/d = 35 MN/m^3) nur bei fehlender Diagonalbewehrung und $\Delta T^* = 120$ K eine Rissgefährdung ($\varepsilon > 10$ ‰) vorliegt.

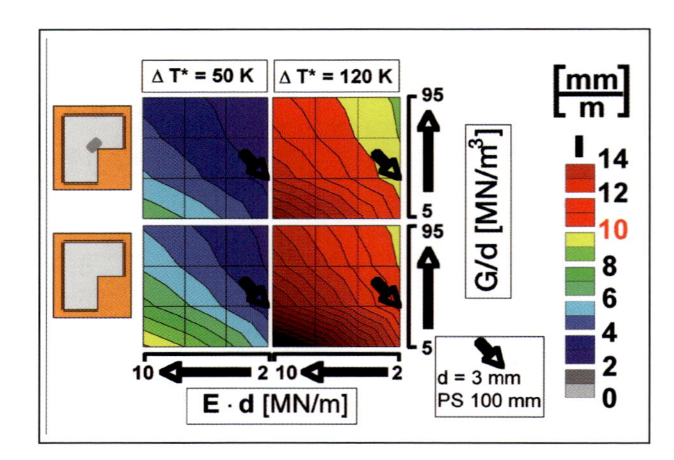

Bild 4.1-11: Putzdehnung im Eckbereich eines WDVS mit organischem Putz in Abhängigkeit von der Dehnsteifigkeit des Putzes (E · d) und der Schubsteifigkeit der Wärmedämmung (G/d) (roter Bereich = Rissgefährdung)

Aus Bild 4.1-11 können weiterhin folgende Erkenntnisse gewonnen werden:

- Dünne organische Putze (geringe Dehnsteifigkeit) sind weniger rissanfällig im Vergleich zu dehnsteifen Putzen.
- Schubsteife Wärmedämmungen sind im Hinblick auf die Rissgefährdung günstiger zu bewerten.
- Die Rechnungen belegen die bisher gesammelten Erfahrungen, dass es im Hinblick auf die angestrebte Sicherheit sehr sinnvoll ist, die geforderte Diagonalbewehrung im Bereich einspringender Ecken auch künftig zu fordern.
- Bei fehlender Diagonalbewehrung und mehrjähriger Rissfreiheit werden bei organischen Putzen mit hoher Wahrscheinlichkeit keine Risse mehr auftreten. Eine mögliche Versprödung des organischen Putzes sowie die andauernde Wechselbeanspruchung erhöht jedoch die Rissgefährdung. Der Verzicht auf eine Erneuerung von Putzen bei fehlender Diagonalbewehrung beinhaltet somit auf lange Sicht ein wenn auch nur geringes Risiko. Anzumerken ist, dass organische Putze in Deutschland eher selten angewendet worden sind bzw. werden.

Auf den Bildern 4.1-12 bis 4.1-15 ist das Rissverhalten mineralischer Putze im Bereich einspringender Ecken (Fensterixel) dargestellt. Es ist – wie auch bei den organischen Putzen – ersichtlich, dass bei Zunahme der Dehnsteifigkeit des Putzes ($E \cdot d_p$) die Rissbreite zunimmt. Des Weiteren zeigt sich, dass mit zunehmender Schubsteifigkeit der Wärmedämmung (G/d_{WD}) die Rissbreiten geringer werden. Auffällig ist, dass mit zunehmender äquivalenter Temperaturbeanspruchung die Rissbreiten bei dünnen Putzen ab $\Delta T^* \approx 50$ K noch weniger zunehmen (Bild 4.1-12 und 4.1-13), was auf die fortschreitende Rissbildung im Putz zurückzuführen ist. Für dickere, dehnsteifere Putze gilt dies jedoch nicht.

Bild 4.1-12: Rissbreite w eines mineralischen Putzes (mit Diagonalbewehrung) mit unterschiedlichen Dehnsteifigkeiten in Abhängigkeit von der äquivalenten Temperaturbeanspruchung und der Schubsteifigkeit der Wärmedämmung (G/d)

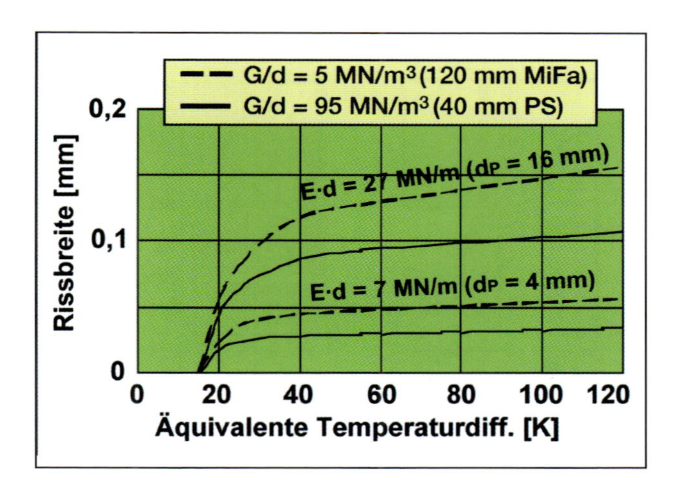

Bild 4.1-13: Rissweite eines mineralischen Putzes mit unterschiedlichen Dehnsteifigkeiten in Abhängigkeit einer fehlenden bzw. vorhandenen Diagonalbewehrung auf einer Dämmung mit einer Schubsteifigkeit G/d = 5 MN/m³

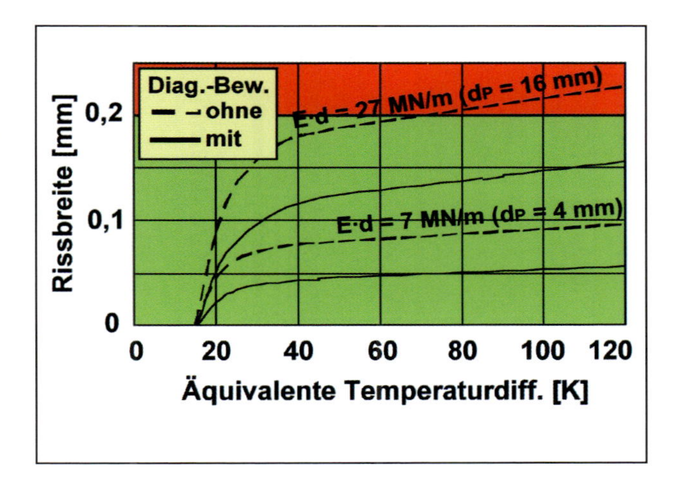

In Bild 4.1-14 ist die Rissbildung im Eckbereich dargestellt: Bei $\Delta T^* = 50$ K sind einige sehr feine Risse vorhanden. Bei $\Delta T^* = 120$ K vergrößert sich die Rissbreite nur unwesentlich, aber die Anzahl der Risse nimmt deutlich zu. Für den hier der Berechnung zugrunde gelegten Putz mit einem sehr gut risseverteilenden Bewehrungsgewebe wird durch die Diagonalbewehrung die Rissbreite im nahezu kaum sichtbaren Bereich von unter 0,1 mm gehalten. Bei fehlender Diagonalbewehrung und dehnsteifem Putz steigen die Rissbreiten auf mehr als 0,2 mm an.

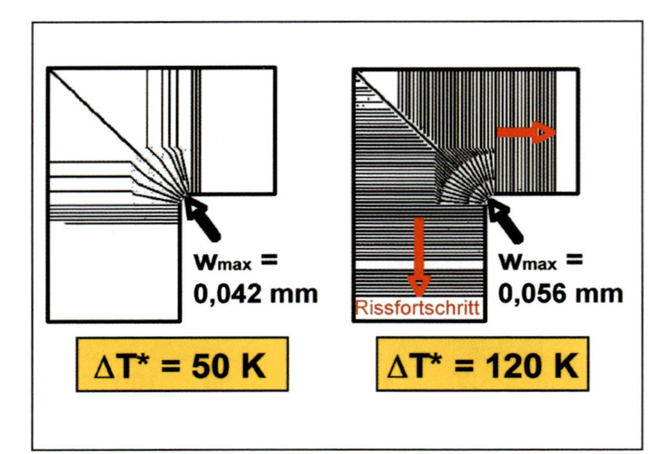

Bild 4.1-14: Rissentwicklung eines mineralischen Putzes (E · d = 7 MN/m) mit Diagonalgewebe auf einer Dämmung mit G/d = 5 MN/m³

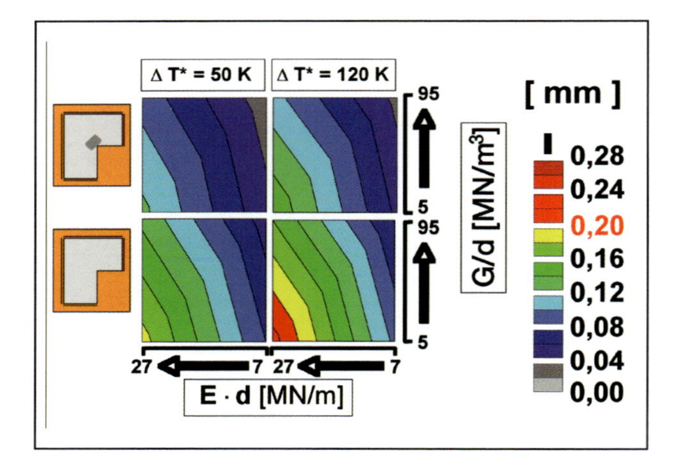

Bild 4.1-15: Rissbreiten w_{max} im Eckbereich eines WDVS mit mineralischem Putz in Abhängigkeit von der Dehnsteifigkeit des Putzes (E · d) und der Schubsteifigkeit der Wärmedämmung (G/d) (roter Bereich = Rissgefährdung)

4.1.2 Oberputz

Der Oberputz dient in der Regel als Witterungsschutz – sofern nicht bereits der Unterputz nach [10] als „wasserabweisend" eingestuft werden kann. Als Oberputz werden eingesetzt:

- Mineralisch-hydraulische Putze als
  - Struktur- (i. d. R. Leichtputze) oder
  - Edelkratzputze,
- wasserglasgebundene Putze (Silikatputze) auch als Strukturputze,
- kunstharzgebunden Putze oder
- Silikonputze.

Die Putze werden als Werktrockenmörtel, als Sackware oder bei Bindemitteln aus Silikaten (Wassergläsern) und/oder Kunstharzdispersionen in Eimern geliefert. Den Putzen werden in der Regel werkmäßig Zusatzmittel zugegeben, um

- das Wasserrückhaltevermögen zu erhöhen und damit die Gefahr des „Verdurstens“ infolge von zu schnellem Wasserentzug zu verhindern,
- die Verarbeitungseigenschaften zu verbessern,
- die Haftzugfestigkeit zum Untergrund durch Kunstharzzusätze zu erhöhen,
- das Wasserdampfdiffusionsverhalten, z.B. durch Luftporenbildner, zu verbessern und
- wasserabweisende Eigenschaften durch eine Reduzierung der Kapillarität mit hydrophobierend wirkenden Zusatzmitteln zu erreichen [62].

Als Zusatzstoffe werden Pigmente sowie Fasern unterschiedlicher Längen und Materialtypen verwendet.

Der Oberputz bestimmt im Wesentlichen die Struktur der Oberfläche, also die Fassade im engeren Sinne. Von den mineralisch-hydraulischen Putzen als Struktur- und Edelkratzputz abgesehen, wird die Struktur des Oberputzes vom Durchmesser des Größtkorns (d = 2 bis 6 mm) bestimmt. Da Rissbildungen mit Rissbreiten, die im Hinblick auf die Gebrauchsfähigkeit als unbedenklich zu beurteilen sind (Kapitel 2.6.3), bei Glattputzsystemen optisch deutlicher hervortreten, ist – wie bei konventionellen Außenputzsystemen auch – eine Ausführung von Struktur- oder Edelkratzputzen anzuraten.

Neben den Oberputzen werden als Außenwandbekleidung

- kunstharzgebundene Flachverblender,
- Ziegelriemchen oder Spaltplatten,
- keramische Fliesen sowie
- Naturwerksteine verwendet.

4.1.3 Unterputz

Als Unterputze werden verwendet:

- Mineralische Werktrockenmörtel und
- Dispersionsmörtel
  - ohne Zementzugabe sowie
  - mit Zementzugabe.

Bei Dünnputzsystemen ist das Material des Unterputzes vielfach mit dem Material des Klebemörtels (Kapitel 4.4.1) identisch.

Das Einlegen des Bewehrungsgewebes erfolgt „nass in nass“ (s. Kapitel 4.1.1 und 4.1.4).

Die mechanischen Eigenschaften, insbesondere im Hinblick auf die Gebrauchsfähigkeit eines Putzsystems werden wesentlich von der Putzmatrix (unbewehrter Putz) bestimmt. In Tabelle 4.1-1 sind die Materialkennwerte üblicher Unterputze auf Grundlage von [22], [63], [64] zusammengefasst.

Tabelle 4.1-1: Materialkennwerte Unterputzmatrix [22], [63], [64]

	mineralischer Putz		Kunstharzputz
	Normalputz	Leichtputz	
Rohdichte ρ in kg/m^3	2.200	1.600	1.100
Wärmeleitfähigkeit λ in $W/(m \cdot K)$	0,87	0,87	0,70
spezifische Wärmespeicherkapazität c in $J/(kg \cdot K)$	1.000	1.000	1.400
thermischer Ausdehnungskoeffizient α_T in $10^{-6}/K$	8 - 11	6	50
hygrischer Ausdehnungskoeffizient α_u in $\%^{-1}$	$10 \cdot 10^{-6}$	$10 \cdot 10^{-6}$	$50 \cdot 10^{-6}$
Schwindmaß $\varepsilon_{s,\infty}$ in %	0,14	0,10	
Restschwindmaß $\varepsilon_{s,R}$ in %	0,015	0,015	0,40
Matrix-Zugbruchspannug $\sigma_{P,u}$ in N/mm^2	1,2	0,5 - 0,6	12,4
Matrix-Zugbruchdehnung $\varepsilon_{P,u}$ in %	0,017 - 0,030	0,030 - 0,040	0,95
Zugelastizitätsmodul E in N/mm^2	7.000 - 8.000	1.100 - 1.650	1.300

Unter dem wirksamen Restschwindmaß $\varepsilon_{s,R}$ ist der Anteil der freien unbehinderten Schwindverformung $\varepsilon_{s,\infty}$ zu verstehen, der bei einer vollständigen Behinderung der Schwindverformung nicht durch Relaxation abgebaut wird, sondern zwängungswirksam bleibt.

Wie die in [22] beschriebenen Versuche ergaben, bauen sich ca. 85 % der theoretischen Zwangsspannung bei Leichtputz und 90 bis 95 % bei Normalputz durch Relaxation ab. Diese Ergebnisse werden durch [5] bestätigt. Hier wird der Elastizitätsmodul im Lastfall „Schwinden“ auf 1/9 und somit um ca. 90 % abgemindert.

4.1.4 Bewehrung

4.1.4.1 Anforderungen

Die Bewehrung eines Putzes hat vergleichbar mit der Stahlbewehrung des Stahlbetonbaus die Aufgabe, die Zugkräfte im Putzsystem bei einer etwaigen Rissbildung zu übernehmen. Dabei kommt der Rissbreitenbeschränkung besondere Bedeutung zu. Vergleichbar mit dem Stahlbeton ergeben sich hieraus folgende Forderungen:

- Hohe Dehnsteifigkeit der Bewehrung,
- gute Verbundeigenschaften zwischen Bewehrung und Putzmatrix,
- enge Bewehrungsabstände, die jedoch gleichzeitig eine ordnungsgemäße Verarbeitung (Einbettung etc.) gewährleistet,
- ausreichende Überlappungsbreiten,
- geringer thermischer Ausdehnungskoeffizient und
- eine ausreichende Dauerhaftigkeit (Alkalibeständigkeit) (vgl. Kapitel 2.7.1).

Diese Anforderungen werden von Glasfasergewebeeinlagen und – wie neuere Untersuchungen nach [54] zeigen – auch durch Glasfasern erfüllt.

4.1.4.2 Gewebebewehrung

Glasfasergewebebewehrung – nach DIN 18559 [15] „Armierungsgewebe" genannt – wird in der Regel als Glasseidengewebe seltener als Glasseidengelege gefertigt. Wie in Kapitel 2.7.1 beschrieben, wird das Gewebe mit einer Appretur/Schlichte versehen, um eine ausreichende Alkalibeständigkeit zu erzielen.

Bei einer Mikrorissbildung in der Putzmatrix muss das Gewebe in der Lage sein, die rissauslösenden Spannungen aufzunehmen. Dabei muss die Dehnung des Gewebes durch eine schlupflose Arbeitslinie, eine hohe Dehnsteifigkeit sowie eine kurze Verbundlänge begrenzt werden, um die Rissbreite zu begrenzen. Es ist eine möglichst identische Arbeitslinie in Kett- und Schussrichtung anzustreben. Enge Abstände der Bewehrungsfäden führen aufgrund des besseren Verbundes und einer günstigeren Wirkungszone zu einer engeren Rissverteilung und damit zu kleineren Rissbreiten. Gleichzeitig muss die Maschenweite jedoch auf das Größtkorn des Unterputzes abgestimmt sein, um eine vollständige Einbettung des Gewebes zu gewährleisten und eine Trennlagenwirkung auszuschließen. Bei Dünnputzsystemen beträgt die Maschenweite 3 bis 5 mm, bei Dickputzsystemen mit Leichtputz ca. 7 mm.

Das Zugtragverhalten eines bewehrten Putzes wird mit Hilfe eines Zugversuchs entsprechend Bild 4.1-16 an einem Putzstreifen bestimmt. Das Kraft-Verformungs-Diagramm eines Zugversuchs ist beispielhaft in Bild 4.1-17 dargestellt. Die Bilder 4.1-18 und 4.1-19 zeigen exemplarisch ein günstiges sowie ein ungünstiges Zugtragverhalten von Putzsystemen mit unterschiedlichen Gewebebewehrungen. Das günstige Putzsystem mit einem gut risseverteilenden Gewebe zeichnet sich bei gleicher Gesamtdehnung des Probekörpers durch eine höhere Anzahl von Rissbildungen aus, die sich im Kraft-Verformungs-Diagramm durch Kraftabfälle markieren. Durch die größere Rissanzahl ergeben sich geringere Rissbreiten je Riss. Neben der Art des Gewebes (Maschenweite, Reißfähigkeit, Art der Kunststoffummantelung) spielt bei der Rissverteilung die Zugfestigkeit und Dehnsteifigkeit des Putzes eine entscheidende Rolle.

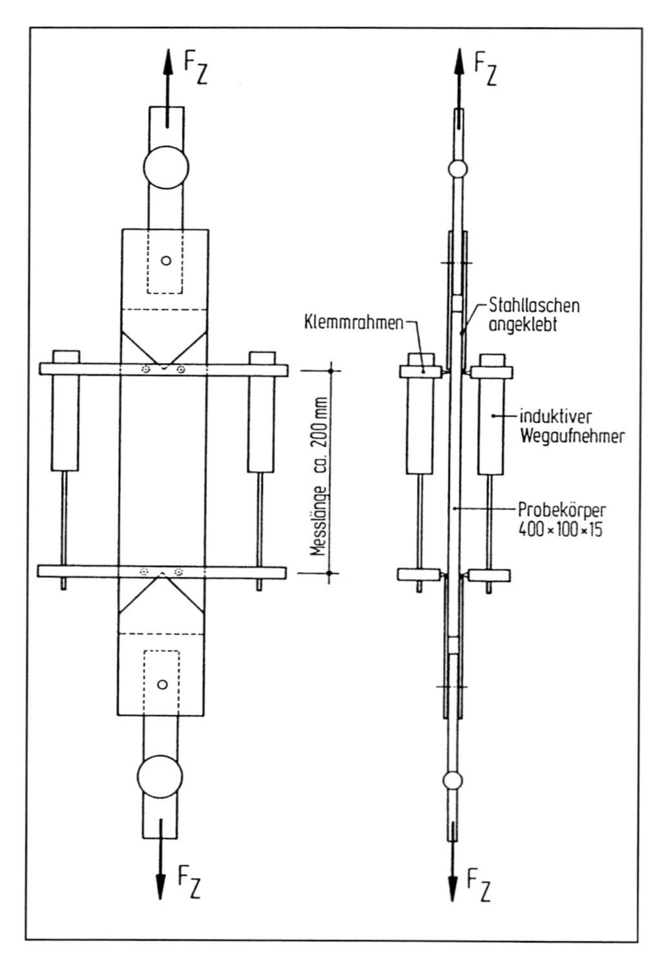

Bild 4.1-16: Zugprüfeinrichtung für Putzstreifen-Zugprobe

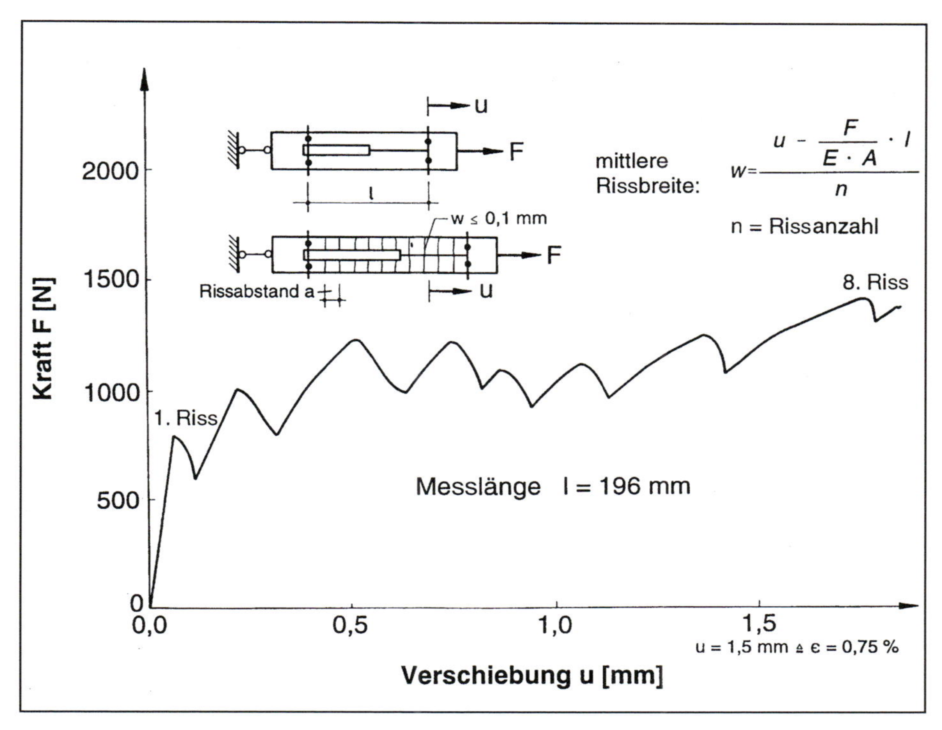

Bild 4.1-17: Kraft-Verformungs-Diagramm einer auf Zug beanspruchten bewehrten Putzprobe

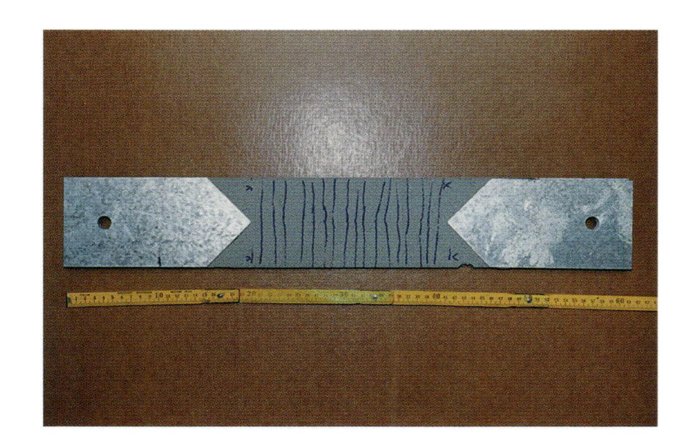

Bild 4.1-18: Rissverhalten eines auf Zug beanspruchten bewehrten Unterputzes mit „engem" Rissabstand w ≤ 0,1 mm

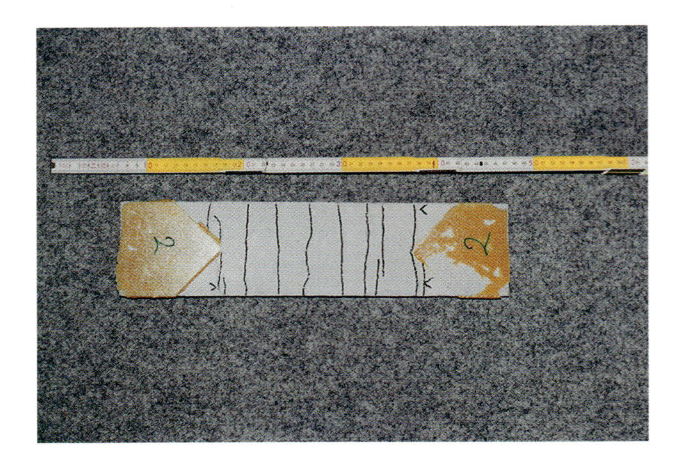

Bild 4.1-19: Rissverhalten eines auf Zug beanspruchten bewehrten Unterputzes mit „weiten" Rissabständen

Bei der Verarbeitung ist zu beachten, dass das Gewebe glatt und faltenfrei, ohne Hohllagen zu verlegen ist und nicht geknickt werden darf. Die Gewebebahnen sind mit einer Überlappungsbreite ü ≥ 10 cm auszuführen. Im Bereich von Fenster- bzw. Türöffnungen sind die Öffnungsecken mit diagonal ausgerichteten ausreichend großen (ca. 40 · 20 cm²) Gewebestreifen zusätzlich zu bewehren (s. Bild 4.1-2; vgl. auch Kapitel 4.1.1).

Für Gebäudeecken oder Kanten von Fenster- bzw. Türlaibungen können Eckschutzgewebe mit und ohne zusätzlich angearbeitete Kunststoff- oder Metallwinkel aus nichtrostendem Stahl verwendet werden (s. Bild 4.1-20). Gebäudedehnfugen der tragenden Konstruktion sind im WDV-System durchgehend aufzunehmen und im Putz z.B. durch Dehnprofile mit ankaschiertem Gewebestreifen auszubilden (s. Bild 6.2-2; s. auch Kapitel 6.2).

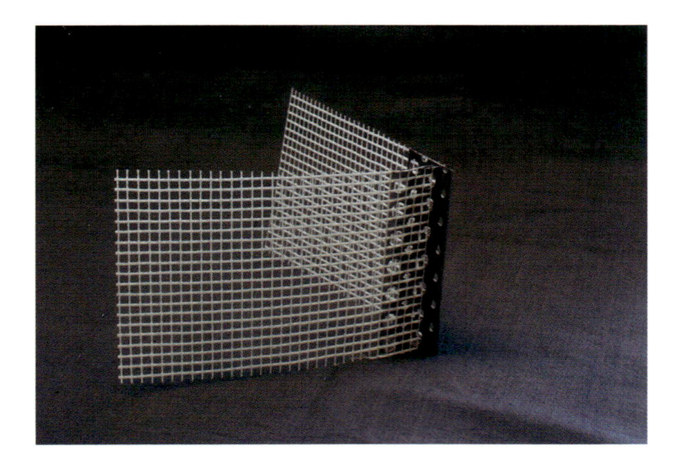

Bild 4.1-20: Eckschutzwinkel

4.1.4.3 Faserbewehrung

Die Ausführung eines gewebebewehrten Unterputzes ist arbeitsintensiv, da drei Arbeitsgänge erforderlich werden:

- Auftragen der ersten Unterputzschicht,
- Andrücken des Gewebes und
- Aufziehen der zweiten Unterputzlage.

Diese Ausführung erfordert hohe Sorgfalt, um eine ausreichende Überlappung des Gewebes im Stoßbereich sowie eine ausreichende Einbettung in der Putzmatrix zu erzielen. Aus diesem Grund wurde in [54] die Möglichkeit der Substitution der Glasfasergewebeeinlage durch Glasfasern untersucht. Dabei wurde im Einzelnen

- das Verformungsverhalten der faserbewehrten Putzschicht unter hygrothermischer Beanspruchung,
- die Dauerhaftigkeit der WDV-Systeme mit großformatigen Bewitterungsversuchen sowie
- die Rissanfälligkeit von unterschiedlichen Systemen im Rahmen von rechnergestützten Parametervariationen bestimmt.

Die Ergebnisse dieser Untersuchungen lassen sich wie folgt zusammenfassen:

- Faserbewehrte Putze mit überkritischem Fasergehalt zeigen ein ausreichend duktiles Materialverhalten. Wie Bild 4.1-21 zu entnehmen ist, sind Putze mit überkritischem Fasergehalt dadurch gekennzeichnet, dass über die Bruchspannung der Putzmatrix hinausgehend, eine weitere Laststeigerung möglich ist, ohne dass ein durchgehender sichtbarer Riss entsteht.
- Für das Tragverhalten wird die Zugbruchdehnung und nicht die Zugbruchspannung oder der Zugelastizitätsmodul maßgebend.
- Die zulässigen Verarbeitungsbandbreiten, wie z.B. der Wasserbindemittelwert, sind einzugrenzen, um die daraus resultierenden Schwankungen der Materialkennwerte zu reduzieren.
- Die hygrischen Verformungsanteile des Putzes müssen beim Nachweis der Gebrauchsfähigkeit berücksichtigt werden.
- Durch geeignete Zuschlagstoffe kann die Wärmedehnzahl des Putzes und damit die Zwangsbeanspruchung des Putzes reduziert werden.
- Eine Erhöhung der Putzdicke führt zu keiner Reduzierung der Rissanfälligkeit.
- Die Dauerhaftigkeit ist bei Verwendung von AR-Fasern gewährleistet.

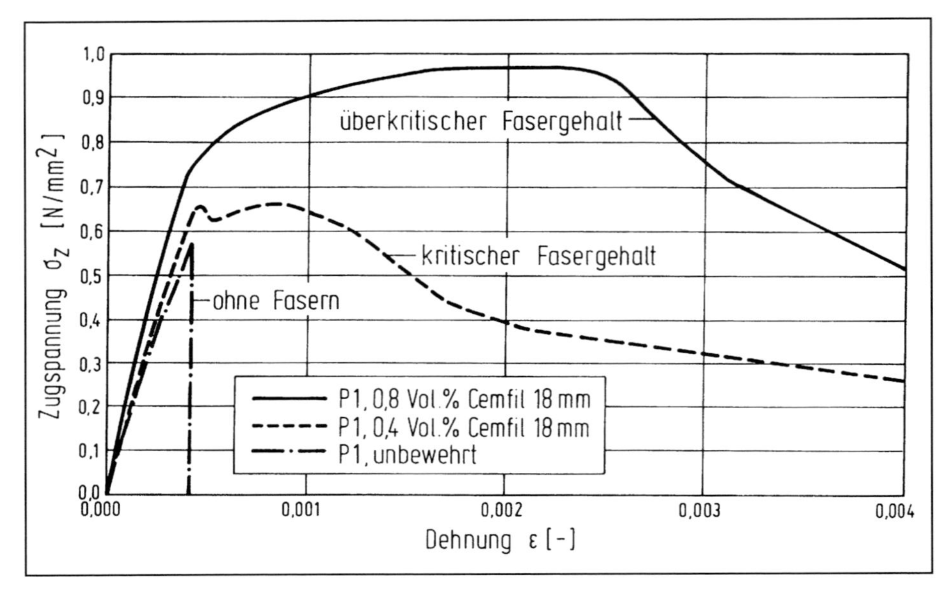

Bild 4.1-21: Exemplarische Spannungs-Dehnungs-Diagramme für Putz mit unterschiedlichem Fasergehalt [54]

Auf Grundlage dieser Erkenntnisse erscheint eine zukünftige Substitution gewebebewehrter Unterputze durch faserbewehrte Unterputze möglich. Bauaufsichtliche Zulassungen liegen diesbezügliche jedoch derzeit noch nicht vor.

4.2 Wärmedämmung

4.2.1 Harmonisierte Normen für werkmäßig hergestellte Wärmedämmstoffe

Die harmonisierten europäischen Produktnormen für werkmäßig hergestellte Wärmedämmstoffe (EN 13162 bis EN 13171) sind auf der Grundlage der vor dem europäischen Rat 1989 erlassenen Bauprodukten-Richtlinie [7] erarbeitet worden. Das DIN hat diese Normen im Oktober 2001 veröffentlicht. Nach einer so genannten Koexistenzperiode, während der die Dämmstoffe sowohl mit dem CE als auch dem Ü-Zeichen in Deutschland in den Verkehr gebracht werden konnten, gilt seit dem 15.05.2003, dass nationale Normen, die den harmonisierten Normen entgegenstehen, zurückgezogen werden müssen. Die nationalen Normen, die den harmonisierten Normen nicht entgegenstehen, bleiben aber einschließlich der dazugehörigen Prüfnormen weiterhin gültig.

Tabelle 4.2-1: Harmonisierte Normen für Wärmedämmstoffe des Hochbaus

DIN EN 13162	werkmäßig hergestellte Produkte aus Mineralwolle (MW)
DIN EN 13163	werkmäßig hergestellte Produkte aus expandiertem Polystyrol-Schaum (EPS)
DIN EN 13164	werkmäßig hergestellte Produkte aus extrudiertem Polystyrol-Schaum (XPS)
DIN EN 13165	werkmäßig hergestellte Produkte aus Polyurethan-Hartschaum (PUR)
DIN EN 13166	werkmäßig hergestellte Produkte aus Phenolharz-Schaum (PF)
DIN EN 13167	werkmäßig hergestellte Produkte aus Schaumglas (CG)
DIN EN 13168	werkmäßig hergestellte Produkte aus Holzwolle (WW)
DIN EN 13169	werkmäßig hergestellte Produkte aus expandiertem Perlite (EPB)
DIN EN 13170	werkmäßig hergestellte Produkte aus expandiertem Kork (ICB)
DIN EN 13171	werkmäßig hergestellte Produkte aus Holzfasern (WF)

Die harmonisierten Normen gelten für die in Tabelle 4.2-1 aufgeführten Dämmstoffe. Ziel der harmonisierten Dämmstoffnormen ist es, die Grundlagen für einen freien Warenverkehr in Europa zu schaffen. Aus diesem Grund sollen die Dämmstoffe

- einheitlich geprüft (EN-Prüfnomen),
- einheitlich beschrieben (EN-Produktnormen) und
- einheitlich zertifiziert werden (EN-Konformitätsnorm zusammen mit den EN-Produktnormen).

4.2.2 Kennzeichnung und Konformitätsbezeichnung

4.2.2.1 Übersicht

Wärmedämmstoffe, die den europäischen Produktnormen entsprechen, werden von den Herstellern z.B. entsprechend Bild 4.2-1 gekennzeichnet.

Mit dieser Kennzeichnung erklärt der Hersteller, dass die von ihm angegebenen Eigenschaften seines Produktes den Anforderungen der für sein Produkt zutreffenden Norm entsprechen. Zunächst muss der Hersteller des Dämmstoffes diese Produkteigenschaften aufgrund einer werkseigenen Prüfung oder einer von ihm beauftragten externen Prüfstelle deklarieren. Bei der Erstprüfung (ITT: Initial Type Test) wird dann von einer zugelassenen Prüfstelle bestätigt, dass die vom Hersteller angegebenen deklarierten Werte/Nennwerte auch eingehalten werden. Der Prüfumfang für diese Erstprüfung umfasst zwingend folgende Eigenschaften:

Beispiel für CE-Kennzeichnung

0751	DIN EN 13162 Mineralwolle Dachdämmplatte XY Brandverhalten – Klasse A Wärmedurchlasswiderstand: R_D = 1,25 m^2K/W Wärmeleitfähigkeit: λ_d: 0,040 W/(mK) Dicke 120 mm	Mineralwollewerk AB [Anschrift] 03 [2003 Jahr der Anbringung der CE-Kennzeichnung] 123 [Nummer Konformitätszertifikat]
	MW EN 13162-T4 - DS(T+) - CS(10) 70 - TR15 [Bezeichnungsschlüssel]	

Bild 4.2-1: Beispiel für die CE-Kennzeichnung eines Mineralwollproduktes [68]

MW	Mineralwolle
T4	Dickentoleranz, z.B. -3 %
DS(T+)	Dimensionsstabilität bei definierter Temperatur von 70 ± 2 °C während 48 h
CS (10) 70	Druckspannung bei 10 % Stauchung ≥ 70 kPa
TR 15	Zugfestigkeit senkrecht zur Plattenebene (Querzugfestigkeit) ≥ 15 kPa

- Wärmedurchlasswiderstand bzw. Wärmeleitfähigkeit,
- Druckfestigkeit (wenn angegeben),
- Wasseraufnahme (wenn angegeben),
- Brandverhalten und
- gefährliche Substanzen.

Alle anderen auf dem Etikett angegebenen Eigenschaften wie das Alterungsverhalten, die Dimensionsstabilität, die Querzugfestigkeit, die Druckspannung u.Ä. (s. Tabelle 4.2-2) kann der Hersteller selbst messen oder von einer externen Prüfstelle messen lassen und ebenfalls auf dem Etikett angeben.

Tabelle 4.2-2: Prüfumfang bei der Erstprüfung (ITT) [69]

Eigenschaft	**Dämmstoff**									
	MW	**EPS**	**XPS**	**PUR**	**PF**	**Schaum-glas CG**	**HWL WW**	**Expanded Perlite EPB**	**Kork ICB**	**Holz-faser WF**
Wärmedurchlass-widerstand/[1] Wärmeleitfähig-keit	**X**	**X**	**X**	**X**	**X**	**X**	**X**	**X**	**X**	**X**
Alterungstest der Wärmeleitfähigkeit[2]	–	–	X	X	X	–	–	–	–	
Dimensionsstabili-tät[2] unter normalen Laborbedingungen 23 °C, 50 % r.F.	–	X	–	–	X	X	–	–	X	X
Dimensionsstabili-tät[2] 48 h, 23 °C/90 % r.F.	X	X	X	–	X	–	–	X	X	X
Dimensionsstabili-tät[2] 48 h, 70 °C/90 % r.F.	–	–	–	X ± 20°C	–	X	X	–	–	–
Zugfestigkeit paral-lel zur Oberfläche[2]	X	–	–	–	–	–	–	–	–	X
Biegefestigkeit	–	X	–	–	X	–	–	X	X	–
Druckspannung/ -festigkeit[2]	**–**	**–**	**X**	**X**	**–**	**–**	**X**	**–**	**–**	**–**
Punktlast[2]	–	–	–	–	–	X	–	–	–	–
Rohdichte[2]	–	–	–	–	–	–	X	–	X	–
Chloridgehalt[2]	–	–	–	–	–	–	X	–	–	–
Querzugfestigkeit[2]	–	–	–	–	–	–	X	–	–	–
Feuchtegehalt[2]	–	–	–	–	–	–	–	–	X	–
Brandverhalten[1]	**X**	**X**	**X**	**X**	**X**	**X**	**X**	**X**	**X**	**X**

[1] von zugelassener Stelle zu prüfen, Druckspannung und Wasseraufnahme nur wenn auf dem Etikett angegeben
[2] vom Hersteller zu prüfen, oder externer Prüfstelle, wenn auf dem Etikett angegeben

Von den zehn nach europäischen Normen geregelten Dämmstoffen (s. Tabelle 4.2-1) müssen nur der Wärmedurchlasswiderstand bzw. die Wärmeleitfähigkeit und das Brandverhalten von einer anerkannten externen Prüfstelle geprüft werden. Die Druckfestigkeit und die Wasseraufnahme müssen durch die anerkannte Prüfstelle nur dann geprüft werden, wenn diese Eigenschaften auch auf dem Etikett deklariert werden. Neben den in Tabelle 4.2-2 aufgeführten Eigenschaften gibt es in den Produktnormen noch eine Reihe von Eigenschaften, die nur für bestimmte Anwendungsbereiche von Interesse sind, z.B. Trittschalleigenschaften, Strömungswiderstand u.Ä. Diese Eigenschaften müssen, sofern sie auf dem Etikett deklariert werden, vom Hersteller oder einer externen Prüfstelle gemessen werden. Anerkannte Prüfstellen sind nur für die im Anhang ZA zur Norm aufgeführten Eigenschaften einzuschalten.

Zusammenfassend wird festgestellt, dass durch das CE-Zeichen bestätigt wird, das der deklarierte Dämmstoff nach den entsprechenden europäischen Produktnormen (z.B. für EPS o.Ä.) beschrieben ist und entsprechend den dazugehörigen europäischen Prüfnormen geprüft worden ist. In den europäischen Produktnormen wird aber kein Anforderungsniveau für bestimmte Anwendungsbereiche festgeschrieben, so wie das in Deutschland z.B. für Dämmstoffe für WDVS o.Ä. bislang der Fall war. Deshalb ist es erforderlich, auf nationaler Ebene eine Regelung zu schaffen, die die Anwendung von Dämmstoffen nach europäischen Produktnormen in Abhängigkeit vom Anwendungsbereich gestattet.

4.2.2.2 Anwendung von Dämmstoffen nach den europäisch harmonisierten Normen

Wie bereits ausgeführt, sind mit den harmonisierten europäischen Produktnormen keine Aussagen über die Verwendbarkeit der einzelnen Dämmstoffe gegeben. Dies geschieht in Deutschland nach DIN V 4108-10 [65]. In dieser Norm sind die Mindestanforderungen an Wärmedämmstoffe im Hochbau in Abhängigkeit vom Einsatzbereich angegeben. Zusätzlich zu den Mindestanforderungen sind die Bemessungswerte der Wärmeleitfähigkeiten für den Wärmeschutznachweis nach DIN 4108-2 [32] und den Nachweis nach EnEV festzulegen, was in DIN V 4108-4 [35] geschieht.

In DIN V 4108-10 [65] sind die einzelnen Anwendungsbereiche entsprechend Tabelle 4.2-3 festgelegt. In der Norm ist auch eine bildhafte Umsetzung der dargestellten Anwendungsbereiche dargestellt (s. Bild 4.2-2). Beispielhaft seien in Tabelle 4.2-4 entsprechend DIN V 4108-10 die Mindestanforderungen an Polystyrol-Hartschaumplatten (EPS) nach DIN EN 13163 in Abhängigkeit von den Anwendungsbereichen dargestellt. in Tabelle 4.2-5 sind die aufgeführten Eigenschaften und ihre Bezeichnungen nach den europäischen Produktnormen aufgeführt.

Tabelle 4.2-3: Anwendungsgebiete von Wärmedämmungen entsprechend DIN V 4108-10 [65]

Anwendungs-gebiet	Kurz-zeichen	Anwendungsbeispiele
Decke, Dach	DAD	Außendämmung von Dach oder Decke, vor Bewitterung geschützt, Dämmung unter Deckungen
	DAA	Außendämmung von Dach oder Decke, vor Bewitterung geschützt, Dämmung unter Abdichtungen
	DUK	Außendämmung des Daches, der Bewitterung ausgesetzt (Umkehrdach)
	DZ	Zwischensparrendämmung, zweischaliges Dach, nicht begehbare, aber zugängliche oberste Geschossdecken
	DI	Innendämmung der Decke (unterseitig) oder des Daches, Dämmung unter den Sparren/Tragkonstruktion, abgehängte Decke usw.
	DEO	Innendämmung der Decke oder Bodenplatte (oberseitig) unter Estrich ohne Schallschutzanforderungen
	DES	Innendämmung der Decke oder Bodenplatte (oberseitig) unter Estrich mit Schallschutzanforderungen
Wand	WAB	Außendämmung der Wand hinter Bekleidung
	WAA	Außendämmung der Wand hinter Abdichtung
	WAP	Außendämmung der Wand unter Putz
	WZ	Dämmung von zweischaligen Wänden, Kerndämmung
	WH	Dämmung von Holzrahmen- und Holztafelbauweise
	WI	Innendämmung der Wand
	WTH	Dämmung zwischen Haustrennwänden mit Schallschutzanforderungen
	WTR	Dämmung von Raumtrennwänden
Perimeter	PW	Außenliegende Wärmedämmung von Wänden gegen Erdreich (außerhalb der Abdichtung)
	PB	Außenliegende Wärmedämmung unter der Bodenplatte gegen Erdreich (außerhalb der Abdichtung)

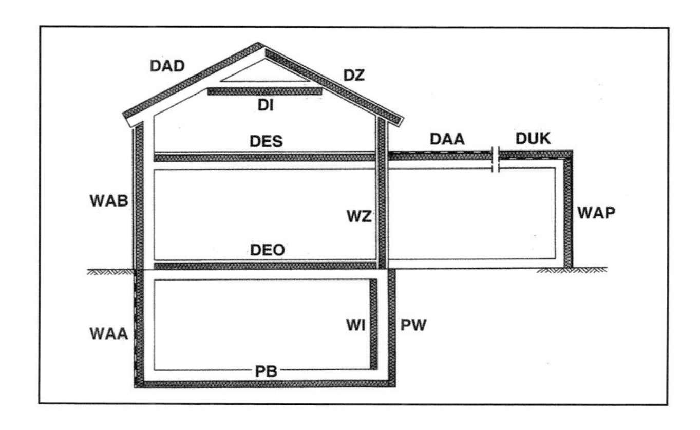

Bild 4.2-2: Anwendungsgebiete von Wärmedämmungen entsprechend DIN V 4108-10 [65]

Tabelle 4.2-4: Mindestanforderungen an Polystyrol-Hartschaum (EPS) nach DIN EN 13163 [13] (auszugsweise)

Anwendungsgebiet	Kurzzeichen		T_i	L_i	W_i	S_i	Pi	DS(TH)i	BSi	CS(10)i	DS(N)i	DLT(i)5	TRi	CC(i_T/ i_T/y)σ_0	WL(T)i	WD(V)i	MUi oder Zi	SDi	CPi
			Toleranzabmaße für die Dicken	Längentoleranz	Breitentoleranz	Rechtwinkligkeitstoleranz	Ebenheitstoleranz	Dimensionsstabilitätunter definierten Temperatur- und Feuchtebedingungen	Biegesteifigkeit	Druckspannung bei 10 % Stauchung	Dimensionsstabilität unter Normalklima	Verformung unter Druck- und Temperaturbelastung	Zugfestigkeitsenkrecht zur Plattenebene	Kriechverhalten	Langzeitige Wasseraufnahme	Wasseraufnahme durch Diffusion	Wasserdampfdurchlässigkeit	Dynamische Steifigkeit	Zusammendrückbarkeit
			Bezeichnungsschlüssel																
Wand	WAP WAB		T2	L2	W2	S2	P4	DS(70,-)3	BS50	–	DS(N)5	–	TR100	–	–	–	–	–	–
			T1	L1	W1	S1	P3	DS(70,-)3	BS50	–	DS(N)5	–	–	–	–	–	–	–	–
Dach, Decke	DES	sg	T4	L1	W1	S1	P3	–	BS50	–	DS(N)5	–	–	–	–	–	–	≤ SD30	CP2
		sm	T4	L1	W1	S1	P3	–	–	–	DS(N)5	–	–	–	–	–	–	≤ SD30	CP3
		sh	T4	L1	W1	S1	P3	–	BS50	–	DS(N)5	–	–	–	–	–	–	≤ SD30	CP5
	DEO		T1	L1	W1	S1	P3	–	BS50	CS(10)100	DS(N)5	DLT(1)5	–	–	–	–	–	–	–
	DI		T1	L1	W1	S1	P3	DS(70,-)3	BS50	–	DS(N)5	–	–	–	–	–	–	–	–
	DZ		T1	L1	W1	S1	P3	DS(70,-)3	BS50	–	DS(N)5	–	–	–	–	–	–	–	–
	DUK		Keine genormte Anwendung																
		dh	T1	L1	W1	S1	P3	–	BS50	CS(10)150	DS(N)5	DLT(2)5	–	–	–	–	–	–	–
	DAA	dm	T1	L1	W1	S1	P3	–	BS50	CS(10)100	DS(N)5	DLT(1)5	–	–	–	–	–	–	–
	DAD		T1	L1	W1	S1	P3	–	BS50	CS(10)100	DS(N)5	DLT(1)5	–	–	–	–	–	–	–

Tabelle 4.2-5: Eigenschaften und ihre Bezeichnungen nach den europäischen Produktnormen [67]

Eigenschaft	Bezeichnung nach EN Produktnormen
Nennwert der Wärmeleitfähigkeit	λ_D
Nennwert des Wärmedurchlasswiderstandes	R_D
Brandverhalten (Euroklassen)	A, B, C, D, E, F
Druckfestigkeit bzw. Druckspannung bei 10 % Stauchung	CS(10\Y)x
Zugfestigkeit senkrecht zur Plattenebene	TRx
Kriechverhalten	$CC(i_1/i_2/y)\sigma_c$
Wasseraufnahme im Diffusionsversuch	WD(V)x
Wasseraufnahme bei kurzzeitigem teilweisem Eintauchen	WSx
Wasseraufnahme bei langzeitigem teilweisem Eintauchen	WL(P)x
Wasseraufnahme bei langzeitigem vollständigem Eintauchen	WL(T)x
Frost-Tau-Wechselbeständigkeit	FT1; FT2
Wasserdampfdiffusion	MUx
Dimensionsstabilität im Normalklima	DS(N)x
Dimensionsstabilität bei definierter Temperatur- und Feuchtebelastung	DS(TH)x
Verformungsverhalten bei definierter Druck- und Temperaturbeanspruchung	DLT(i)x
Zusammendrückbarkeit	c
Stufen der Zusammendrückbarkeit	CPx
Praktischer Schallabsorptionsgrad	α_p
Bewerteter Schallabsorptionsgrad	α_w
Dynamische Steifigkeit	SDx
Biegesteifigkeit	BSx
Grenzabmaße der Dicke	T
Dicke unter Belastung	d_L
Dicke nach Belastung	d_B

Um dem Anwender die Überprüfung zu ermöglichen, ob ein Dämmstoff die Mindestanforderungen nach DIN 4108-10 für den Anwendungsfall WDVS bzw. die Anforderungen nach der Zulassung erfüllt, müssten auf dem Etikett die geprüften Eigenschaften des Dämmstoffes mit den Bezeichnungen nach der europäischen Produktnormung gemäß Tabelle 2.4-5 angegeben werden. Für ein expandiertes Polystyrol könnte dann die Bezeichnung wie folgt lauten:

EPS - EN 13163 – T2 – L2 – W2 – S2 – P4 – DS(N)5 –DS(70,-)3 – BS50 – CS(10)60 –DLT(1)5 – TR100 – WL(T)5 – WD(V)15

Unter diesem Bezeichnungsschlüssel wird dann ein Dämmstoff mit folgenden Eigenschaften verstanden:

- Bei Dämmstoffplatten entsprechen die ausgewiesenen Klassen für die Grenzabmessungen mit T2 maximalen Abweichungen in der Dicke (T = thickness) von ± 1 mm, mit L2 maximalen Abweichungen in der Länge (L = length) von ± 2 mm, mit W2 maximalen Abweichungen in der Breite (W = width) von ± 1 mm, mit S2 maximalen Abweichungen in der Rechtwinkligkeit (S = squareness) von ± 2 mm/1000 mm und mit P4 maximalen Abweichungen in der Ebenheit (P = flatness) von ± 5 mm. Die Dimensionsstabilität (DS = dimensional stability) bei Normalklima beträgt weniger als ± 0,2 % und bei 70 °C (48 h) weniger als ± 3 %.
- Die Biegefestigkeit (BS = bending strength) beträgt 50 kPa = 0,05 N/mm² die Druckfestigkeit bzw. Druckspannung bei 10 % Stauchung (CS = compressive stress) beträgt 60 kPa = 0,06 N/mm². Die Verformung unter Druckbeanspruchung von 20 kPa bei gleichzeitiger Temperaturbeanspruchung von 80 °C nach einem Beanspruchungszeitraum von 48 h (DLT = deformation under specified compressive load and temperature conditions) darf gegenüber der Verformung bei gleicher Last aber einer Temperaturbeanspruchung von 23 °C nicht mehr als 5 % betragen. Dies entspricht dem bisherigen Anwendungstyp WD. Die Querzugfestigkeit (TR = tensile strength perpendicular to faces) beträgt mindestens 100 kPa = 0,10 N/mm².
- Die Wasseraufnahme bei langzeitigem Eintauchen (WL = water absorption by immersion) wird auf unter 5 % begrenzt, die Wasseraufnahme infolge Diffusion (WD = water absorption by diffusion) auf unter 15 %.

Ein derart klassifizierter Dämmstoff würde den Anforderungen nach DIN 4108-10 für den Anwendungstyp WAP (s. auch Tabelle 4.2-4) entsprechen und könnte somit für WDV-Systeme verwendet werden.

4.2.2.3 CE- und Ü-Zeichen

Im Hinblick darauf, dass die Angabe des Anwendungsbereiches nach DIN V 4108-10 [65] nationalen Regelungen unterliegt, sollte diese Regelung auch national überwacht werden. Aus diesem Grund haben weite Teile der Dämmstoffindustrie sich einer externen Überwachung unterzogen (s. dazu z.B. [66]). In dieser Überwachung wird insbesondere der Anwendungsbereich des Dämmstoffes nach DIN 4108-10 bestätigt.

Die Etikettierung des Dämmstoffes erfolgt beispielhaft entsprechend Bild 4.2-3 oder 4.2-4. Anzumerken ist, dass der europäische Rat in der Kennzeichnung der Dämmstoffe durch CE- und Ü-Zeichen einen Verstoß gegen die von ihm erlassene Regelung sehen könnte. Es bleibt eine zukünftige Regelung abzuwarten.

Bild 4.2-3: CE- und Ü-gekennzeichneter Dämmstoff [Bild: Deutsche Rockwool Mineralwoll GmbH & Co. OHG, Gladbeck]

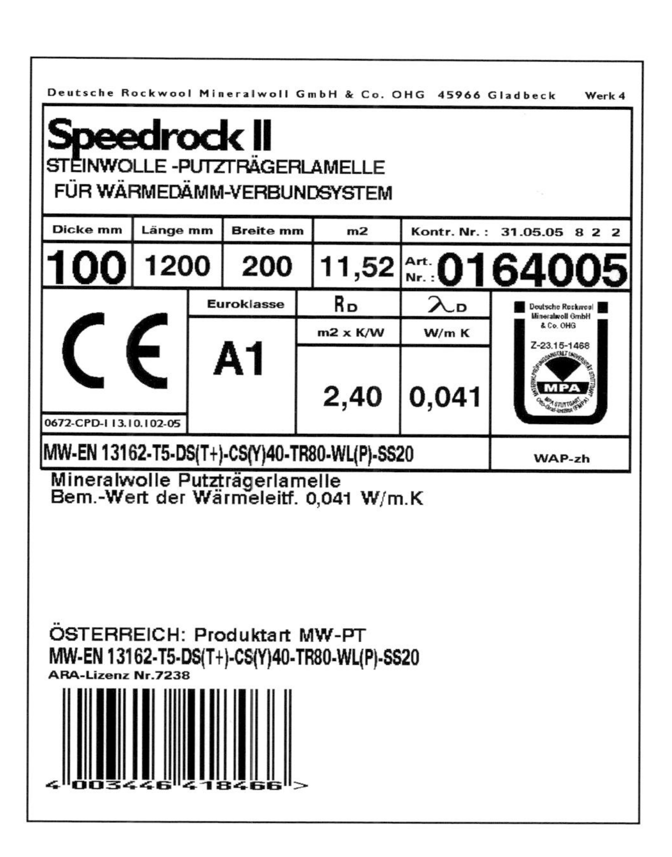

Bild 4.2-4: Estrichdämmung mit CE- und Ü-Kennzeichnung [Bild: Fa. Isover] $\lambda = 0{,}035$ W/(m · K) und damit $R = d/\lambda = 0{,}03/0{,}035 \approx 0{,}85$ m² · K/W
$R \neq R_D = 0{,}03/0{,}0033 = 0{,}90$ m² · K/W

4.2.3 Wärmedämmeigenschaften und brandschutztechnisches Verhalten von Wärmedämmstoffen nach harmonisierten Normen

4.2.3.1 Wärmedurchlasswiderstand/Wärmeleitfähigkeit

Die Wärmeleitfähigkeit eines Dämmstoffes wird als deklarierter Wert bzw. Nennwert vom Hersteller angegeben. Die deklarierte Wärmeleitfähigkeit λ_D wird auf der Grundlage von statistisch ausgewerteten Messergebnissen ermittelt ($\lambda_{90/90}$), wobei der Nennwert in Stufen von 0,001 W/(m·K) anzugeben ist.

Beispiel: $\lambda_{90/90}$ = 0,0291 W/(m·K)
λ_D = 0,030 W/(m·K)

Der Wert $\lambda_{90/90}$ bedeutet, dass mit einer Sicherheitswahrscheinlichkeit von 90 % davon ausgegangen werden kann, dass jeder weitere noch zu ermittelnde Messwert der Wärmeleitfähigkeit λ mit einer Wahrscheinlichkeit von 90 % den Wert $\lambda_{90/90}$ nicht überschreiten wird. Berechnet wird der Wert $\lambda_{90/90}$ aus dem Mittelwert λ_m von in der Regel mindestens zehn Messergebnissen, der dabei ermittelten Standardabweichung s_λ und einem Faktor k, der die Anzahl der vorhandenen Messergebnisse berücksichtigt:

$$\lambda_{90/90} = \lambda_m + k \cdot s_\lambda$$

Aus Tabellen der Statistik-Lehre folgt für zehn Messwerte k = 2,07 und für 2.000 Messwerte k = 1,32. Das heißt, bei einer großen Streuung der Produktion steigt der anzugebende Wert λ_D.

Die Erfassung der Streuung bei der Produktion von Wärmedämmstoffen war bisher in dieser Form nicht üblich. Bisher wurde von einer zufällig entnommenen Stichprobe die Wärmeleitfähigkeit bestimmt, die dabei einen bestimmten Grenzwert nicht überschreiten durfte. Das Verfahren nach den europäischen Normen stellt somit eine bessere Absicherung des deklarierten Wertes der Wärmeleitfähigkeit λ_D oder des Nennwertes der Wärmeleitfähigkeit dar.

Für die Planung von Bauwerken – z.B. nach der Energie-Einspar-Verordnung – wurden früher die Rechenwerte der Wärmeleitfähigkeit λ_R und heute die Bemessungswerte der Wärmeleitfähigkeit verwendet. Der Rechenwert der Wärmeleitfähigkeit wurde früher in der Art festgelegt, dass im trockenen Zustand des Dämmstoffes dessen Wärmeleitfähigkeit λ_0 bestimmt wurde. Der Einfluss der Feuchte, die der Dämmstoff im eingebauten Zustand im Hinblick auf die Wärmeleitfähigkeit erfuhr, wurde zugeschlagen und es wurde so der Wert λ_Z ($\lambda_{Zuschlag}$) bestimmt. Aus λ_Z folgt der in DIN V 4108-4 [35] festgelegte Rechenwert der Wärmeleitfähigkeit λ_R durch Einordnung in eine Gruppe.

Beispiel: EPS
λ_0 = 0,031 W/(m · K)
λ_Z = 0,034 W/(m · K)
λ_R = 0,035 W/(m · K)

Zurzeit sind die Bemessungswerte der Wärmeleitfähigkeit λ in DIN V 4108-4 [35] aufgeführt. Die angegebenen λ-Werte sind nach DIN EN ISO 10456 unter Zugrundelegung einer Ausgleichsfeuchte von 80 % rel. Luftfeuchtigkeit ermittelt worden, wohingegen in den europäischen Produktnormen von einer Ausgleichsfeuchte von 50 % auszugehen ist.

Für Dämmstoffe nach harmonisierten europäischen Normen ist der Nennwert wegen der Materialstreuung pauschal mit einem Sicherheitsbeiwert γ von 1,2 zu multiplizieren (Kategorie II nach Tabelle 1a der DIN V 4108-4). Dieser Sicherheitsbeiwert kann bei einer Fremdüberwachung der Produktion nach DIN EN 13172 zu γ = 1,0 gesetzt werden (Kategorie I). Der Ausschuss „Bauwesen und Städtebau" der Bauministerkonferenz der Länder hat die Einführung der Kategorie I ausgeschlossen, so dass nur Kategorie II mit dem Sicherheitsbeiwert von γ = 1,2 zulässig ist. Dies hat zur Folge, dass die bisher üblichen Dämmstoffdicken aufgrund der ministeriellen Regelungen erheblich erhöht werden müssen, wenn die wärmeschutztechnischen Nachweise unter Zugrundelegung der λ-Werte nach DIN V 4108-4 geführt werden. Um dies zu vermeiden, ist die Dämmstoffindustrie in weiten Bereichen den Weg gegangen, dass sie allgemeine bauaufsichtliche Zulassungen für ihre Produkte beim Deutschen Institut für Bautechnik (DIBt) erwirkte.

In den bauaufsichtlichen Zulassungen wurde von einem Grenzwert für λ ausgegangen, der nicht überschritten werden darf und es wurde ein Zuschlag für die Ausgleichsfeuchte und ein Sicherheitszuschlag vorgesehen (in der Regel 5 %) und so der Bemessungswert ermittelt. Nach ministerieller Auffassung stellt die auf freiwilliger Basis erwirkte allgemeine bauaufsichtliche Zulassung und die damit verbundene Ü-Kennzeichnung kein Handelshemmnis innerhalb der europäischen Gemeinschaft dar, weil die „nur" CE-gekennzeichneten Dämmstoffe nicht von der Anwendung in Deutschland ausgeschlossen sind, sondern nur mit einem höheren λ-Wert bei den wärmeschutztechnischen Berechnungen zu berücksichtigen sind.

4.2.3.2 Zusammenfassung

Bei der Planung und Ausführung von Bauten, aber auch bei der Überwachung sowie der Beurteilung der Bauten gelten bezüglich der Wärmedämm-Materialien folgende Aspekte:

- Die Auswahl/Planung von Wärmedämmstoffen sollte für jedes Bauteil auf der Grundlage von DIN V 4108-10 erfolgen.
- Das Erstellen von wärmeschutztechnischen Nachweisen ist mit den Werten λ nach DIN V 4108-4 bzw. wirtschaftlicher mit dem λ-Werten, die in Deutschland in den diesbezüglichen allgemeinen bauaufsichtlichen Zulassungen des DIBt aufgeführt sind, vorzunehmen. Der auf den Etiketten angegebene deklarierte λ_D-Wert bzw. der Wärmedurchlasswiderstand R_D ist nicht zu verwenden.
- Da in DIN V 4108-10 [65] nur Mindestanforderungen festgelegt sind und manche Dämmstoffe leistungsfähiger gegenüber den Anforderungen sind, sollten die bauphysikalischen Nachweise unter Berücksichtigung der tatsächlichen Kennwerte geführt werden. Die Hersteller der Dämmstoffe sollten beratend hinzugezogen wurden.
- Bei der Ausschreibung und Bauüberwachung ist darauf zu achten, dass bei der Verwendung von nur mit CE-gekennzeichneten Dämmstoffen auch die erforderlichen Angaben nach DIN V 4108-10 auf freiwilliger Basis auf dem Etikett aufgeführt sind. Soweit Dämmstoffe zusätzlich mit dem Ü-Zeichen versehen sind, ist auf den Anwendungsbereich entsprechend der bauaufsichtlichen Zulassung zusammen mit DIN V 4108-10 zu achten (s. Tabelle 4.2-3).
- In brandschutztechnischer Hinsicht ist die Äquivalenz zwischen der europäischen Klassifizierung und den bauaufsichtlichen Anforderungen näherungsweise entsprechend Tabelle 2.3-1 nachzuweisen oder zu überprüfen. Bei zusätzlich mit einem Ü-Zeichen versehenen Produkten sind die Brandschutzklassen sowohl nach DIN 4102 bzw. der bauaufsichtlichen Anforderung als auch nach der europäischen Klassifizierung angegeben.
- Muss im Zweifelsfall die Eignung eines Dämmstoffes im Nachhinein überprüft werden, so geschieht das unter Zugrundlegung der entsprechenden Prüfnorm. Die deklarierten Werte müssen eingehalten werden. – Bei der Überprüfung der Wärmeleitfähigkeit kann es sein, dass bei der geprüften stichprobenartig entnommenen Dämmstoffprobe der Messwert außerhalb des prognostizierten Vertrauensbereiches liegt. In solchen Fällen sollte eine Wiederholungsprüfung vorgenommen werden. Von drei Messwerten sollten zwei kleiner gleich dem deklarierten Wert sein und der dritte Messwert sollte nicht größer sein als $\lambda = 1{,}15 \cdot \lambda_D$

4.2.4 Materialien für WDVS

4.2.4.1 Polystyrol-Hartschaum

Polystyrol-Hartschaum ist ein überwiegend geschlossenzelliger, harter Schaumstoff. Nach der Herstellung ist zu unterscheiden zwischen Partikelschaumstoff aus verschweißtem, geblähtem Polystyrol-Granulat (EPS = expandierte Polystyrol-Hartschaumplatten) und extrudergeschäumtem Polystyrol-Schaumstoff (XPS = extrudierter Polystyrol-Schaumstoff).

Polystyrol-Partikelschaumstoff (EPS)

Die Herstellung des Polystyrol-Partikelschaumstoffes geschieht in der Weise, dass feine Perlen aus Polystyrol (Polystyrol-Granulat), in die ein Treibmittel (Pentan) einpolymerisiert ist, mit hochtemperiertem Wasserdampf behandelt werden. Bei dieser Temperaturbehandlung mit Wasserdampf bläht das thermoplastische Polystyrol zu Granulat von 3 bis 20 mm Durchmesser je nach gewünschtem Raumgewicht auf. Aus dem so vorgeschäumten Polystyrol wird in kontinuierlich oder diskontinuierlich arbeitenden Anlagen durch eine zweite Heißwasserdampfbehandlung das Endprodukt hergestellt – z.B. Dämmplatten für WDVS. Bei dieser zweiten Heißwasserdampfbehandlung werden die Partikel weiter aufgebläht und zum Zusammensintern gebracht. Die grobkörnige Struktur tritt an der Oberfläche der Dämmplatten sowie beim Brechen der Platten deutlich zutage. Die Eigenschaften der expandierten Polystyrol-Platten sind in DIN EN 13163 geregelt [13].

Bei geklebten Polystyrol-Systemen werden Platten mit einer maximalen Plattendicke von 400 mm verwendet. Die Mindestquerzugfestigkeit, die nach DIN EN 1607 geprüft wird, muss 100 kN/m² (Typ TR 100) betragen. Bei Systemen mit Schienenbefestigung werden Polystyrol-Dämmplatten verwendet, die eine Abreißfestigkeit von $\sigma_{QZ} \geq 150$ kN/m² (Typ TR 150) aufweisen müssen.

Die Dämmplatten können in ihrem Gefüge im Nachhinein elastifiziert werden, indem das Stoffgefüge durch Walzen zum Teil zerstört wird. Durch diese Maßnahme wird unter anderem die dynamische Steifigkeit der Platten deutlich reduziert, so dass die Schalldämmung von Wänden mit elastifizierten WDV-Platten deutlich höher ist im Vergleich zu Wänden, bei denen die Dämmplatten des WDVS nicht elastifiziert sind (s. Kapitel 2.5). Zu beachten ist aber, dass die Querzugfestigkeit elastifizierter Dämmstoffplatten nur ungefähr ein Drittel der Querzugfestigkeit nicht elastifizierter Dämmstoffplatten beträgt.

Als Weiterentwicklung sind darüber hinaus Polystyrol-Partikelschaumplatten zu nennen, die durch den Zusatz von Grafit- oder Aluminiumpartikeln eine geringere Wärmestrahlungsübertragung im Zwickelbereich der Polystyrol-Kügelchen aufweisen. Hierdurch wird die Wärmeleitfähigkeit auf 0,035 W/(m · K) reduziert.

Für die Wärmedämmung von WDVS werden zum überwiegenden Teil Polystyrol-Partikelschaumplatten verwendet. Der Anwendung sind im Wesentlichen dadurch Grenzen gesetzt, dass das Material nach DIN 4102 nur schwer entflammbar ist, so dass die Dämmplatten entsprechend der Bauordnung nur bis zur Hochhausgrenze verwendet werden dürfen (vgl. Kapitel 2.3).

Zwei Eigenschaften des expandierten Polystyrols müssen beachtet werden:

- Die Dämmplatten sind vor lang einwirkender UV-Strahlung zu schützen, da sonst oberflächliche Strukturzerstörungen möglich sind. Bei Dämmplatten, die während einer längeren Zeit ungeschützt der Sonne ausgesetzt sind, sind die staubförmigen Zersetzungsprodukte durch sorgfältiges Abwischen zu entfernen, damit der Haftverbund zu dem auf die Dämmplatten aufgebrachten Putz nicht aufgehoben wird (vgl. Bild 2.7.2).
- Nach der Herstellung der Platten tritt ein gewisser Schwindprozess auf, der aus der herstellungsbedingten Feuchte folgt und innerhalb eines Monats nach der Herstellung der Platten bis zu ca. 1,5 ‰ betragen kann. Aber auch bei abgelagerten Platten kann nach einem Monat noch ein Nachschwinden durch das Herausdiffundieren der noch vorhandenen, unter einem Überdruck stehenden Treibmittelgase erfolgen (vgl. Bild 3.2-4). Die durch das Schwinden der Platten entstehenden Verformungen sind nicht zu unterschätzen: Entsprechend Bild 3.2-4 ergibt sich bei der Verwendung von ca. sechs Wochen alten PS-Dämmplatten ein Nachschwinden von 2,8 - 1,5 = 1,3 ‰, so dass sich eine 1 m lange Dämmstoffplatte um 1,3 mm verkürzt. Um Risse in dem auf das WDVS aufgebrachten Putzsystem zu vermeiden, ist unbedingt darauf zu achten, dass nur ausreichend abgelagerte Dämmstoffplatten verwendet werden, bei denen das Nachschwinden schon weitgehend abgeschlossen ist.

Extrudiertes Polystyrol (XPS)

Extrudierte Polystyrol-Hartschaumplatten werden kontinuierlich als Schaumstoffstrang hergestellt. Im Extruder wird Polystyrol aufgeschmolzen und durch Zugabe eines Treibmittels durch eine breite Schlitzdüse ausgetragen. Der hergestellte Schaumstoffstrang kann zurzeit in Dicken zwischen 20 und 200 mm hergestellt werden. Nach dem Durchlaufen einer Kühlzone wird der Schaumstoffstrang zu Platten gesägt und es werden die Plattenränder besäumt. Danach werden die Dämmplatten bis zur Maßkonstanz gelagert.

Als Treibmittel darf ab dem 1. Januar 2000 entsprechend der FCKW-Verordnung kein Fluorchlorkohlenwasserstoff (FCKW) und auch kein HFCKW (teilhalogenisierter Fluorchlorkohlenwasserstoff) mehr verwendet werden. CO_2 wird heute als Treibmittel verwendet. Die durch das CO_2 bedingte Erhöhung der Wärmeleitfähigkeit der Platten gleicht sich langfristig aus: Die erreichte Wärmeleitfähigkeit ist bei mit CO_2 geschäumten Platten im Wesentlichen von der Zeit unabhängig, während bei den FCKW- bzw. HFCKW-geschäumten Platten die Treibmittel im Laufe der Zeit aus den Zellen herausdiffundieren, so dass sich bei diesen Platten nach mehreren Jahren die Wärmeleitfähigkeiten entsprechend denen von CO_2-geschäumten Platten ergeben.

Bei der Herstellung der extrudergeschäumten Platten entsteht an den Deckflächen eine glatte, dichte Schäumhaut. Um die Haftung des Putzes auf diesen glatten Oberflächen zu verbessern, wird die Schäumhaut häufig abgefräst, so dass eine raue Oberfläche entsteht.

4.2.4.2 Mineralfaser-Platten und Mineralfaser-Lamellenplatten

Mineralfaser-Dämmstoffe bestehen aus künstlichen Mineralfasern, die aus einer silikatischen Schmelze (z.B. aus Glas oder Gestein-Basalt) gewonnen werden. Die Fasern werden je nach den angestrebten Eigenschaften des Dämmstoffes mit Kunstharzen gebunden. Die Bindemittel bestehen im Wesentlichen aus Phenol, Formaldehyd und Zugaben von Harnstoff, Ammoniak und Ammoniumsulfat. Diese in Wasser gelösten Bestandteile werden bei der Herstellung dem Faserstrang zugegeben. Neben den Bindemitteln wird Mineralöl mit einem Massenanteil um 0,5 % zur Bindung von Staub und ein zusätzliches Hydrophobierungsmittel eingesetzt. Während der Zugabe dieser Stoffe zum Faserstrang beträgt dessen Temperatur nur ca. 60 bis 70 °C, damit das Bindemittel nicht aushärtet. Das Vlies aus den Mineralfasern wird auf Förderbändern zum Tunnelofen transportiert. Durch Stauchung des Vlieses auf die gewünschte Höhe wird eine Verdichtung der Wolle erzielt. Gleichzeitig kann durch unterschiedliche Geschwindigkeiten der Förderbänder eine Längsstauchung gesteuert und damit die Faserorientierung beeinflusst werden. Danach wird in einem Tunnelofen bei 200 bis 400 °C das Bindemittel ausgehärtet. Die während der Stauchung erreichte Faserorientierung, aber auch die Schichtdicke wird durch die Aushärtung des Bindemittels quasi eingefroren.

Aufgrund der bei der Produktion erzielten Faserorientierung werden Dämmplatten – mit im Wesentlichen liegenden Fasern – und Lamellen unterschieden. Bei den Lamellen sind die Fasern im Wesentlichen in Richtung der Plattendicke orientiert, da die Lamellenplatten senkrecht zur Laufrichtung des Transportbandes herausgeschnitten werden, woraus sich maximale Plattenhöhen von 20 cm ergeben.

Die Lamellen sollten nach heutigem Kenntnisstand nur noch mit einer beidseitigen Beschichtung ausgeführt werden. Die Beschichtung sollte in der Regel werkseitig vorgenommen werden. Die beidseitige Beschichtung ermöglicht eine schnellere Verarbeitung der Dämmplatten. Die Beschichtung ist wasserabweisend, so dass der Witterungsschutz auch dann gegeben ist, wenn diese während einer längeren Zeit ungeschützt der Witterung ausgesetzt sind.

Es kann nicht nachdrücklich genug darauf hingewiesen werden, dass Mineralfaser-Dämmplatten unter der Einwirkung von Feuchtigkeit erheblich an Festigkeit verlieren (vgl. Kapitel 2.7.3). Daraus folgt, dass das WDVS konstruktiv so ausgebildet werden muss, dass kein Wasser an die Dämmplatten gelangen kann (vgl. Kapitel 6.4 und 6.5). Hinsichtlich der Verarbeitung wird auf die Kapitel 3.3 und 3.4 verwiesen.

4.2.4.3 Weitere Dämmstoffe

Im Hinblick auf die Stoßfestigkeit von WDVS bietet es sich an, z.B. Verbundplatten aus Porenbeton und Mineralfaser-Dämmstoff zu verwenden (Bild 4.2-5). Bei den Verbundplatten ist zu beachten, dass der Porenbeton z.B. nach Niederschlägen quillt und anschließend wieder schwindet. Eine Hydrophobierung des Porenbetons ist nur dann empfehlenswert, wenn eine ausreichende Haftung zwischen Porenbeton und Putz nachgewiesen werden kann.

Darüber hinaus können insbesondere im Anwendungsbereich des Holztafelbaus Dämmstoffe als Holzfaserdämmplatten nach DIN EN 13171 zur Anwendung kommen (s. auch Kapitel 2.10.2).

Bild 4.2-5: Porenbeton-Verbundplatte

4.3 Dübel

4.3.1 Übersicht

Bei Wärmedämm-Verbundsystemen finden folgende Dübel Anwendung:

- Schraubdübel (Bild 4.3-1),
- Schlagdübel (Bild 4.3-2) sowie
- Setzdübel.

Bei Schraub- oder Schlagdübeln wird die Dübelhülse durch das Hineinschrauben der Dübelschraube bzw. das Hineinschlagen des Nagels gespreizt, so dass der für die Tragfähigkeit notwendige Reibschluss erzielt wird.

Für WDVS, bei denen die Dübel statisch zwingend erforderlich sind, wie z.B. bei WDVS mit Mineralfaser-Dämmplatten, dürfen nur bauaufsichtlich zugelassene Dübel Anwendung finden. Angaben hierzu finden sich in den jeweiligen bauaufsichtlichen Zulassungen der WDV-Systeme.

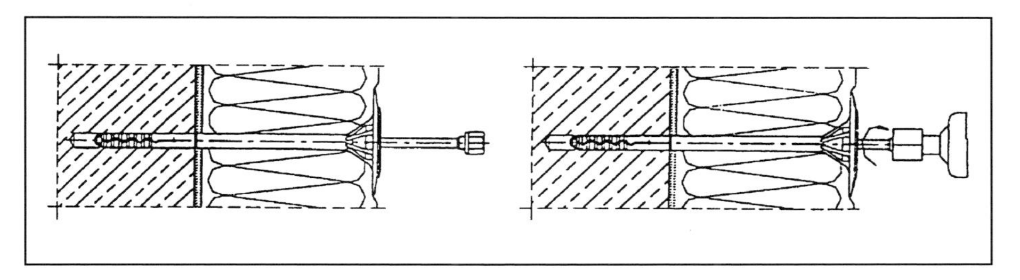

Bild 4.3-1: Schraubdübel zur Befestigung von WDVS

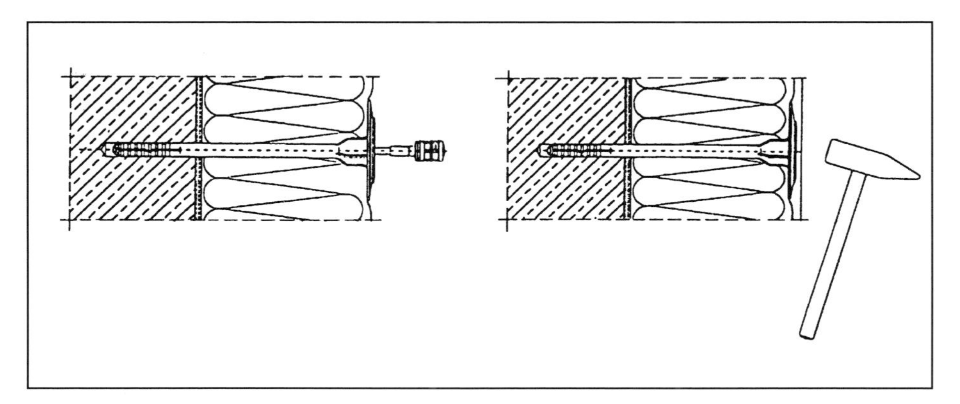

Bild 4.3-2: Schlagdübel zur Befestigung von WDVS

Nach der Liste der technischen Baubestimmungen [11] dürfen Kunststoffdübel nur dann bei WDV-Systemen eingebaut werden, wenn die Verwendung dieser Dübel

- in der europäischen technischen Zulassung (ETA) des WDVS oder
- in einer allgemeinen bauaufsichtlichen Zulassung geregelt ist.

Die nationalen allgemeinen bauaufsichtlichen Zulassungen bzw. die europäischen Zulassungen (auf Grundlage ETAG 014 [55] mit zugehörigen nationalen Verwendungszulassungen) für die Dübel selbst sind ebenfalls zu beachten.

Zu den Dübeln gehören auch die Dübelteller, die in der Regel einen Durchmesser von 60 mm besitzen und aus Kunststoff bestehen. In der Regel sind die Dübelteller direkt an die Dübelhülsen angeformt. Bei einigen anderen Systemen werden sie auf die Dübelhülse aufgesteckt.

4.3.2 Standsicherheit

4.3.2.1 Tragverhalten

Die Dübelhülsen müssen so stabil sein, dass sie die aus Windsog auf sie einwirkenden Lasten sicher aufnehmen können, ohne dass die Dübelteller „umgekrempelt" werden. Für die zusätzliche Verdübelung von Mineralfaser-Lamellenplatten werden wegen des geringen Widerstands gegen Durchstanzen Dübel mit einem Dübelteller von 140 mm Durchmesser gefordert.

4.3.2.2 Begrenzung der Dübelkopfverschiebung

Wie in Kapitel 2.2 beschrieben, erfolgt der Nachweis der Dübelkopfverschiebung unter Berücksichtigung der Lastfälle „Eigengewicht" und „hygrothermische Beanspruchung".

Dabei kann der Lastfall „Eigengewicht" nach [70] pauschal über eine zusätzliche Dübelkopfverschiebung $u_{D,g}$ = 0,1 mm berücksichtigt werden, wie Versuche nach [5] bestätigen. Da die Eigengewichtsversuche mit Dämmstoffdicken d_{WD} = 60 mm durchgeführt wurden, wird diese Verformung bei davon abweichenden Dicken mit einem Faktor, der dem Verhältnis des Hebelarms d_{WD}/60 mm entspricht, multipliziert. In Abhängigkeit von der Dämmstoffdicke ergeben sich die folgenden Dübelkopfverformungen aus dem Eigengewicht:

- d_{WD} = 60 mm: $u_{D,g}$ = 0,10 mm
- d_{WD} = 100 mm: $u_{D,g}$ = 0,17 mm
- d_{WD} = 150 mm: $u_{D,g}$ = 0,25 mm

Die Verformung aus der hygrothermischen Beanspruchung wird als maximale Randverformung entsprechend Kapitel 5.3 unter Zugrundelegung der maßgebenden Lastfallkombination des Lastfalls „Schwinden" in Überlagerung mit einer Temperaturreduzierung des Putzes um 30 K ermittelt. Die vorhandene Gesamtverformung ergibt sich somit zu

$$\text{vorh } u_{D,ges} = u_{D,g} + u_{D,S} + u_{D,T}$$

Die vorhandene Dübelkopfverschiebung vorh $u_{D,ges}$ ist gegenüber der aufnehmbaren Dübelkopfverschiebung zul u_D abzugrenzen. Zur Festlegung der erforderlichen Sicherheit γ wird dabei das Kriterium der Tragfähigkeit maßgebend, da die Standsicherheit eines WDV-Systems nach [5] auch bei Versagen der Verklebung gewährleistet sein muss. Dabei wird ein globaler Sicherheitsbeiwert erf$\gamma_{D,u}$ = 2,0 gegenüber der Stahlzugfestigkeit R_m und erf$\gamma_{D,el}$ = 1,5 gegenüber der Streckgrenze R_{el} angesetzt, wobei vereinfachend – und somit auf der sicheren Seite liegend – die Spannung der Randfaser bemessungsmaßgebend wird. Eine weitere Traglasterhöhung bis zum vollständigen Durchplastizieren des Querschnitts wird nicht ausgenutzt.

Die maximale Dübelkopfverschiebung bei Erreichen der Stahlzugfestigkeit in der Randfaser ergibt sich zu:

$$u_D = \frac{2 \cdot R_m \cdot l_D^2}{3 \cdot d_{S/K} \cdot E_D}$$

mit

R_m = 500 N/mm² für Festigkeitsklasse 5.8
l_D = $d_{WD} + d_S$ in mm
d_S Schaftdurchmesser in mm
d_K Kerndurchmesser in mm
E_D = 210.000 N/mm²

Nach [5] kann darüber hinausgehend ein spannungsloser Schlupf des Dübeltellers am Schraubenkopf u_{SL} = 0,2 mm angesetzt werden, so dass sich die aufnehmbare Gesamtverformung zul u_D ergibt zu

$$\text{zul } u_D = u_D + u_{SL}$$

und daraus die vorhandene Sicherheit

$$\text{vorh } \gamma = \frac{\text{zul } u_D}{\text{vorh } u_D}$$

Der Nachweis der Begrenzung der Dübelkopfverschiebung wird bereits im Rahmen des Zulassungsverfahrens erbracht.

An dieser Stelle sei nochmals auf die nationalen bauaufsichtlichen Zulassungen der Dübel hingewiesen, nach denen bei veränderlichen Biegebeanspruchungen (z.B. infolge Temperatur-Wechselbeanspruchung) der Spannungsausschlag σ_A = ± 50 N/mm² um den Mittelwert σ_M, bezogen auf den Kernquerschnitt der Schraube, zu begrenzen ist.

4.3.2.3 Nachweis Windsog

Nach den europäischen Zulassungen sind für den Lastfall „Windsog" folgende Nachweise zu führen:

a) Nachweis der Verankerung der Dübel im Untergrund (in der Wand)

$S_d \leq N_{Rd}$

dabei ist

$S_d = \gamma_F \cdot W$

$N_{Rd} = N_{Rk} / \gamma_{M,U}$

mit

- S_d Bemessungswert der Windsoglast
- N_{Rd} Bemessungswert der Beanspruchbarkeit des Dübels
- W Einwirkungen aus Wind
- N_{Rk} charakteristische Zugtragfähigkeit des Dübels (gemäß Anhang der jeweiligen Dübel-ETA)
- γ_F 1,5 (Sicherheitsbeiwert für die Einwirkungen aus Wind)
- $\gamma_{M,U}$ Sicherheitsbeiwert des Ausziehwiderstandes der Dübel aus dem Untergrund nach ETA des jeweiligen Dübeltyps

b) Nachweis des WDVS

$S_d \leq R_d$

dabei ist

$$R_d = \frac{R_{Fläche} \cdot n_{Fläche} + R_{Fuge} \cdot n_{Fuge}}{\gamma_{M,S}}$$

mit

- R_d Bemessungswert des Widerstandes des WDVS
- R_{Fuge}, $R_{Fläche}$ Die aus dem WDVS resultierende Versagenslast (Mindestwert) im Bereich bzw. nicht im Bereich der Plattenfugen
- n_{Fuge}, $n_{Fläche}$ Anzahl der Dübel (je m²) die im Bereich bzw. nicht im Bereich der Plattenfugen gesetzt werden.
- $\gamma_{M,S}$ 2,0 (Sicherheitsbeiwert des Widerstandes des WDVS)

c) Mindestdübelanzahl

Mindestens in jede T-Fuge der Dämmstoffplatten ist ein Dübel zu setzen, wobei vier Dübel pro m^2 nicht unterschritten werden dürfen.

In den nationalen bauaufsichtlichen Zulassungen wird der Nachweis im Zulassungsverfahren erbracht. Die erforderliche Dübelanzahl kann direkt den Zulassungen entnommen werden (s. z.B. Tabelle 5.4-1).

4.3.3 Wärmeschutz

Die Dübel wirken als punktuelle Wärmebrücken. Der Einfluss dieser punktuellen Wärmebrücken wird durch einen Zuschlag χ zum Wärmedurchgangskoeffizienten des unverdübelten Systems U_o [W/(m² · K)] erfasst:

$$U = U_o + n \cdot \chi$$

U Wärmedurchgangskoeffizient der Außenwand unter Berücksichtigung der durch die Dübel verursachten Wärmebrücken in W/(m² · K)

U_o Wärmedurchgangskoeffizient der Außenwand ohne die durch die Dübel verursachten Wärmebrücken in W/(m² · K)

n Anzahl der Dübel je m² Außenwandfläche (im Mittel 7 Dübel/m²)

χ punktförmiger Wärmebrückeneinfluss eines Dübels in W/K
= 0,008 W/K für Dübelklasse (1)
= 0,006 W/K für Dübelklasse (2)
= 0,004 W/K für Dübelklasse (3)
= 0,002 W/K für Dübelklasse (4)

Aufgrund von Messungen und Berechnungen sind die Werte χ in Abhängigkeit vom Dübeltyp vom DIBt entsprechend Bild 4.3-3 festgelegt worden.

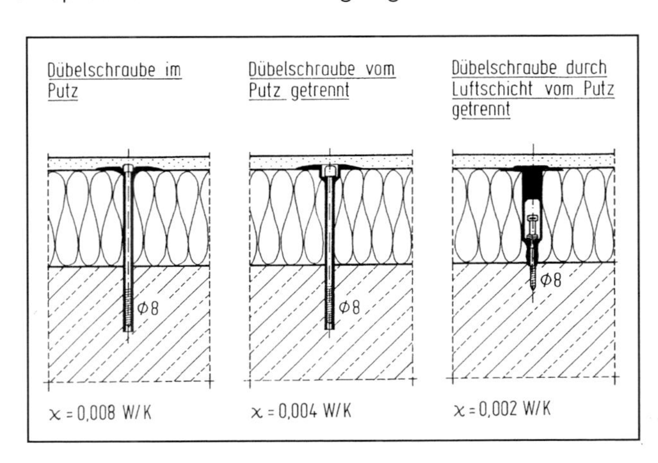

Bild 4.3-3: χ-Werte in Abhängigkeit vom Dübeltyp

Tabelle 4.3-1: Zu berücksichtigender Wärmebrückeneinfluss bei Überschreitung der durchschnittlichen Dübelanzahl in Abhängigkeit von der Dübelklasse

d ≤ 50 mm	50 < d ≤ 100 mm	100 < d ≤ 150 mm	d > 150 mm	Dübelklasse
n > 5	n > 3	n > 2	n > 1	(1) Dübel mit Stahlschraube (∅ 10 mm), nicht geschützter Schraubenkopf
n > 7	n > 4	n > 3	n > 2	(2) Dübel mit Stahlschraube (∅ 8 mm), nicht geschützter Schraubenkopf
n > 10	n > 6	n > 4	n > 3	(3) Dübel mit galvanisch verzinkter Stahlschraube, kunststoffumspritzter Schraubenkopf
n > 20	n > 12	n > 8	n > 6	(4) Dübel mit Edelstahlschraube, kunststoffumspritzter Schraubenkopf

4.4 Verklebung

4.4.1 Material

Die Klebemasse eines WDV-Systems kann, wie in Kapitel 4.1.3 beschrieben, mit dem Material des Unterputzes identisch sein.

Nach [71] stehen als Klebemörtel üblicherweise Materialien folgender Konzeption zur Verfügung:

- Klebemasse auf der Basis einer Kunststoffdispersion (Dispersions-Klebstoff), gefüllt, ohne weitere Zusätze verarbeitbar
- Klebemasse auf der Basis einer Kunststoffdispersion, gefüllt, unmittelbar vor der Verarbeitung mit Zement zu versetzen
- Klebemasse, hergestellt aus einer Trockenmischung aus Quarzsand und Zement, unter Zusatz von Kunststoffdispersion
- Klebemasse, in Pulverform, werksgemischt, zum Anteigen mit Wasser.

4.4.2 Verarbeitung

Bei teilflächig verklebten Systemen (vgl. Kapitel 3.2) und verklebten und verdübelten Systemen (vgl. Kapitel 3.3) erfolgt die Verklebung in der Regel nach der Wulst-Punkt-Methode. Dabei wird die Plattenrückseite mit einem an den Rändern umlaufenden Wulst versehen und zusätzlich in Plattenmitte ein Klebestreifen oder zwei Mörtelbatzen gesetzt (vgl. Bild 3.2-2).

Des Weiteren ist der maschinelle Klebemörtelauftrag auf den tragenden Untergrund zu nennen (vgl. Bild 3.2-3).

Bei Systemen mit Mineralfaser-Lamellendämmplatten wird eine vollflächige Verklebung (100 %) vorgeschrieben. Wie bereits in Kapitel 3.4 beschrieben, muss der Kleber dabei in einem ersten Arbeitsschritt in die Oberfläche der Mineralfaser-Lamellendämmplatte „einmassiert" werden, um eine ausreichende Haftung des Klebers auf der Lamellenoberfläche zu gewährleisten. Erst dann erfolgt der eigentliche Kleberauftrag. Für beschichtete Lamellen-Platten können Sonderregelungen geltend gemacht werden (Reduzierung auf bis zu 50 %ige Verklebung) wenn entsprechende Nachweise vorgelegt werden und eine Teilflächenverklebung nach Zulassung möglich ist.

Bei Systemen mit Schienenbefestigung (vgl. Kapitel 3.5) ist die Anordnung eines zusätzlichen Mörtelbatzens in Plattenmitte zwingend erforderlich. Dabei wird bei Systemen mit Polystyrol-Dämmplatten eine 10-prozentige Verklebung, also ein Mörtelbatzen, bei Systemen mit Mineralfaser-Platten eine 20-prozentige Verklebung, also zwei Mörtelbatzen, ausgeführt. Zusätzlich wird aus wärmeschutztechnischen Gründen ein durchgehender Klebemörtelwulst am unteren sowie oberen Rand des WDV-Systems sowie im Bereich von Fensteröffnungen gefordert, um ein Hinterströmen der Dämmplatten durch die Außenluft zu verhindern.

5 Tragverhalten von WDVS

5.1 Beanspruchungen, Tragmodelle

Der Nachweis der Standsicherheit von WDVS ist für folgende Beanspruchungen nachzuweisen:

- Lastfall „Eigengewicht" (LF G)

  Das Eigengewicht der Putzschicht und der Wärmedämmplatten schwankt je nach Konstruktion zwischen ca. 10 und 50 kg/m² (0,1 bis 0,5 kN/m²) und ist sicher in den Untergrund weiterzuleiten.

- Lastfall „Windsog" (LF w_S)

  Als maximale Windsogkräfte sind derzeit die Werte nach DIN 1055-4:1986-01 [14] anzusetzen. Nach bauaufsichtlicher Einführung ist später DIN 1055-4: 2005-03 [21] zu berücksichtigen. Die Windsogbeanspruchung wird senkrecht zur Putzebene des WDVS wirkend angenommen.

- Lastfall „hygrothermische Beanspruchung" (LF ε_{H+T})

  Neben dem Erstschwinden ε_S der Putzschicht, das durch das ausgeprägte Relaxationsverhalten des jungen Putzes nur zu geringen Zwängungsspannungen führt (s. Kapitel 4.1.3), treten in der Putzschicht Temperaturdehnungen $\varepsilon_T = \alpha_T \cdot \Delta T$ und auch weitere hygrische Dehnungen $\varepsilon_H = \alpha_u \cdot \Delta u$ infolge Änderungen der Ausgleichsfeuchte auf.

Je nach Ausbildung des WDVS können die in den Kapiteln 5.2 und 5.3 aufgeführten Tragmodelle zum Abtrag der verschiedenen Beanspruchungen und zum Nachweis der Standsicherheit angewendet werden.

5.2 Tragmodelle zum Abtrag der Windsoglasten

Bei den rein verklebten Wärmedämm-Verbundsystemen (vgl. Bilder 3.2-1 und 3.4-1) werden die Windsoglasten w_S über die mindestens 40 %ige Verklebung der Dämmplatten in den Untergrund weitergeleitet (vgl. Bild 5.2-1 a). Durch Festlegung von Mindestanforderungen an die Querzugfestigkeit der Dämmplatten sowie an die Abreißfestigkeiten zwischen Kleber und Dämmplatten und schließlich zwischen Dämmplatten und Unterputz gilt der Nachweis der Standsicherheit für

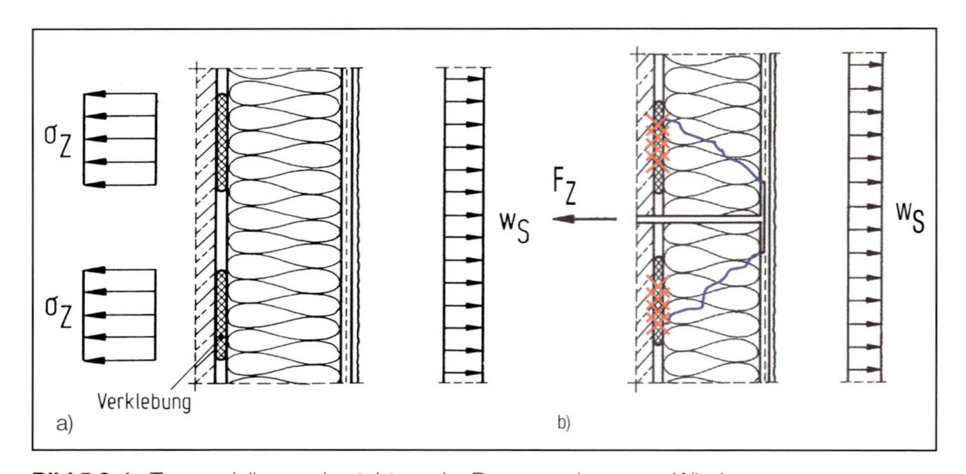

Bild 5.2-1: Tragmodelle zum Lastabtrag der Beanspruchung aus Windsog
a) ausschließlich verklebte WDVS
b) verklebtes und verdübeltes WDVS (Verklebung wird rechnerisch nicht angesetzt)

diese Beanspruchung als erbracht. Bei WDVS mit Verklebung und Verdübelung (vgl. Bild 3.3-1) wird rechnerisch davon ausgegangen, dass die Windsogkräfte allein über die Verdübelung in den Untergrund weitergeleitet werden (s. Bild 5.2-1 b). Die Festlegung der erforderlichen Dübelanzahl erfolgt durch entsprechende Bauteilversuche, wobei ein globaler Sicherheitsbeiwert von $\gamma = 3{,}0$ im trockenen und $\gamma = 2{,}25$ im durchfeuchteten Zustand des WDVS zugrunde gelegt wird.

Die zulässige Windsogbeanspruchung eines WDV-Systems wird nach zwei unterschiedlichen Methoden untersucht:

- nach dem Verfahren „Berlin" (s. Bild 5.2-2)
- nach dem Verfahren „Dortmund" (s. Bild 5.2-3).

Bei dem Verfahren „Berlin" wird das zu prüfende WDV-System auf eine Wand aufgebracht, um das System wird ein Widerlagerrahmen montiert, auf dem eine Unterdruckglocke luftdicht angeschlossen wird (s. Bild 5.2-2). Der Luftraum zwischen der außenseitigen Glasscheibe und dem WDV-System wird mit Hilfe einer Unterdruckpumpe evakuiert, so dass der Lastfall „Windsog" weitgehend naturgetreu simuliert wird. Der Vorteil dieses Prüfverfahrens besteht darin, dass die Verformungen des WDV-Systems gemessen werden können und dass das Bruchverhalten während des Versuches visuell aufgenommen werden kann.

Beim Verfahren „Dortmund" wird die Windsogkraft durch auf das WDV-System aufgeklebte Schaumstoffblöcke eingeleitet, die an einem starren Haupt einer

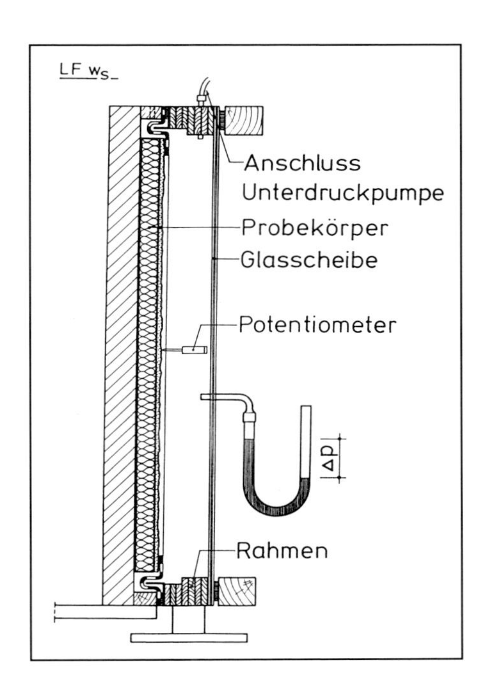

Bild 5.2-2: Verfahren „Berlin“ zur Simulation von Windsogbeanspruchungen

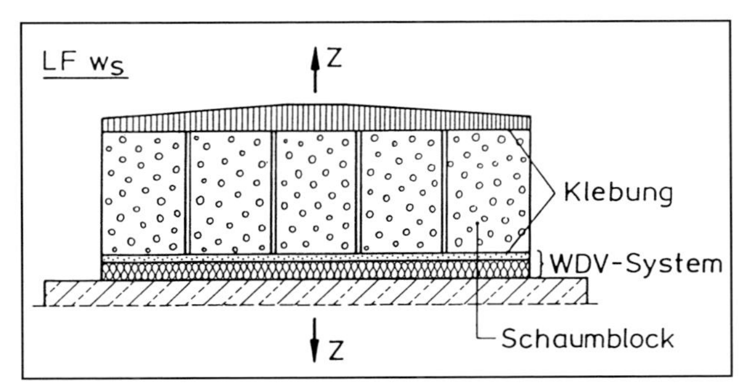

Bild 5.2-3: Verfahren „Dortmund“ zur Simulation von Windsogbeanspruchungen

Prüfmaschine angeklebt sind (s. Bild 5.2-3). Durch die Zwischenschaltung des Schaumstoffes zwischen Prüfmaschine und WDV-System soll eine weitgehend gleichmäßige Krafteinleitung in das WDV-System sichergestellt werden.

Der Vergleich der Ergebnisse, die nach den beiden Verfahren gefunden wurden, zeigt, dass beide Verfahren weitgehend übereinstimmende Ergebnisse liefern. Die maßgeblichen Versagensmechanismen unter Windsogbeanspruchung sind das Durchstanzen des Dübelkopfes durch die Wärmedämmung oder ein Biegebruchversagen der punktgestützten Putzschicht mit gleichzeitigem Abreißen vom Dämmstoff. Ein Herausziehen der Dübel aus dem Verankerungsgrund tritt

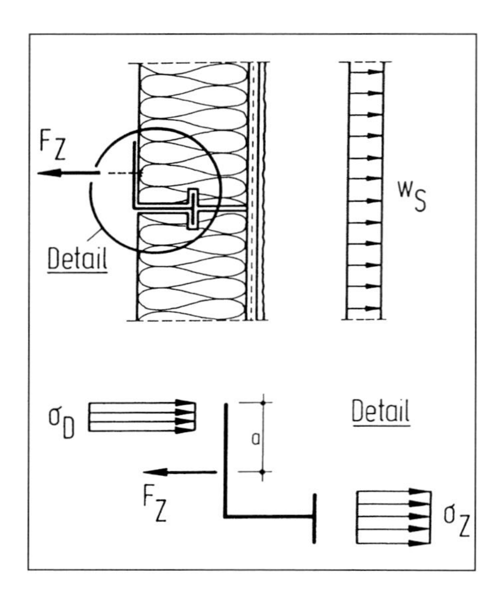

Bild 5.2-4: Tragmodelle zum Lastabtrag der Windsogkräfte über die Halteschienen des WDVS

bei fachgerechter Auswahl der Dübellastklasse in Abhängigkeit vom Verankerungsgrund in der Regel nicht auf.

Bei WDVS mit Schienenbefestigung (vgl. Bild 3.5-1) werden die Windsogkräfte über die Halteschienen (s. Bild 5.2-4) und die erforderlichen Zusatzdübel in Dämmplattenmitte in den Untergrund eingeleitet. Die Festlegung der erforderlichen Dübelanzahl erfolgt durch entsprechende Bauteilversuche. Die möglichen Bruchmechanismen, die unter Windsogbeanspruchung auftreten, sind zum einen ein Ausbrechen der Dämmplatte im Bereich der Auflagerung auf den Halteschienen und zum anderen das Durchziehen (Durchknöpfen) des Dübelkopfes durch die Halteschiene.

5.3 Tragmodell zum Abtrag der Lasten aus Eigengewicht und aus hygrisch-thermischer Beanspruchung

Sowohl die Beanspruchung aus dem Eigengewicht der Putzschicht einschließlich Wärmedämmung als auch die hygrothermische Beanspruchung wirken als eingeprägte Kräfte bzw. Verformungen innerhalb der Putzebene und führen zu einer Schubbeanspruchung des Wärmedämm-Verbundsystems (s. Bild 5.3-1). Die maximale Schubspannung aus dem Lastfall „Eigengewicht" beträgt 0,5 kN/m^2 und kann aufgrund der sehr großen aufnehmbaren Schubkräfte bzw.

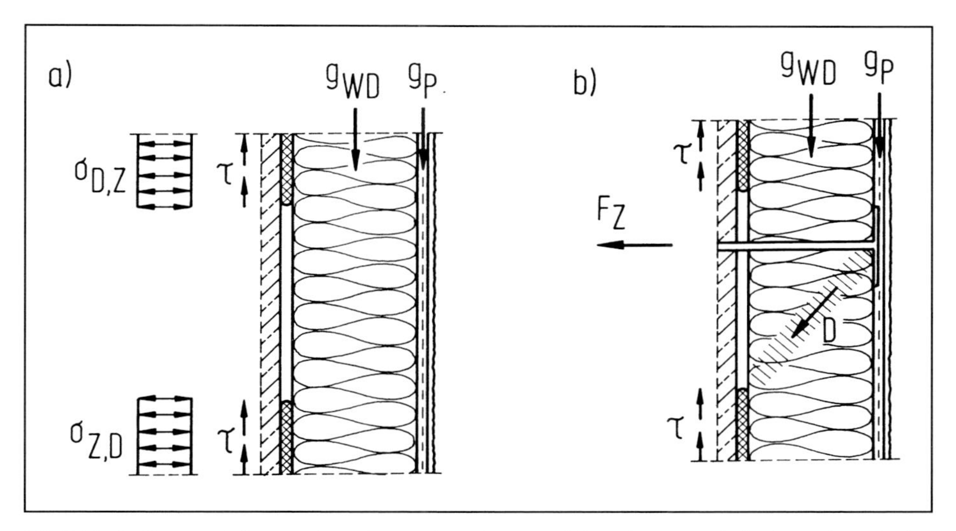

Bild 5.3-1: Tragmodelle zum Lastabtrag des Eigengewichtes bzw. zur Aufnahme thermisch-hygrischer Beanspruchungen
a) verklebtes System
b) verklebtes und verdübeltes System

Schubspannungen (s. Bild 5.3-2) von zumindest teilflächig verklebten WDVS bei Standsicherheitsnachweisen vernachlässigt werden (Sicherheitsfaktoren zwischen 50 und 100).

Die Dehnungen der Putzschicht infolge hygrothermischer Beanspruchung führen neben Zwangspannungen im Bereich der Putzschicht zu Verformungen an den freien Wandrändern der Putzschicht. Die Größe der maximalen Randverformungen max u_R eines unendlich langen Wandstreifens kann mit Hilfe einer nichtlinearen FEM-Analyse unter Ansatz nichtlinearer anisotroper Materialmodelle für

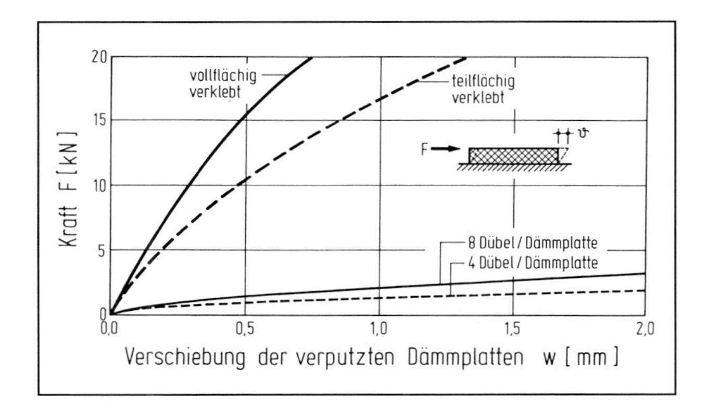

Bild 5.3-2: Schubtragverhalten von WDVS mit Dämmplatten aus Polystyrol-Partikelschaum bei unterschiedlichen Befestigungsarten [54]

die Wärmedämmung und die Putzschicht ermittelt werden (vgl. [54]) oder überschläglich abgeschätzt werden zu:

$$\max u_R = \sqrt{\frac{E_P \cdot d_P}{G_{WD}/d_{WD}}} \cdot \left(\alpha_{T,P} \cdot \Delta T + \alpha_{u,P} \cdot \Delta u + \frac{\varepsilon_{S,\infty}}{3}\right)$$

mit

E_P Elastizitätsmodul der Putzschicht
d_P Dicke der Putzschicht
G_{WD} Schubmodul der Wärmedämmung
d_{WD} Dicke der Wärmedämmung
$\alpha_{T,P}$ Wärmedehnzahl der Putzschicht
ΔT maximal auftretende Temperaturdifferenz in der Putzschicht gegenüber der Einbautemperatur (vereinfacht: ΔT = +70/-30 K)
$\alpha_{u,P}$ Feuchtedehnzahl der Putzschicht (vgl. [54], vereinfacht: 10^{-5} 1/% r.F.)
Δu maximal auftretende Feuchtedifferenz in der Putzschicht gegenüber Jahresmittelwert der relativen Luftfeuchte (vereinfacht: Δu = +10/-20 % r.F.)
$\varepsilon_{S,\infty}$ Endschwindmaß der Putzschicht

Auch für mechanisch befestigte Systeme (Schienensysteme) mit zusätzlicher Verklebung (vgl. Bild 3.5-1) werden die Beanspruchungen aus Eigengewicht und hygrothermischer Beanspruchung der Verklebung zugewiesen. Die Verklebung ist damit statisch zwingend erforderlich. Ein Verzicht auf die Verklebung ist nicht zulässig, da bei rein mechanischer Befestigung große Verformungen im Bereich der Wärmedämmplatten entstehen.

5.4 Nachweis der Standsicherheit für die einzelnen Systeme

Für Wärmedämm-Verbundsysteme, die in europäischen oder nationalen allgemeinen bauaufsichtlichen Zulassungen geregelt sind, ist der Nachweis der Standsicherheit für den beschriebenen Anwendungsbereich im Rahmen des Zulassungsverfahrens erbracht worden. Die wichtigsten Regelungen für die einzelnen Systeme sind in den nachfolgenden vier Kapiteln stichpunktartig zusammengestellt. Bei den mit *) gekennzeichneten Anforderungen stehen in den Zulassungen die systemspezifischen Werte, die einzuhalten sind.

5.4.1 WDVS mit angeklebten Dämmstoffplatten aus Polystyrol-Partikelschaum

A Tragender Untergrund

- Klebegeeignet (z.B. Mauerwerk gemäß DIN 1053, Stahlbeton u. Ä.), Wandoberfläche fest, trocken, staubfrei, frei von ungeeigneten Altbeschichtungen,
- erforderliche Mindestabreißfestigkeit (Prüfung gemäß DIN 18555-6), erf $\beta_{HZ} \geq 0{,}08$ N/mm²,
- Unebenheiten bis 1 cm/m dürfen mit Hilfe der Verklebung ausgeglichen werden. Größere Unebenheiten sind vorab mit einem geeigneten Mörtel auszugleichen.

B Verklebung

- Aufbringen des Klebemörtels auf die Dämmplatten mit „Wulst-Punkt-Methode“ (vgl. Bild 3.2-2), bzw. maschinell, mäanderförmig (vgl. Bild 3.2-3)
- Mindestverklebungsfläche 40 % bzw. 60 % *), bezogen auf die Fläche einer Dämmplatte,
- Abreißfestigkeit Kleber - Dämmstoff nach Wasserlagerung $\beta_{HZ} \geq 0{,}08$ N/mm².

C Dämmplatten

- Polystyrol-Partikelschaum nach DIN EN 13163,
- Plattendicke $d_{WD} \leq 400$ mm,
- Mindestquerzugfestigkeit $\beta_{QZ} \geq 0{,}1$ N/mm² (Typ TR 100).

D Unterputz/Glasfasergewebe

- Glasfasergewebe aus E-Glas mit Kunststoffbeschichtung,
- Mindestreißfestigkeit Gewebe gemäß DIN 53857-1:
  Anlieferungszustand: $\beta_T \geq 1{,}75$ kN/5 cm *)
  28 Tage 5 % Natronlauge bei 23 °C: $\beta_{T,23} \geq 0{,}85$ kN/5 cm *)
  Sechs Stunden alkalische Lösung bei 80 °C: $\beta_{T,80} \geq 0{,}75$ kN/5 cm *),
- Abreißfestigkeit Unterputz - Dämmstoff im nassen Zustand $\beta_{HZ} \geq 0{,}03$ N/mm².

E Anwendungsbereich

- Bis „Hochhausgrenze“,
- WDVS ist schwer entflammbar (DIN 4102-B1).

5.4.2 WDVS mit angeklebten und angedübelten Dämmstoffplatten

A Tragender Untergrund

- Klebegeeignet, Wandoberfäche trocken, fest und staubfrei, Kleber verträglich mit Altbeschichtung,
- geeignet für Verdübelung,
- Unebenheiten bis 2 cm/m dürfen mit Hilfe der Verklebung ausgeglichen werden. Größere Unebenheiten sind vorab mit geeignetem Mörtel auszugleichen.

B Verklebung

- Aufbringen des Klebemörtels auf die Dämmplatten mit „Wulst-Punkt-Methode" (vgl. Bild 3.2-2),
- Mindesverklebungsfläche 40 % *),
- Abreißfestigkeit Kleber - Dämmstoff (Polystyrol-Partikelschaum) im nassen Zustand $\beta_{HZ} \geq 0{,}08$ N/mm².

C Dämmplatten

- Polystyrol-Partikelschaum nach DIN EN 13163, schwer entflammbar, Plattendicke $d_{WD} \leq 300$ mm, Mindestquerzugfestigkeit $\beta_{QZ} \geq 0{,}1$ N/mm² (100 kN/m²), Typ TR 100,
- Mineralfaser-Dämmstoffplatten nach DIN EN 13162, Typ TR 7,5 bzw. TR 15, nichtbrennbar, Plattendicke 40 mm $\leq d_{WD} \leq$ 20 mm.

D Unterputz/Glasfasergewebe

- Glasfasergewebe aus E-Glas mit Kunststoffbeschichtung,
- Mindestreißfestigkeit Gewebe gemäß DIN 53857-1:
  Anlieferungszustand: $\beta_T \geq 1{,}75$ kN/5 cm
  28 Tage 5 % Natronlauge bei 23 °C: $\beta_{T,23} \geq 0{,}85$ kN/5 cm *)
  Sechs Stunden alkalische Lösung bei 80 °C: $\beta_{T,80} \geq 0{,}75$ kN/5 cm *),
- Abreißfestigkeit Unterputz - Dämmstoff im nassen Zustand: ≤ 30 % bezogen auf den trockenen Zustand.

E Dübel

- Verwendung bauaufsichtlich zugelassener Dübel,
- Mindestanzahl an Dübeln (Dübelteller Ø 60 mm) für WDVS gemäß Tabelle 5.4-1 *)

Tabelle 5.4-1: Erforderliche Mindestdübelanzahl bei Dübelteller ∅ 60 mm für den Lastfall „Windsogbeanspruchung" bei üblichen WDVS *)

Dämmstoff	Dicke	Dübellast-klasse	H ≤ 8 m		8 m < H < 20 m		20 m < H < Anwendungsgrenze	
	in mm	in kN/Dübel	Fläche	Rand	Fläche	Rand	Fläche	Rand
Polystyrol-Partikelschaum	40 - 55	≥ 0,15	5	8	5	10	6	14
	60 - 100	≥ 0,15	4	8	4	10	6	14
Mineralfaser Typ TR15	40 - 55	≥ 0,15	5	8	5	10	6	14
	60 - 120	≥ 0,15 ≥ 0,25	4 4	4 8	4 4	8 10	4 6	10 14
Lamellen		≥ 0,20 ∅ 140 mm	4	5	4	8	4	11

F Anwendungsbereich

- Mit Polystyrol-Dämmplatten als schwer entflammbares System (DIN 4102-B1) bis zur Hochhausgrenze,
- mit Mineralfaser-Dämmplatten und mineralischen Putzsystemen als unbrennbares System (DIN 4102-A) bis 100 m Gebäudehöhe.

5.4.3 WDVS mit angeklebten Mineralfaser-Lamellendämmplatten

A Tragender Untergrund

- Klebegeeignet (z.B. Mauerwerk gemäß DIN 1053, Stahlbeton etc.), Wandoberfläche fest, trocken, staubfrei, frei von ungeeigneten Altbeschichtungen,
- erforderliche Mindestabreißfestigkeit (Prüfung gemäß DIN 18555-6), erf $\beta_{HZ} \geq 0{,}08$ N/mm²
- Unebenheiten bis 1 cm/m dürfen mit Hilfe der Verklebung ausgeglichen werden. Größere Unebenheiten sind vorab mit einem geeigneten Mörtel auszugleichen.

B Verklebung

- Der Klebemörtel muss in die Dämmplatten eingearbeitet werden (Pressspachtelung, Bild 5.4-1), anschließend wird eine zweite Lage Klebemörtel vollflächig mit Kammspachtel aufgebracht,
- Verklebungsfläche 100 % (bei vorbeschichteten Lamellen ≥ 50 % *),
- Abreißfestigkeit Kleber - Dämmstoff $\beta_{HZ} \geq 0{,}08$ N/mm² (trockener Zustand) $\beta_{HZ} \geq 0{,}03$ N/mm² (nasser Zustand).

Bild 5.4-1: Vollflächige Verklebung von Mineralfaser-Lamellenplatten

C Dämmplatten

- Mineralfaser-Lamellen-Dämmplatten, nichtbrennbar (DIN 4102-A), Plattendicke 40 mm $\leq d_{WD} \leq$ 200 mm,
- Mindestquerzugfestigkeit $\beta_{QZ} \geq 0{,}08$ N/mm^2,
- Mindestschubmodul G $\geq$ 1,0 N/mm^2 geprüft nach DIN EN 12 090.

D Unterputz/Glasfasergewebe

- Glasfasergewebe aus E-Glas mit Kunststoffbeschichtung,
- Mindestreißfestigkeit Gewebe gemäß DIN 5385-1:
  Anlieferungszustand: $\beta_T \geq 1{,}75$ kN/5 cm *),
- 28 Tage 5 % Natronlauge bei 23 °C: $\beta_{T,23} \geq 0{,}85$ kN/5 cm *)
  Sechs Stunden alkalische Lösung bei 80 °C: $\beta_{T,80} \geq 0{,}75$ kN/5 cm *),
- Abreißfestigkeit Unterputz – Dämmstoff im nassen Zustand
  $\beta_{HZ} \geq 0{,}03$ N/mm^2.

E Anwendungsbereich

- Bis Gebäudehöhe $\leq$ 100 m,
- WDVS ist nichtbrennbar (DIN 4102-A),
- über 20 m Höhe ist eine Verdübelung mit bauaufsichtlich zugelassenen Dübeln und Dübeltellern Ø 60 mm durch das Glasfasergewebe oder mit Dübeltellern Ø 140 mm unterhalb des Gewebes zumindest im Randbereich des Gebäudes erforderlich (vgl. systemspezifischen Werte der bauaufsichtlichen Zulassung).

5.4.4 WDVS mit Schienenbefestigungen

A Tragender Untergrund

- Wandoberfläche trocken, fest, staub- und fettfrei, Altbeschichtung kleberverträglich,
- geeignet für Verdübelungen,
- Unebenheiten bis 3 cm/m dürfen durch Unterfütterung der Halteschienen ausgeglichen werden. Größere Unebenheiten sind vorab mit einem geeigneten Mörtel auszugleichen.

B Verklebung

- Aufbringen des Klebemörtels auf die Dämmplatten als Mörtelbatzen,
- Mindestverklebungsfläche 10 % (Polystyrol-Platten) bzw. 20 % (Mineralfaser-Platten).

C Dämmplatten

- Polystyrol-Partikelschaum, schwer entflammbar, Anwendungstyp, Plattendicke 60 mm $\leq d_{WD}$ 100 mm, Mindestquerzugfestigkeit $\beta_{QZ} \geq 0{,}15$ N/mm², (Typ TR 150),
- Mineralfaser-Dämmstoffplatten nach DIN EN 13162, nichtbrennbar (DIN 4102-A), Plattendicke 60 mm $\leq d_{WD} \leq$ 120 mm, Mindestquerzugfestigkeit $\beta_{QZ} \geq 14$ kN/m² (Typ TR 15).

D Halte- und Verbindungsschienen

- Schienen aus Aluminium AlMgSi 0,5 F 22 (DIN 1748-1) für Mineralfaser-Platten,
- Schienen aus PVC-hart (DIN 7748, PVC-U, EDLP, 080-25-28) für Polystyrol-Hartschaumplatten,
- Dübelkopfdurchzugskraft ≥ 0,70 kN,
- Befestigung der Halteschienen mit Dübeln (Kragenkopf Ø 16 mm) im Abstand von 30 cm.

E Unterputz/Glasfasergewebe

- Glasfasergewebe aus E-Glas mit Kunststoffbeschichtung,
- Mindestreißfestigkeit Gewebe gemäß DIN 53857-1:
  Anlieferungszustand: $\beta_T \geq 1{,}75$ kN/5 cm *),

- 28 Tage 5 % Natronlauge bei 23 °C: $\beta_{T,23} \geq 0{,}85$ kN/5 cm *)
  Sechs Stunden alkalische Lösung bei 80 °C: $\beta_{T,80} \geq 0{,}75$ kN/5 cm *),
- Abreißfestigkeit Unterputz – Dämmstoff im nassen Zustand: ≤ 30 % bezogen auf den trockenen Zustand.

F Verdübelung

- Zusätzliche Dübel (Tellerdurchmesser 60 mm) je Platte gemäß Tabelle 5.4-1.

G Anwendungsbereich

- Mit Polystyrol-Dämmplatten und PVC-Halteschienen als schwer entflammbares System bis zur Hochhausgrenze,
- mit Mineralfaser-Dämmplatten und Halteschienen aus Aluminium sowie einem mineralischen Putzsystem als unbrennbares System (DIN 4102-A) bis 100 m Gebäudehöhe.

5.5 Eignung von WDVS bei der Sanierung von Dreischichtenplatten des Großtafelbaus

In Kapitel 2.9 wurden die Bewegungen der Fugenränder von Vorsatzschichten/Wetterschutzschichten zwischen den Wandelementen eines Großtafelbaus unter der Voraussetzung ermittelt, dass ein WDVS auf diesen Wänden angebracht wird.

Die Eignung von WDVS zur Überbrückung von sich bewegenden Rissen im Untergrund wurde in verschiedenen Forschungsinstituten untersucht. Anhand von Starrkörperverschiebungen Δu des Untergrundes wurden das Rissbildungsverhalten und die resultierenden maximalen Rissbreiten in der glasfasergewebebewehrten Putzschicht von endlich langen Probekörpern ermittelt. Zusammenfassend zeigte sich, dass folgende Einflussgrößen für die Größe der entstehenden Risse im Putz von entscheidender Bedeutung sind:

1. Mit abnehmender Schubsteifigkeit der Wärmedämmschicht nimmt die Spannungskonzentration innerhalb der Putzschicht über der Fuge ab (geringere Rissbreiten).
2. Mit größerer Dehnsteife der Putzschicht nimmt zwar die Spannungskonzentration im ungerissenen Zustand ab, andererseits nimmt aber die Größe der entstehenden Rissbreiten zu.
3. Von entscheidender Bedeutung für die Größe der entstehenden Risse – nicht nur unter dem Lastfall „Fugenöffnungen im Untergrund“ – ist das Zugtrag-

verhalten des Unterputzes mit Glasfasergewebebewehrung maßgeblich. Es zeigte sich, dass Putzsysteme, die bei Putzstreifen-Zugversuchen entsprechend Kapitel 4.1.4.2 eine Vielzahl von feinen Rissen mit maximalen Rissbreiten von ca. 0,1 mm aufweisen, im Überbrückungsversuch rissfrei bleiben und somit für WDVS auf Großtafelbauten zur Fugenüberbrückung gut geeignet sind. Die Rissverteilung kann zum einen durch eine Reduzierung der Maschenweite des Gewebes und zum anderen durch eine Verbesserung der Eigenschaften der Kunstoffbeschichtung des Gewebes, wodurch die Verbundeigenschaften zwischen Putz und Bewehrung sich verbessern, gesteuert werden.

Der Nachweis der ausreichenden Fugenüberbrückungsfähigkeit eines WDVS kann nach einem der folgenden Verfahren erbracht werden:

- Durchführung eines Großversuchs (WDVS mit der angestrebten minimalen Dämmstoffdicke) bei einer Fugenöffnung von 2,4 mm und gleichzeitiger Abkühlung der Putzoberfläche auf -20 °C.
- Durchführung eines Putzstreifen-Zugversuches (vgl. Kapitel 4.1.4.2) und anschließende FEM-Berechnung der Fugenüberbrückungsfähigkeit des WDVS einschließlich Variation der Dämmstoffdicke und Dämmstoffart.

In der allgemeinen bauaufsichtlichen Zulassung eines WDVS mit dem Nachweis der Eignung der Fugenüberbrückungsfähigkeit wird der nachgewiesene zulässige Anwendungsbereich explizit im Kapitel 1.2 der jeweiligen Zulassung angegeben. Es heißt dort z.B.:

„Anwendungsbereich: Zur Überbrückung von Dehnungsfugen in den Außenwandflächen (z.B. der Fugen in der Außenfläche von Plattenbauten bei Verwendung von Dreischichtplatten) dürfen die Wärmedämm-Verbundsysteme nur bei Fugenabständen bis 6,20 m verwendet werden; dabei muss die Dämmstoffdicke mindestens 60 mm betragen. Dehnungsfugen zwischen Gebäudeteilen müssen mit Dehnungsprofilen im Wärmedämm-Verbundsystem berücksichtigt werden.“

5.6 Standsicherheit dreischichtiger Außenwände, die nachträglich mit wärmedämmenden Bekleidungen versehen werden

Bei der Untersuchung des Tragverhaltens von dreischichtigen Außenwandelementen (s. Bilder 5.6-1 und 5.6-2), die nachträglich mit einer wärmedämmenden Bekleidung versehen wurden, sind sowohl Versuche (s. Bild 5.6-3) als auch Berechnungen zum Nachweis der Standsicherheit der Wände durchgeführt wor-

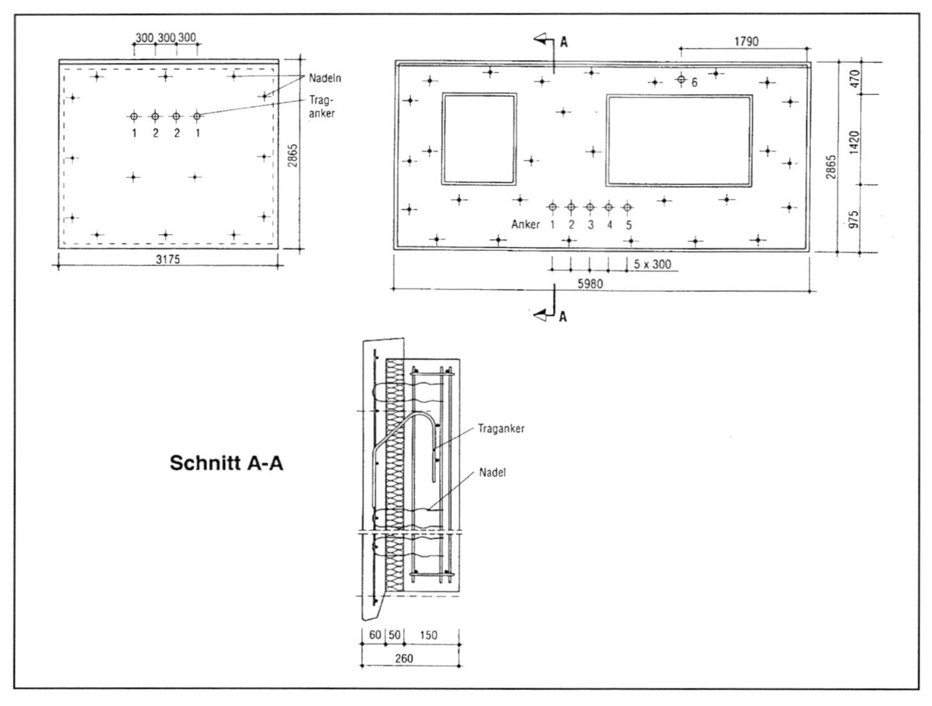

Bild 5.6-1: Dreischichtige Wände des Großtafelbaues mit Anordnung der Traganker [73] – Prinzipzeichnung

Bild 5.6-2: Freigestemmte Außenwand zur Überprüfung der Lage der Traganker

Bild 5.6-3: Traglastversuch: Abscheren der Wetterschutzschicht (Vorsatzschicht) [73]

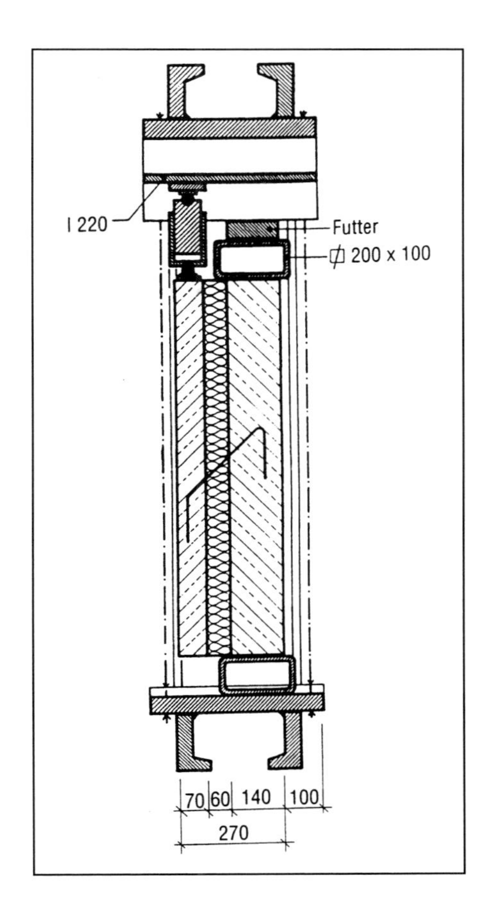

den. Die Ergebnisse für diese dreischichtigen Wände (Betonsandwichwände) lassen sich wie folgt zusammenfassen [73]:

1. Bei mehreren stichprobenartigen Untersuchungen von ausgeführten Außenwänden wurde nachgewiesen, dass
   a) die Traganker weitgehend an den geplanten Stellen eingebaut worden sind und
   b) die Traganker vorwiegend aus nichtrostendem Stahl (Edelstahl) bestehen.
2. Das Tragverhalten der Außenwandkonstruktionen wurde mit einem Finite-Elemente-Programm (ADINA 6) nachvollzogen. Die Genauigkeit der Elementierung und der Berechnung wurde durch Tragversuche bestätigt (s. Bild 5.6-4). Das Ergebnis der Berechnung ist, dass die Beanspruchung der Wetterschutzschicht (σ_{Beton}) durch die maßgebenden Lastfälle „Eigengewicht", „Wind" und „Temperatur" gering sind und praktisch zu vernachlässigen sind.

3. Die Tragfähigkeit der Traganker wurde nachgewiesen; die Traganker plastifizieren unter den maßgebenden Lastfällen nicht, so dass die Standsicherheit nachgewiesen ist.
4. Die typischen Risse in den Wetterschutzschichten, die bei der Fertigung der Wände entstanden sind, stellen im Regelfall keine Gefahr für die Tragfähigkeit der Traganker dar.
5. Die Ermüdungssicherheit der aus nichtrostendem Stahl bestehenden Traganker unter temperaturbedingten Wechselbeanspruchungen ist gewährleistet.
6. Durch das nachträgliche Aufbringen von WDVS auf die Wetterschutzschicht wird die Beanspruchung der Traganker deutlich verringert, weil der maßgebende Lastfall „Temperatur" reduziert wird. Zusätzliche Traganker sind in der Regel überflüssig.
7. Für die Verdübelung der nachträglich auf Wetterschutzschichten aufgebrachten wärmedämmenden Konstruktionen sind bauaufsichtlich zugelassene Kunststoffdübel zu verwenden. Die Dübel brauchen nur in der Wetterschutzschicht (Mindestdicke 40 mm) verankert zu werden.
8. Wenn begründete Zweifel an der ordnungsgemäßen Ausführung der Wände bestehen (keine Anker aus nichtrostendem Stahl o. Ä.), können zusätzlich bauaufsichtlich zugelassene Traganker zur Sicherung der Wetterschutzschicht eingebaut werden. Die Traganker müssen ohne Berücksichtigung

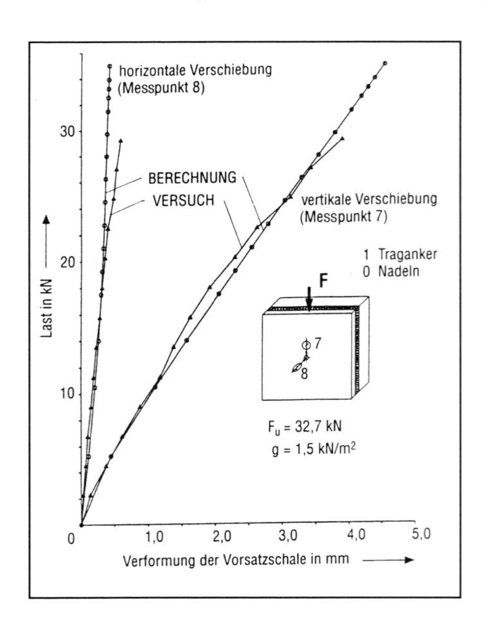

Bild 5.6-4: Vergleich zwischen Rechnung und Versuch (nach Bild 5.6-3) [73]

der vorhandenen Anker die gesamte Beanspruchung der Wetterschutzschicht in die Tragschicht weiterleiten. Die dabei möglicherweise entstehenden Zwangsbeanspruchungen sind rechnerisch zu verfolgen. Es ist darauf hinzuweisen, dass die Wetterschutzschichten während des Setzens der Traganker entsprechend den allgemeinen bauaufsichtlichen Zulassungen für die Anker durch zusätzliche Maßnahmen gesichert werden müssen.

Abschließend sei darauf hingewiesen, dass die Tragfähigkeit der vorhandenen Traganker auch durch Versuche an bestehenden Bauten (s. Bild 5.6-5) sowie im Rahmen von Bauteilversuchen im Labor (s. Bild 5.6-6) überprüft wurde. Das Ergebnis ist, dass die Anker das bis zu vierzigfache der Eigenlast der aus Beton bestehenden Vorsatzschicht aufnehmen können, ohne dass signifikante Verformungen auftreten (vgl. Bild 5.6-7).

Die Notwendigkeit einer zusätzlichen Verankerung der Wetterschutzschichten wird deshalb aus technischen Gründen auf Einzelfälle beschränkt bleiben. Die nachträgliche Verankerung der Wetterschutzschicht mit Tragankern ist in der Regel überflüssig und kostentreibend.

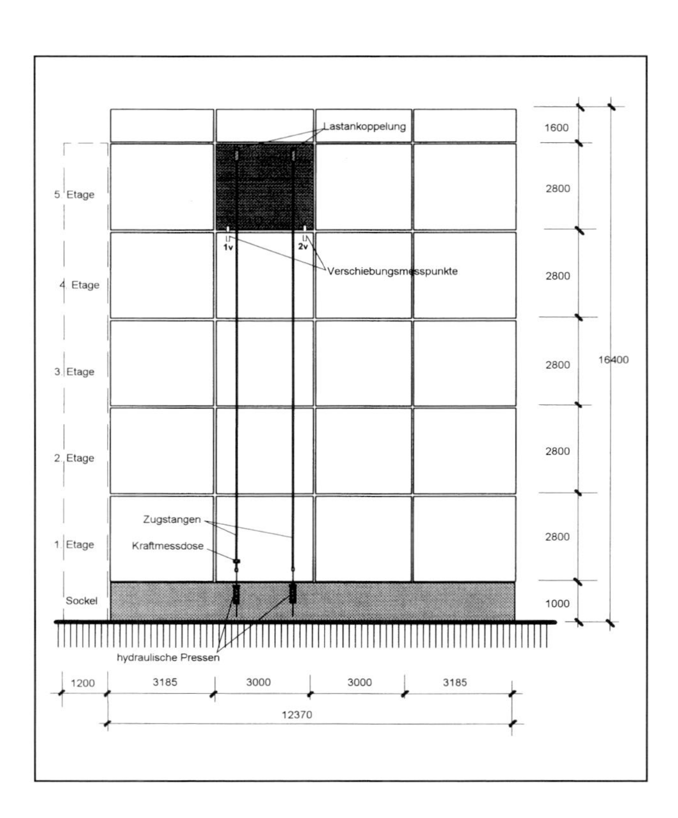

Bild 5.6-5: Belastungsprüfung (Abscheren) an Wetterschutzschicht in situ [74]

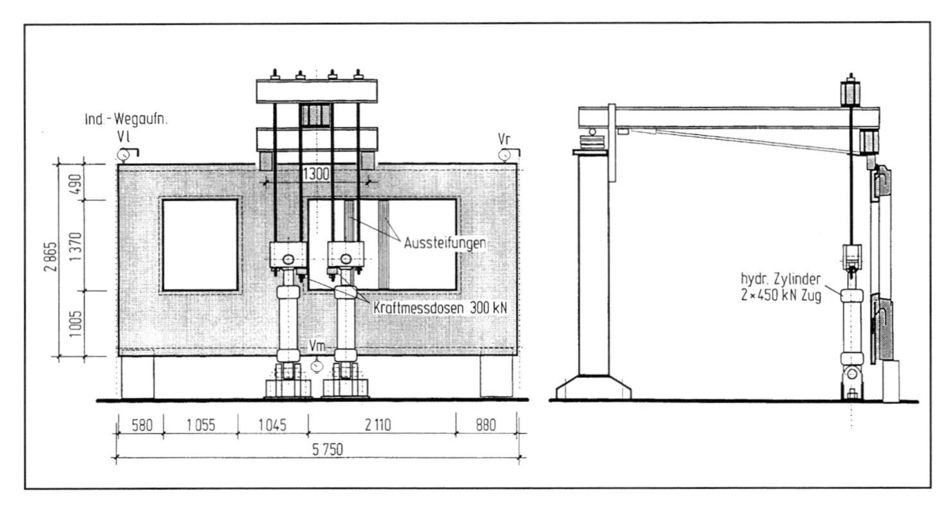

Bild 5.6-6: Bauteilversuch (Abscheren der Wetterschutzschicht) an Wandelement aus DDR-Produktion [74]

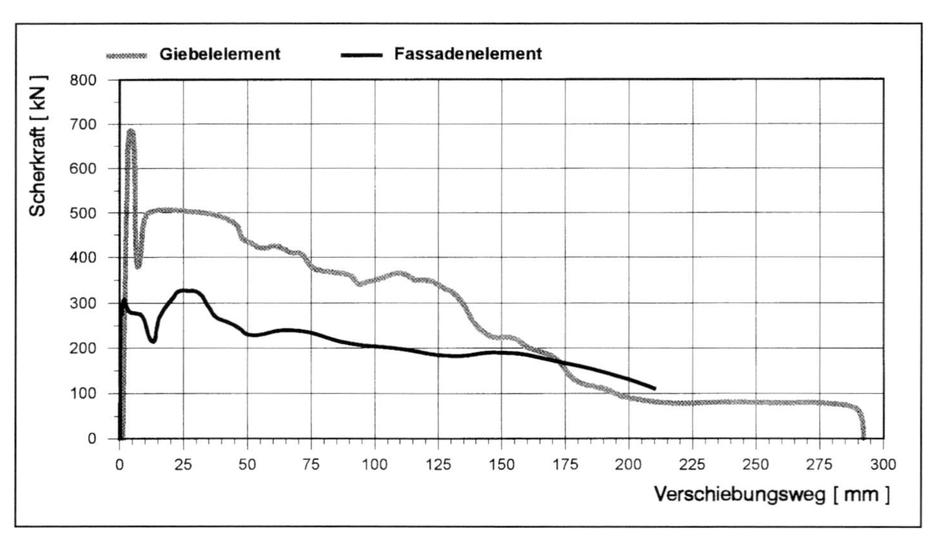

Bild 5.6-7: Kraft-Verformungs-Diagramm (Abscheren von Wetterschutzschichten) [75]

6 Konstruktive Grundsatzdetails

6.1 Vorbemerkung

Obwohl Wärmedämm-Verbundsysteme sich in der Praxis bewährt haben, treten immer wieder Planungs- bzw. Verarbeitungsfehler auf. Planungsfehler treten auf, wenn die ausführende Firma nicht auf die bewährten Standarddetails des WDV-Systemanbieters zurückgreift oder wenn der Planer es versäumt, die Standarddetails seinen besonderen gestalterischen Vorstellungen anzupassen. Er kann hierbei den Beratungsservice eines jeden WDV-Systemherstellers in Anspruch nehmen, der aufgrund seiner besonderen Erfahrung durchaus in der Lage ist, mitzuhelfen, planerische Konzepte in Ausführungsdetails umzusetzen.

Eine schadensfreie Konstruktion setzt aber nicht nur eine durchdachte Detailplanung voraus, sondern auch eine darauf abgestimmte Ausführungsplanung. Bei der Ausführung der WDV-Arbeiten ist insbesondere auf die Abstimmung der einzelnen Gewerke zu achten:

- Anschlüsse und Durchdringungen sind so zu planen, dass diese Leistungen vor dem Anbringen der Wärmedämm-Verbundplatten bzw. des Wärmedämm-Verbundsystems im Ganzen fertiggestellt sind, um die Abdichtungsmaßnahmen anschließend regensicher ausbilden zu können.
- Weiterhin ist frühzeitig das Wärmedämm-Verbundsystem durch Schutzmaßnahmen (Attikaabdeckbleche, Fensterbänke u. Ä.) gegen eindringenden Niederschlag zu schützen, um Rissbildungen, Durchfeuchtungsschäden, Blasenbildungen, Abplatzungen u. Ä. zu vermeiden.

Grundsätzlich gilt, dass Details im Bereich von Wärmedämm-Verbundsystemen so zu planen sind, dass

- kein Wasser in das WDVS eindringen kann, und dass
- Zwängungsspannungen (insbesondere z.B. im Bereich von Fensterbänken) vermieden werden.

6.2 Dehnungsfugen

Dehnungs- bzw. Setzungsfugen im Bereich tragender Wände sind auch im Bereich des Wärmedämm-Verbundsystems aufzunehmen. Ausgenommen sind in der Regel Fugen zwischen den Vorsatzschichten/Witterungsschichten von dreischichtigen Wänden des Großtafelbaus (vgl. hierzu Kapitel 5.5) soweit in den allgemeinen bauaufsichtlichen Zulassungen die Fugenüberbrückungsfähigkeit des WDVS bestätigt wird.

Werden Dehnungsfugen im Bereich der WDVS erforderlich, so können diese z.B. entsprechend Bild 6.2-1 ausgeführt werden. Wichtig hierbei ist, dass die Schenkel der Fugenprofile, die auf der Wärmedämmung befestigt werden, gelocht sind, damit der Unterputz einen sicheren Verbund zwischen den Fugenprofilen und der Wärmedämmung sicherstellt. Bewitterungsversuche bei gleichzeitiger Erwärmung und anschließend schroffer Abkühlung sowie weitgehend naturgetreuer Beregung der Wände im Labor haben ergeben, dass die Fugenprofile sich kaum relativ zum Putz verformen und dass der Witterungsschutz der Wand durch die Fugen nicht beeinträchtigt wird. Die Länge der einzelnen Fugenprofile sollte aber 2,50 m nicht überschreiten. Alternativ können die Fugen auch mit Dichtungsbändern (z.B. entsprechend Bild 6.2-2) ausgeführt werden.

Für normale Dehnungsfugen im Hochbau – ohne besondere Beanspruchungen – gilt, dass die Fugenbreite mindestens ca. 15 mm betragen muss. Das vorkomprimierte, imprägnierte Dichtband (vgl. Bild 6.2-1) sollte mindestens eine Breite

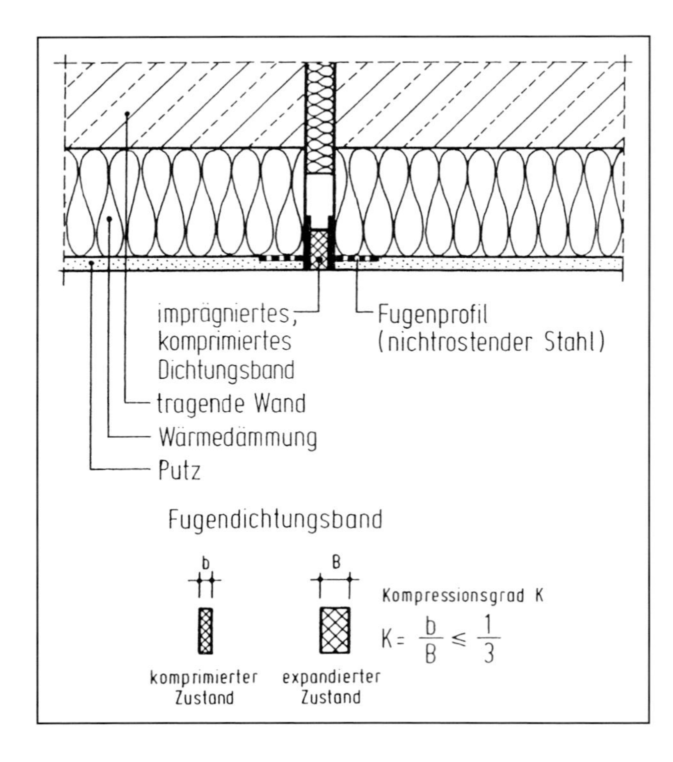

Bild 6.2-1: Dehnungsfuge mit vorkomprimiertem imprägniertem Dichtungsband

Bild 6.2-2: Dehnungsfuge mit Fugenband

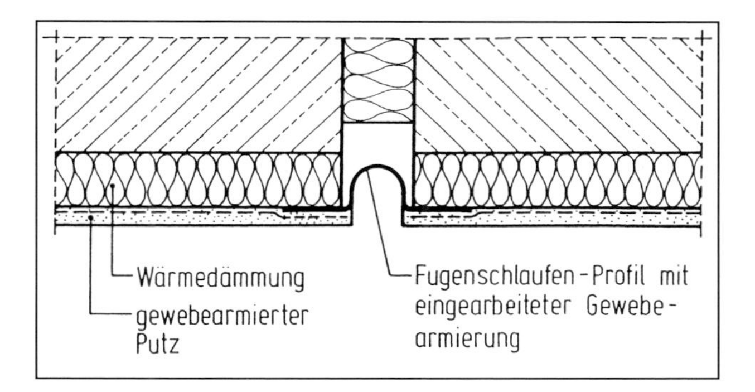

von 45 mm im expandierten Zustand aufweisen, so dass dann der Kompressionsgrad mindestens 15 mm : 45 mm = 1 : 3 beträgt. Hierbei ist anzumerken, dass der erforderliche Kompressionsgrad von dem Material des Bandmaterials abhängig ist (die getroffene Angabe gilt für PU-Schaumbänder).

Der Kompressionsgrad K ist definiert als Verhältnis zwischen der vorhandenen Fugenbreite b zur Breite des Fugenbandes im expandierten Zustand B:

$b : B \leq 1 : 3$

Das bedeutet, dass für eine Fugenbreite von b = 3 mm ein ca. 10 mm breites Fugenband eingebaut werden muss.

Manche Hersteller bieten bitumengetränkte Schaumstoffbänder an. Diese haben sich nur bedingt im Bereich des Hochbaues bewährt, da es bei intensiver Sonnenbestrahlung zu einem „Auslaufen“ des Bitumens kommen kann.

Soweit PU-Bänder verwendet wurden, ist deren Langzeitbeständigkeit in der Praxis nachgewiesen. Wichtig ist aber, dass unter Berücksichtigung der zu erwartenden Fugenbewegungen immer ein Kompressionsgrad entsprechend den Herstellervorschriften eingehalten wird (z.B. 1:3; s. o.).

Anstelle der vorkomprimierten, imprägnierten Bänder können auch Dichtungsmassen nach DIN 18540 verwendet werden (s. Bild 6.2-3). Die Langzeitbeständigkeit solcher Dichtungsmassen wird nach wie vor kontrovers diskutiert. Unter der Voraussetzung einer die zulässige Dehnung der Dichtungsmassen von 25 % nicht übersteigenden Beanspruchung kann nach heutigem Stand der Technik eine hinreichende Bewährung unterstellt werden.

Von einigen Systemanbietern wird eine Ausbildung der Dehnungsfuge entsprechend Bild 6.2-4 empfohlen. Hierbei ist die Ausführung des Unterputzes entlang der Fugenflanken und eine mögliche Rissbildung entlang der Fugenkante (Übergang vom bewehrten Unterputz zu unbewehrtem Unterputz) zu überdenken.

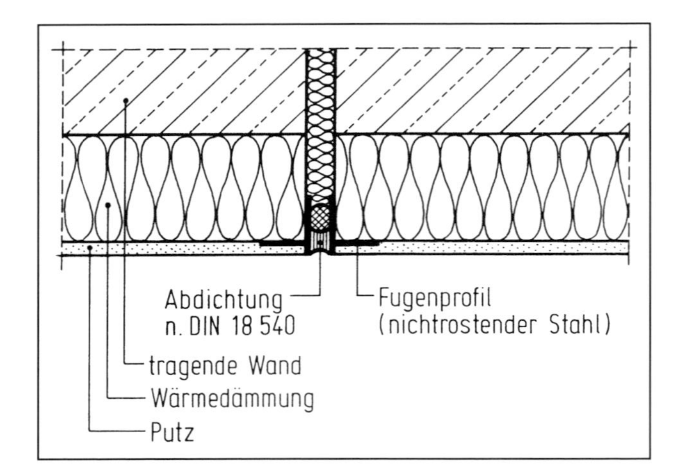

Bild 6.2-3: Dehnungsfuge mit spritzbarer Dichtungsmasse in Anlehnung an DIN 18540

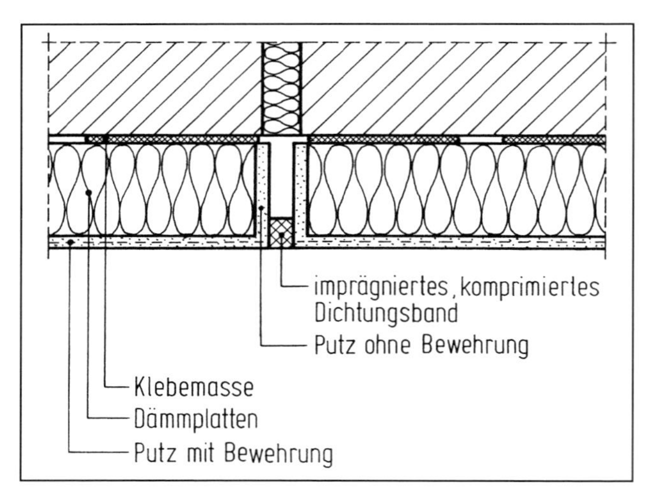

Bild 6.2-4: Dehnungsfugenausbildung entsprechend der Empfehlung einiger WDVS-Anbieter; der Übergang vom unbewehrten Putz entlang der Fugenflanken zum bewehrten Unterputz in der Fläche beinhaltet die Gefahr einer Rissbildung

6.3 Sockel- und Eckschienen

Im Bereich der Sockel und der Gebäudekanten, aber auch im Bereich der Fensterlaibungen werden zum Schutz des Putzes Profile (Eckwinkel) eingebaut s. Bild 6.3-1).

Die Sockelprofile sollten vorzugsweise aus nichtrostendem Stahl im Hinblick auf deren Langzeitbeständigkeit hergestellt sein. Soweit die Profile direkt auf dem tragenden Untergrund befestigt werden (Achtung: Wärmebrücken), ist eine weitgehend die Dehnung der Profile behindernde Befestigung zu wählen (z.B. Befestigung mit Dübeln in einem Abstand von weniger als 30 cm). Uneben-

Bild 6.3-1: Eckwinkel aus Kunststoff mit direkt daran befestigtem Bewehrungsgewebe

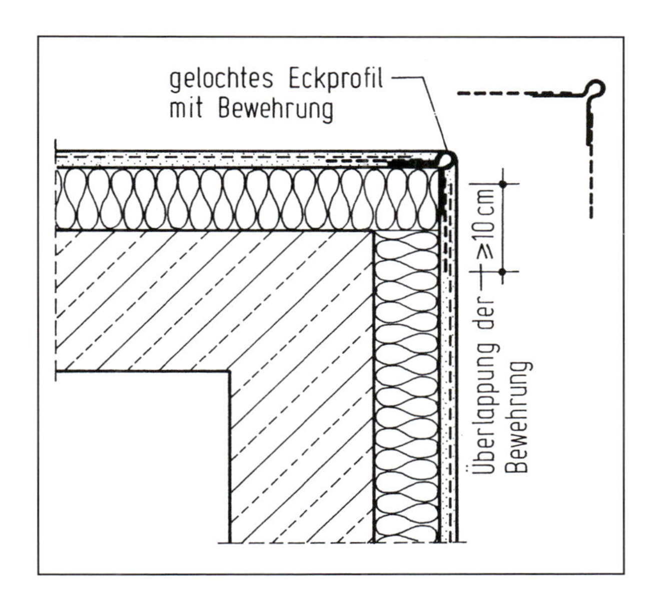

heiten des Untergrundes können mit Distanzscheiben zwischen Untergrund und Profil ausgeglichen werden. Die Schenkel der Profile, die in den Putz einbinden, müssen zur Gewährleistung eines ausreichenden Verbundes gelocht sein.

Die Profile sollen dicht gestoßen und nicht überlappend montiert werden. An den Stoßstellen der Profile sind diese entsprechend den Herstellervorschriften durch Klemmprofile zu verbinden (s. Bild 6.3-2). Die Länge der einzelnen Profile sollte ca. 2,50 bis 3,00 m nicht überschreiten, um mögliche entstehende Zwangsbeanspruchungen der Dübel bzw. des Putzes zu begrenzen.

Bild 6.3-2: Stoßausbildung zwischen zwei Sockelprofilen [Foto: ispo GmbH]

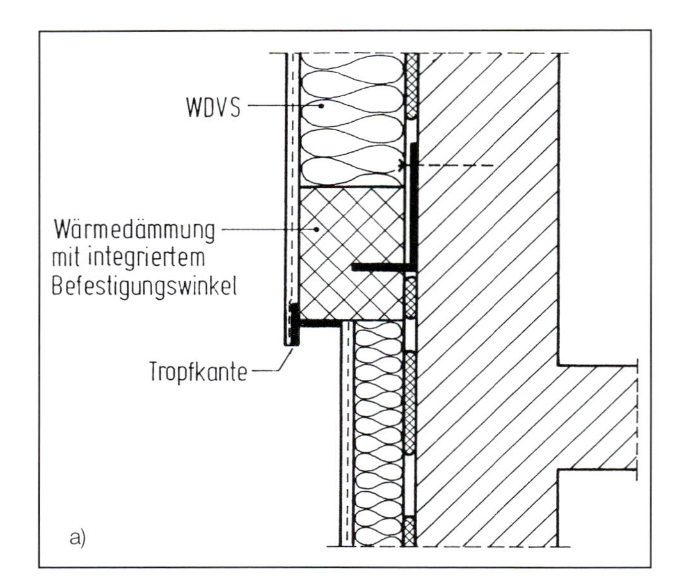

Bild 6.3-3: Sockelanschluss-Profil mit integriertem Befestigungswinkel (thermischer Entkopplung)
a) Prinzipskizze nach [76]
b) [Foto: Marmorit GmbH, Bollschweil]

Zur Vermeidung der zum Teil erheblichen Wärmebrückenwirkung bei einer Sockelausbildung mit Aluprofilen sind entweder Kunststoffprofile aus wenig wärmeleitfähigen Materialien zu verwenden oder es ist eine thermisch entkoppelte Konstruktion entsprechend Bild 6.3-3 zu wählen [76].

WDVS sollen nicht bis dicht über Geländehöhe heruntergeführt werden, da Spritzwasser zu einer Verschmutzung bzw. zu einer Fleckenbildung der in der Regel hellfarbigen Putze führt. Weiterhin ist die Stoßfestigkeit der Wärmedämm-Verbundsysteme in diesem besonders gefährdeten Bereich in der Regel nicht gegeben.

Soweit die Wärmedämmung auch im Erdreich vorhanden sein muss, ist hierfür eine Perimeter-Dämmung (vorzugsweise extrudiertes Polystyrol) zu verwenden, deren Verwendung in einer allgemeinen bauaufsichtlichen Zulassung geregelt sein muss. Ein Beispiel mit einer Aluminiumplatte für den Sockel ist in Bild 6.3-4 dargestellt. Terrassen- oder Gehwegplatten sollen nicht dicht an das WDVS stoßen. Dort soll eine Kiesschicht vor dem WDVS angeordnet werden.

In Bild 6.3-5 ist ein Sockel dargestellt, der durch eine Platte geschützt ist. Es ist darauf hinzuweisen, dass die Schaumglasplatten außenseitig auch durch eine

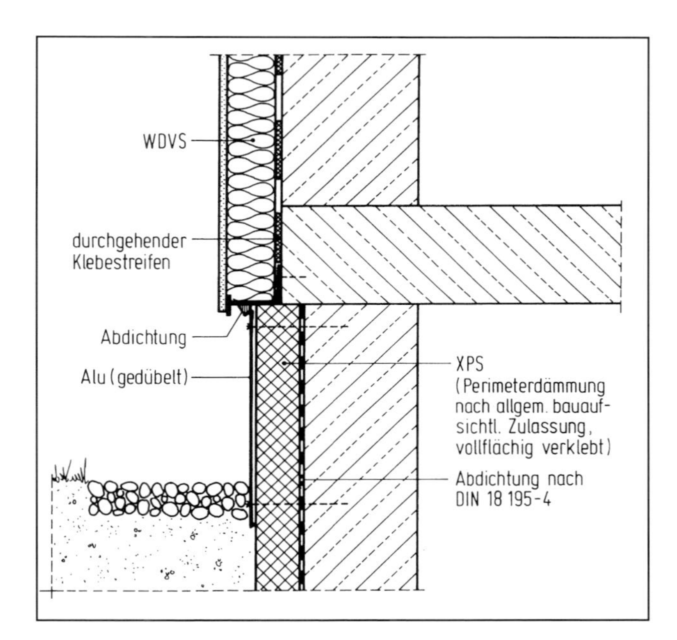

Bild 6.3-4: Sockelausbildung mit Wärmedämmung aus extrudiertem Polystyrol (Perimeter-Dämmung)

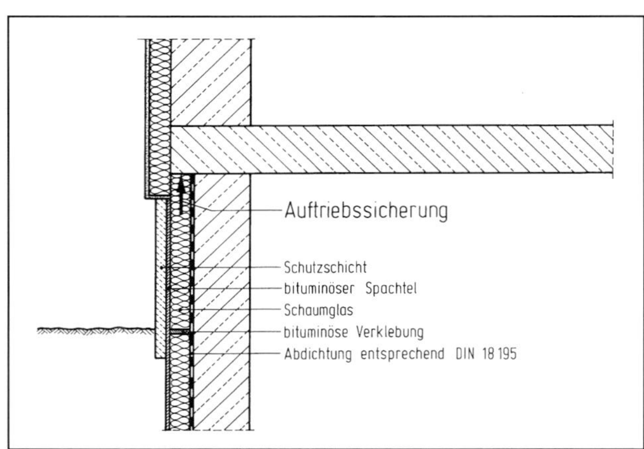

Bild 6.3-5: Sockel durch eine Betonplatte geschützt

Bitumenschicht zu schützen sind, da das Schaumglas nicht frostbeständig ist. Wasser könnte sich sonst in den angeschnittenen, offenen Poren sammeln und unter Frosteinwirkung das Gefüge des Schaumglases zerstören.

6.4 Dachrandabdeckungen/Traufbleche

Dachrandabdeckungen werden meist aus abgekanteten Zink-, Kupfer- oder Aluminiumblechen hergestellt und auf Haltebügeln (sog. „Haftern") oder durchgehenden Einhangblechen befestigt. Diese Halteprofile müssen der zur erwartenden Windbeanspruchung standhalten. Die Befestigungen sollten möglichst nahe an der Außenkante der Wände erfolgen. Nägeln sind bei Randabdeckungen nicht ausreichend. Üblicherweise werden die Halteprofile in Bohlen verschraubt, die in der Attika selber verdübelt sind (s. Bild 6.4-1).

Dachrandabdeckungen sollen grundsätzlich ein deutliches Gefälle (n ≥ 2 %) zum Dach hin aufweisen, damit Niederschlagswasser mit den auf dem Abdeckblech sich ablagernden Verunreinigungen ablaufen kann, ohne dass die Außenwand verschmutzt wird.

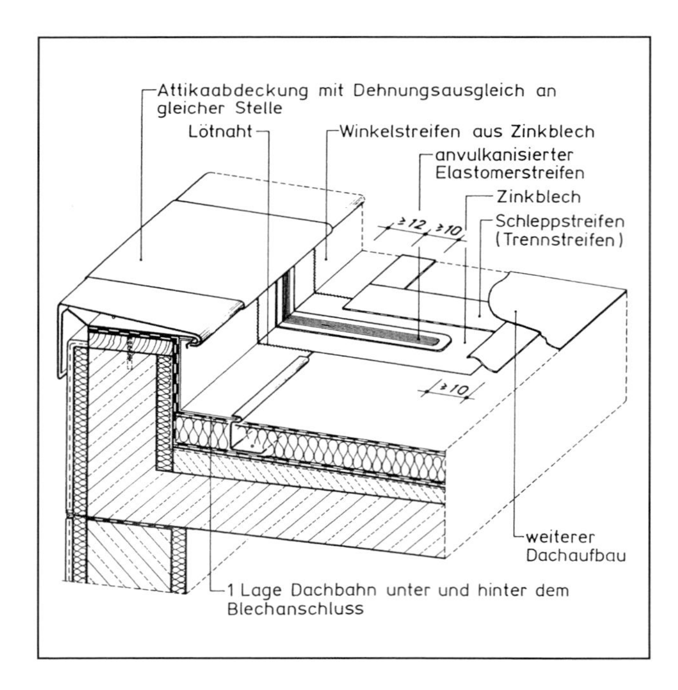

Bild 6.4-1: Dehnungsausgleich von Dachrandabdeckungen nach [78]

Die senkrechten Schenkel der Abdeckungen sollen die oberen Ränder der Wände bzw. Attiken aus Gründen des Witterungsschutzes entsprechend den Flachdachrichtlinien [77] überlappen, und zwar bei Gebäudehöhen

- bis 8 m ≥ 5 cm
- über 8 m bis 20 m ≥ 8 cm
- über 20 m ≥ 10 cm

Der Überstand von Abdeckungen muss eine Tropfkante von mindestens 2 cm Abstand von den zu schützenden Bauwerksteilen erhalten [77]. In [78] werden in Abhängigkeit von der Gebäudehöhe bis zu 5 cm empfohlen (bei Kupferabdeckungen generell 5 bis 6 cm), um Verschmutzungen der Außenwand weitgehend zu vermeiden. Es muss in diesem Zusammenhang darauf hingewiesen werden, dass die Abdeckbleche das Hochtreiben des Niederschlages an den Außenwänden nicht verhindern können. Aus diesem Grund müssen die Stirnseiten der Wärmedämmung entweder durch die Bohlen abgedeckt werden (s. Bild 6.4-2) oder die Stirnseiten der Wärmedämmung müssen – besser – durch die Putzschicht geschützt werden (s. Bild 6.4-1).

Die Stöße der Abdeckbleche müssen so ausgebildet sein, dass durch temperaturbedingte Längenänderungen keine Schäden auftreten können. Weiterhin müssen die Stöße so regendicht sein, dass es zu keinen Verschmutzungen an den Außenwänden aufgrund von durchtretendem Wasser kommen kann. Mindestens alle 8 m ist ein Dehnungsausgleich einzubauen. Die Dehnung kann durch eine Flachschiebenaht, Dehnungsausgleicher oder durch eine zusätzliche abzudichtende Unterdeckung bei offenem Stoß ermöglicht werden (s. Bild 6.4-2).

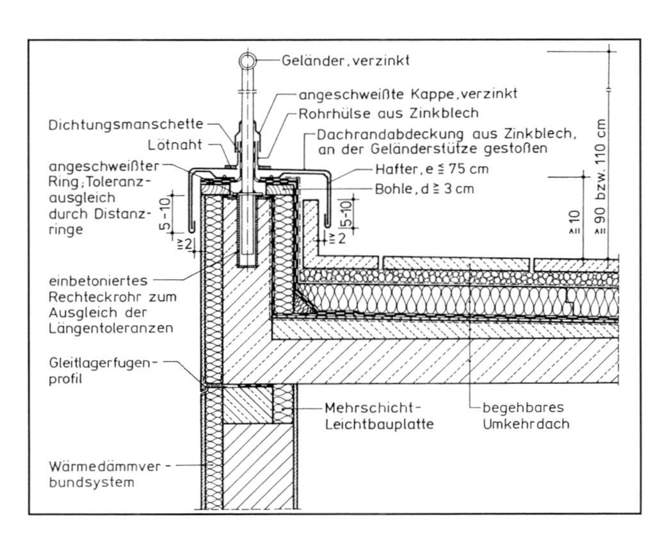

Bild 6.4-2: Attikaausbildung mit Geländerstütze bei begehbaren Flachdächern

Begehbare Flachdächer müssen gemäß der Musterbauordnung Umwehrungen

- bei Absturzhöhen H ≤ 12 m von 0,9 m Höhe
- bei Absturzhöhen H ≥ 12 m von 1,1 m Höhe

erhalten. Sie können als Geländer oder Brüstungen ausgebildet werden. Die dazu erforderlichen Durchdringungen der Blechabdeckungen durch die Geländerstützen sind mit ca. 5 cm Rohrhülsen oder angeschweißten Kappen bzw. Manschetten mit Spannband auszubilden (ein Beispiel ist in Bild 6.4-2 dargestellt).

Häufig wird der Einwand gegen die Ausführung des Putzes auf der stirnseitigen Oberfläche der Wärmedämmung erhoben, dass aus Gründen des Bauablaufs das Traufblech vor dem Aufbringen des WDVS montiert sein müsse, so dass das Aufbringen des Putzes nicht möglich sei. Da die Wärmedämmung aber stirnseitig nicht durch Niederschlag beansprucht werden darf, ist entweder während des Verputzens das Traufblech abzunehmen oder es ist eine Abdichtung durch ein imprägniertes, komprimierfähiges Fugenband zwischen dem vertikalen Schenkel des Traufbleches und dem WDVS anzuordnen. Letztere Lösung ist nicht zu bevorzugen, da aufgrund des einzuhaltenden Kompressionsgrades Fugenbanddicken von mehr als 60 mm einzubauen wären.

6.5 Fensteranschlüsse

Bei Außenwänden mit WDVS ist der Anschluss zwischen dem Fensterrahmen und dem Mauerwerk entsprechend dem Stand der Technik so auszuführen, dass die bauphysikalischen Eigenschaften der Wand auch im Bereich der Fuge zwischen Fensterrahmen und Außenwand nicht wesentlich gemindert werden. Hierzu ist es erforderlich, dass, nachdem der Fensterrahmen in der Öffnung ausgerichtet und befestigt wurde, die Fuge mit Mineralwolle o. Ä. ausgestopft wird. Das Schließen der Fuge mit PU-Schaum ist aus schallschutztechnischen Gründen nicht vorteilhaft. Auf der zum Rauminnern hin orientierten Seite muss die Fuge weitgehend dampfdicht geschlossen werden, um das Eindringen von Wasserdampf zu verhindern, der unter Umständen im vorderen Bereich des Fensterrahmens kondensieren könnte. Bild 6.5-1 zeigt einen möglichen Anschluss.

Wichtig ist, dass das vorkomprimierte, imprägnierte Fugenband zwischen dem Fensterrahmen und dem WDVS (vgl. Bild 6.5-1) eine ausreichende Komprimierung erfährt. Für Fugenbänder aus Weichpolyurethanschaum gilt z.B., dass der Kompressionsgrad geringer als 1 : 3 sein soll, um einen ausreichenden Witterungsschutz zu gewährleisten (vgl. Kapitel 6.2).

Bild 6.5-1: Ausbildung der Fuge zwischen Blendrahmen und Mauerwerk

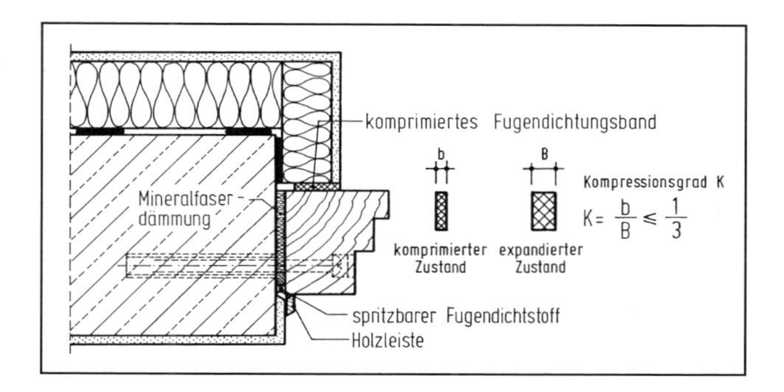

Die Anschlussfuge zwischen dem aufgekanteten Fensterabdeckblech und dem WDVS wird in der Regel ebenfalls mit einem vorkomprimierten Fugendichtungsband abgedichtet (s. Bild 6.5-2). Auch hier gilt, dass der Kompressionsgrad des Fugendichtungsbandes mindestens 1 : 3 betragen soll. Bei längeren Fensterabdeckblechen, bei denen mit größeren thermisch bedingten Fugenbewegungen in horizontaler Richtung gerechnet werden muss, bietet es sich an, das Fensterabdeckblech gleitend im Aufkantungsprofil einzubinden. Für massive Fensterbänke ist ein möglicher Anschluss an das WDVS in Bild 6.5-3 dargestellt.

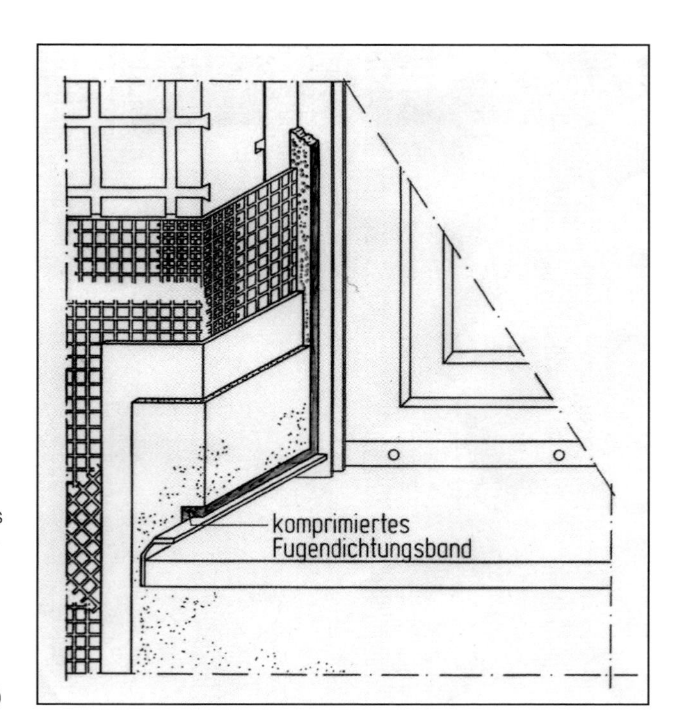

Bild 6.5-2: Anschluss des WDVS an den Fensterrahmen sowie Anschluss des Fensterabdeckbleches an die Fensterlaibung (nach Unterlagen der Alsecco Bauchemische Produkte GmbH & Co. KG, Wildeck)

Bild 6.5-3: Anschluss des Fensterabdeckprofils an die Wärmedämmung mit einem vorkomprimierten Fugenband

Bei der Ausbildung des WDVS im Fensterbereich ist folgendes zu beachten:

1. Der Unterputz muss im Bereich der Fensteröffnungen eine Diagonalbewehrung entsprechend Bild 4.1-2 erhalten, damit die schrägverlaufenden Hauptspannungen im Bereich der einspringenden Fensteröffnungen sicher aufgenommen werden können. Bei Fehlen der Diagonalbewehrung können diagonalverlaufende Risse im Putz des WDVS entstehen.
2. Die Stirnseiten der Wärmedämmung müssen durch den bewehrten Unterputz abgedeckt sein. Das Fensterabdeckblech mit seinen Aufkantungen kann nicht verhindern, dass der an der Außenwand durch den Wind aufwärts getriebene Schlagregen auch auf die Stirnseite der Wärmedämmung gelangt. Bei fehlendem Unterputz auf den Stirnseiten kann der Niederschlag in das WDVS eindringen und zu Loslösungen des Putzes von der Wärmedämmung führen (vgl. sinngemäß Bild 6.4-1).

6.6 Tropfkanten

Beim Übergang einer vertikalen Außenwandfläche zu einer horizontalen Fläche – z.B. beim Übergang von einer Außenwand zu einer Deckenunterseite (Balkon, Durchfahrt oder ähnlich) – ist eine Tropfkante anzubringen, die das Fließen des Wassers zur Unterseite der Decke verhindert (s. Bild 6.6-1). Das „Fließen" des Wassers wird ohne eine Tropfkante durch Windeinwirkung verursacht, wobei die Wassertropfen infolge des Windes am Herabfallen gehindert werden und auf die Deckenunterseite getrieben werden.

Im Bereich von Wärmedämm-Verbundsystemen ist eine Profilierung an der Deckenunterseite entsprechend Bild 6.6-1 kaum realisierbar. Aus diesem Grund werden häufig Lösungen entsprechend Bild 6.6-2 ausgeführt. Der Nachteil dieser Lösungen besteht allerdings darin, dass die Profile aus nichtrostendem Stahl o. Ä. sichtbar sind und vielfach als unansehnlich empfunden werden (insbesondere im Balkonbereich). Es kommt hinzu, dass die eingeputzten Profile – insbesondere wenn sie aus Metall bestehen – erhebliche Wärmebrücken darstellen. Aus diesem Grund sind Lösungen entsprechend Bild 6.6-3 zu bevorzugen.

Zur Vermeidung der o.g. Nachteile sind von einer Firma die in Bild 6.6-4 dargestellten Tropfkanten entwickelt und im Schlagregenprüfstand der TU Berlin überprüft worden. Selbst bei stärkster Schlagregenbeanspruchung verhielten sich die Tropfkanten einwandfrei: In keinem Fall gelangten Wassertropfen über die Tropfkante hinweg auf die anschließende waagerechte Deckenunterseite. Die Wassertropfen lösten sich infolge der Schwerkraft von der 40 mm breiten Unterseite der Tropfkante, wobei die Tropfen nicht an einer bestimmten Stelle, sondern mal weiter vorne, mal weiter hinten von der Unterseite der Tropfkante abfielen.

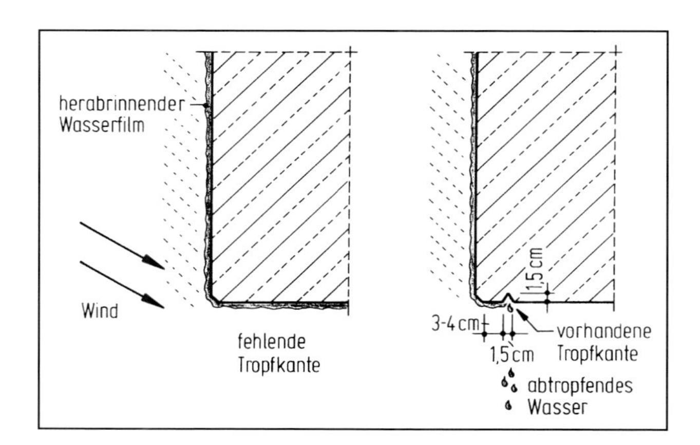

Bild 6.6-1: Übliche Ausbildung von Tropfkanten

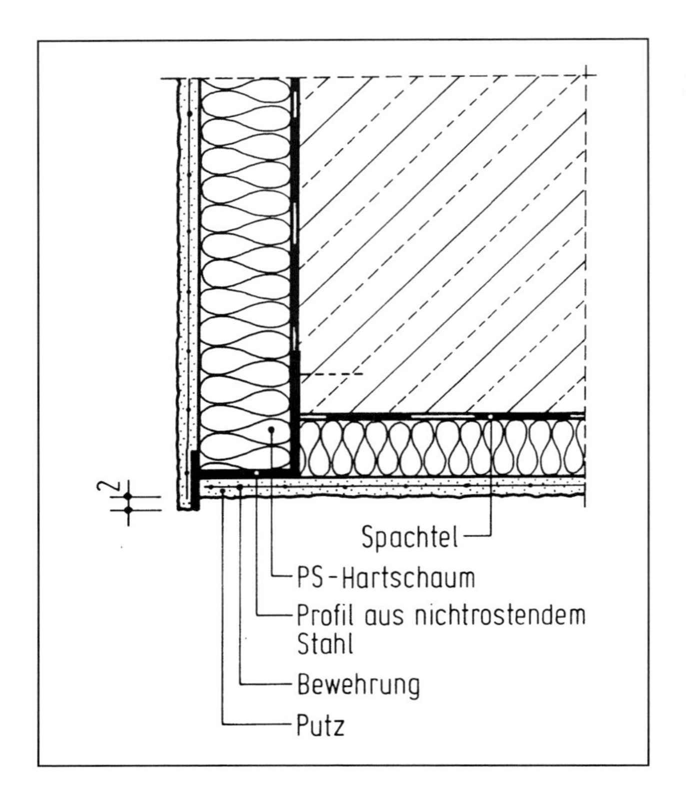

Bild 6.6-2: Tropfkante mit Spezialprofil (erhebliche Wärmebrückenwirkung)

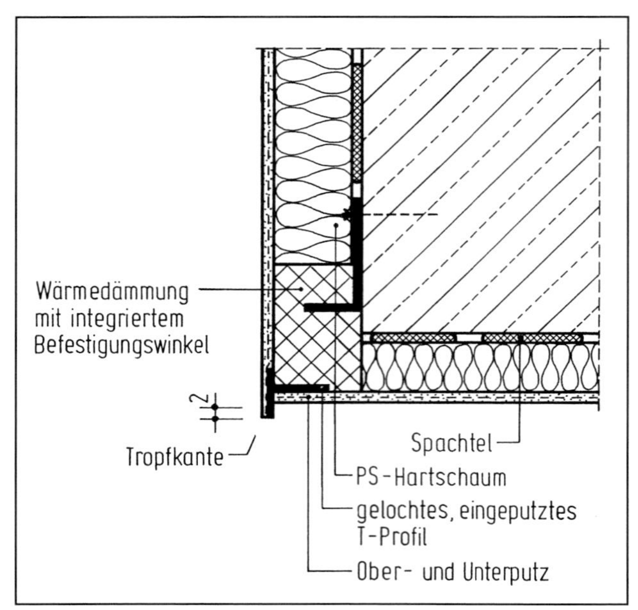

Bild 6.6-3: Tropfkante mit thermisch entkoppelten Metallprofilen

Bild 6.6-4: Mögliche Ausbildung von Tropfkanten (nach Angaben der Sto AG, Stühlingen)

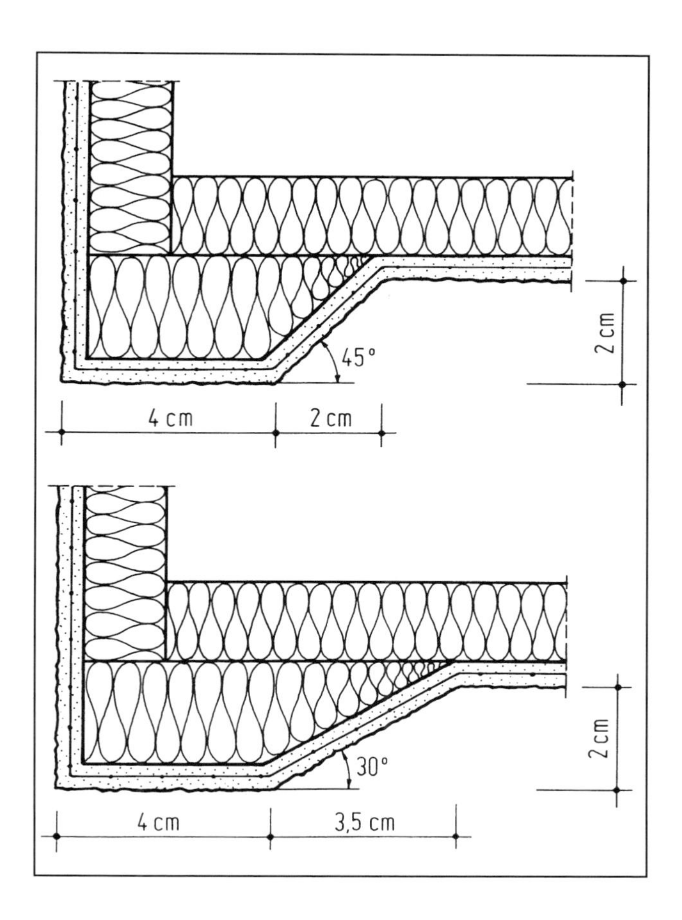

6.7 Durchdringungen

An Durchdringungsstellen, an denen ein Wärmedämm-Verbundsystem aus konstruktiven Gründen von anderen Bauteilen (Geländer, Lampen, Markisen, Fallleitungen der Regenentwässerung o. Ä.) durchdrungen wird, sind wirksame Abdichtungsmaßnahmen vorzusehen, damit kein Niederschlag in das WDVS eindringen kann, wobei Frostschäden oder – insbesondere bei WDVS mit Mineralfaser-Dämmungen – auf lange Sicht Gefügeschäden im Bereich der Wärmedämmung entstehen könnten.

Weiterhin ist zu beachten, dass im Bereich der Befestigung von durchdringenden Bauteilen Wärmebrücken entstehen können. Es empfiehlt sich deswegen, eine „thermisch entkoppelte" Befestigung zu wählen. Für die thermische Entkoppelung haben sich Hartholzplatten und Formkörper aus Polyurethan bewährt. Auf einen dichten Anschluss zwischen dem Hartholz bzw. PU-Schaum und der Wärmedämmung ist zu achten. In den Bildern 6.7-1 bis 6.7-4 sind einige Ausführungsbeispiele aufgeführt.

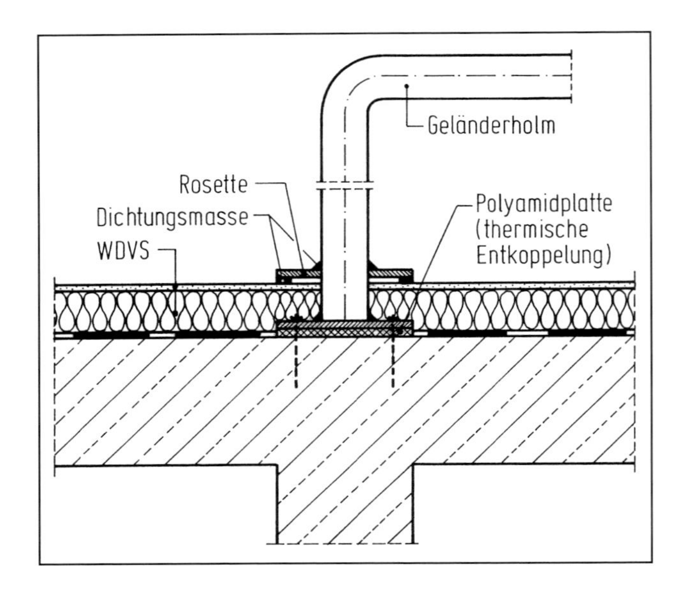

Bild 6.7-1: Anschluss eines Geländerholms durch das WDVS hindurch. Die thermische Entkoppelung erfolgt durch eine Polyamidplatte oder auch durch einen Hartholzklotz

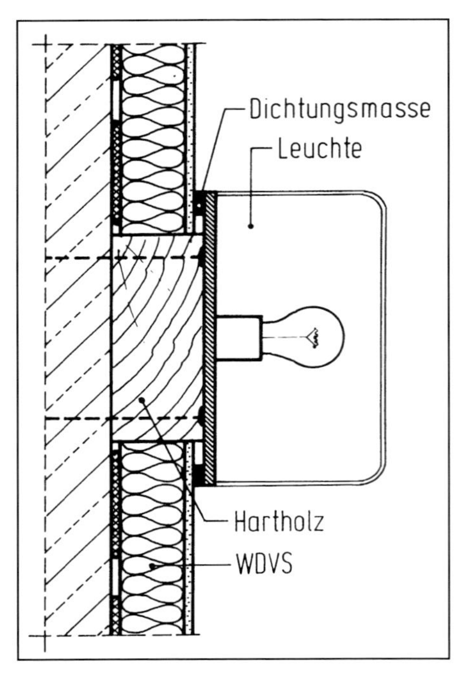

Bild 6.7-2: Durchdringung des WDVS im Bereich einer Leuchte (nach Unterlagen der ispo GmbH)

Bild 6.7-3: Leuchtenbefestigung mit Spiral-Leichtbaudübel (nach Unterlagen der Fa. Sto AG, Stühlingen)

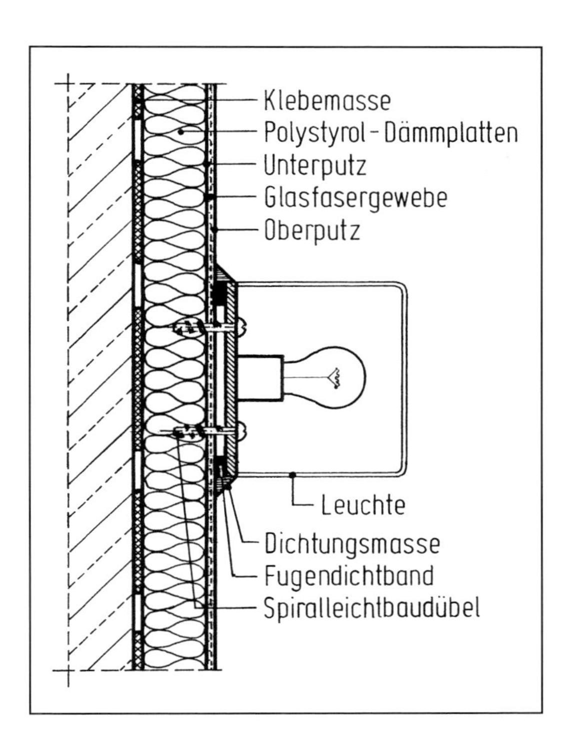

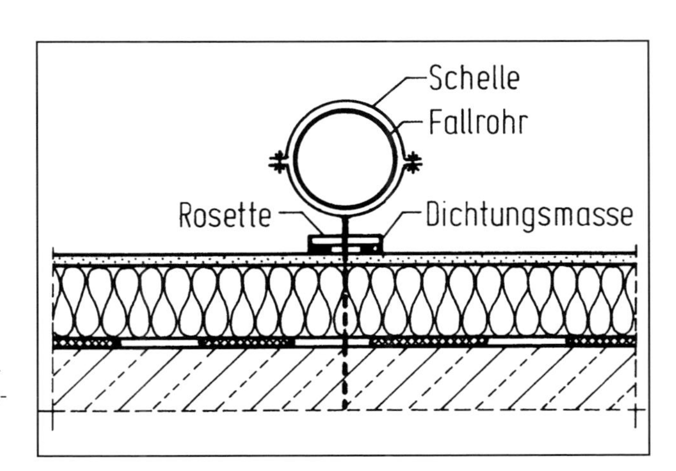

Bild 6.7-4: Befestigung eines Fallrohres. Die punktuelle Wärmebrücke im Bereich der Halterung kann vernachlässigt werden.

6.8 Begrünte Wärmedämm-Verbundsysteme

Über die Eignung von Kletterpflanzen auf Wärmedämm-Verbundsystemen wird kontrovers diskutiert. Bei den Kletterpflanzen unterscheidet man zwischen selbstklimmenden Pflanzen und Gerüstkletterpflanzen [79], [80], [81].

6.8.1 Selbstklimmende Pflanzen

Bei den selbstklimmenden Pflanzen unterscheidet man weiterhin Wurzelkletterer, wie z.B. den Efeu (*Hedera helix*) und Haftscheibenranker, wie z.B. Wilder Wein (*Parthenocissus tricuspidata*). Bei Efeu (Bild 6.8-1) bilden sich auf der lichtabgewandten Seite der Triebe Haftwurzeln aus, die auf dem WDVS aufliegen. Die eigentliche Haftung auf dem Putz erfolgt aber durch Wurzelhaare, die sich in Unebenheiten einspreizen. Die Wurzeln können auch in Risse des Putzes einwachsen. Das Haften des Efeus auf dem Putz erfolgt also rein mechanisch [79].

Bei den Haftscheibenrankern, deren einzige Vertreter bei uns die Wildweinarten sind, bildet sich zwischen der Haftscheibe der Pflanze und dem Putz ein Haftsekret (vielkettiger Zucker), das zu einer „Verklebung" der Pflanzen auf dem Putz führt (s. Bild 6.8-2 und 6.8-3). Zusätzlich zur Verklebung kommt es zu Gewebewucherungen, die sich in feinste Unebenheiten oder Rissen des Putzes verankern.

Nach Untersuchungen von Althaus [79], [80] ist das Nichthaften von selbstklimmenden Pflanzen auf folgende Ursachen zurückzuführen (im Folgenden wörtlich zitiert):

Bild 6.8-1: Verankerung von Efeuwurzeln auf Mückengitter. Die Wurzeln sind aufgrund der guten Feuchtigkeitsversorgung auf dem Gitter zum Teil atypisch lang [Foto: J. Husi, Bern] [80]

Bild 6.8-2: Junge Haftscheibe von Dreispitzigem Wilden Wein (*Parthenocissus Tricuspidata* „Green Spring“) auf Beton [Foto: C. Althaus, Essen]

Bild 6.8-3: Jungtrieb von Dreispitzigem Wilden Wein (*Parthenocissus Tricuspidata*), der durch die Aufheizung der Wandoberfläche zerstört wurde [Foto: C. Althaus, Essen]

„Wurzelkletterer (Efeu) haften oft nicht an sandenden Untergründen (unzureichende Festigkeit). Problematisch können auch Flächen sein, die südwärts gerichtet unter Sonneneinstrahlung sehr stark aufgeheizt werden. Auf solchen Oberflächen ist die Wurzelhaarbildung behindert und es kommt nicht zum Haftverbund (Bild 6.8-3). (Anmerkung: Auf den Putzoberflächen von Wärmedämm-Verbundsystemen sind Oberflächentemperaturen bis zu 60 °C gemessen worden). Da die Haftorgane der Wurzelkletterer negativ phototrop, d.h. weg vom Licht wachsend sind, kann das Klettern auf weißen Wandoberflächen – insbesondere wenn diese sonnenzugewandt sind – unterbleiben. Wie Versuche gezeigt haben, können aber auch bestimmte Beschichtungen das Kletterverhalten positiv oder negativ beeinflussen: So kann sich Efeu nachweislich an reinen Silicatfarben, die gleichzeitig hydrophob ausgerüstet sind, nicht verankern. Doch auch an Silikonharz-Emulsionsfarben kommt es nur zu schwachem Haftverbund mit dem Untergrund. Ideal für Wurzelkletterer sind reine, unbehandelte Silikatfarben.

Ungünstig auf selbstklimmende Begrünung, vor allem auf Wurzelkletterer, können sich bestimmte biozid ausgerüstete Beschichtungen auswirken. Hier kam es im Versuch nicht nur zu Verfärbungen des Laubs, sondern sogar zum teilweisen Absterben der Pflanzen (Bilder 6.8-4 und 6.8-5)."

Zusammenfassend ist festzustellen, dass nach dem heutigen Stand der Erkenntnis selbstklimmende Pflanzen (Efeu, Wilder Wein) sich als Begrünung von Außenwänden mit WDVS nicht eignen. Auch die Anordnung von Efeupflanzen auf einem vor dem WDVS angebrachten glasfaserverstärkten Schutzgitter als

Bild 6.8-4: Blatt- und Treibschäden an Efeu (*Hedera helix*) durch Kunstharz-Dispersionsfarbe mit algizider und fungizider Langzeitwirkung [Foto: S. Unger, Ostfildern]

Bild 6.8-5: Haftscheibenbildung von Dreispitzigem Wilden Wein (*Parthenocissus Tricuspidata*) an Kunstharz-Dispersion mit algizider und fungizider Langzeitwirkung. Auffallend ist die Schädigung der Blätter [Foto: S. Unger, Ostfildern]

Rankhilfe ist nicht geeignet, weil die Pflanzen aufgrund der lichtfliehenden Eigenschaften ihrer Triebe- und Haftorgane immer wieder den Wandoberflächen zustreben und dort versuchen, sich zu verankern. Ist der Putz biozid oder fungizid ausgerüstet, so können die Pflanzen Schaden nehmen bzw., soweit der Putz gerissen ist, kann es zu weiteren Schädigungen durch Hineinwachsen von Wurzeln und lichtfliehenden Trieben kommen.

6.8.2 Gerüstkletterpflanzen

Unter der Bezeichnung Gerüstkletterpflanzen werden Schling- und Windepflanzen, Ranker und Spreizklimmer zusammengefasst (Bild 6.8-6).

Schlinger verankern sich durch windende Bewegungen der Triebe an vorzugsweise senkrecht geführten Kletterhilfen. Beispiele für Schlingpflanzen sind Blauregen oder Glycinen. Ranker entwickeln berührungsempfindliche Greiforgane, die Ranken, mit denen sie sich an geeigneten Kletterhilfen festhalten. Als Beispiel seien die Weinarten (Vitis) angeführt. Spreizklimmer sind keine Kletterpflanzen im engen Sinne. Ihre peitschenartigen Triebe müssen hochgebunden werden. Die Verankerung erfolgt durch abstehende Seitenzweige, Stacheln, Borsten oder Dornen.

Die Verwendung von Gerüstkletterpflanzen vor dem Wärmedämm-Verbundsystem bietet den Vorteil, dass sich die Pflanzen in ihrer Ausbreitung auf die mit Kletterhilfen versehenen Flächen beschränken lassen.

Die Kletterhilfen sollen in Konstruktion und Material sowie in der Verarbeitung dauerhaft sein und einen nur geringen Pflegeaufwand erfordern (s. Bild 6.8-7). Für den Fall notwendiger Unterhaltungsarbeiten an den Wandoberflächen (Anstrich o. Ä.) sind die Rankhilfen zweckmäßigerweise abhängbar zu gestalten (s. Bild 6.8-8). Bei Beachtung jeweiliger materialtechnischer Grundregeln können die

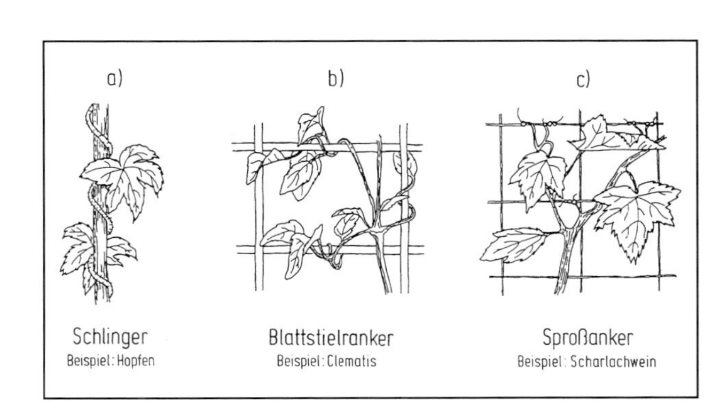

Bild 6.8-6: Gerüstkletterpflanzen [81]

Bild 6.8-7: Gerüstkletterhilfe an einer dreischichtigen Außenwand des Großtafelbaus

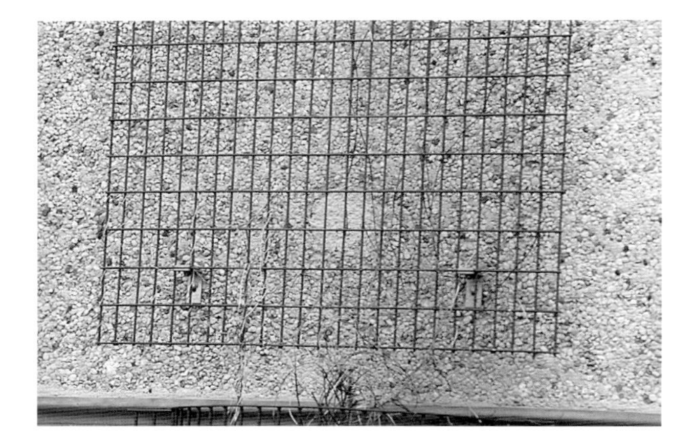

Bild 6.8-8: Lösbare Befestigung der Gerüstkletterhilfe

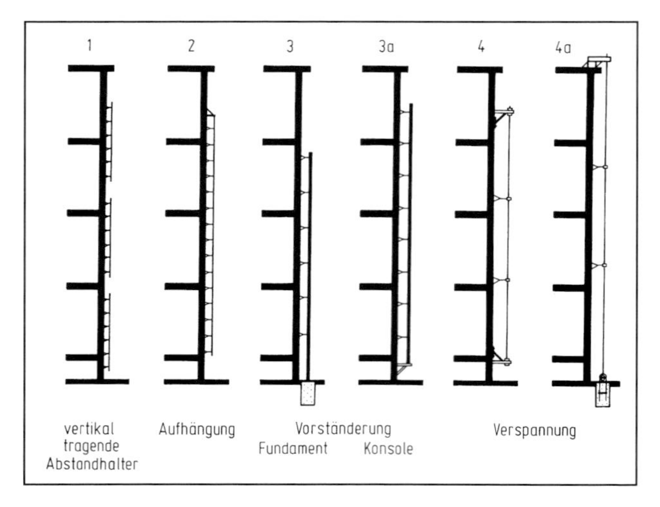

Bild 6.8-9: Gerüstkletterhilfen [81]

Kletterhilfen aus Holz, Metall oder Kunststoff gleichermaßen verwendet werden. Hölzer sollten druckimprägniert sein oder mit pflanzenverträglichen Holzschutzmitteln behandelt werden. Nach allen vorliegenden Erfahrungen sind Metallkletterhilfen entgegen anderer Meinung nicht pflanzenschädigend. In Bild 6.8-9 sind in einer Übersicht Möglichkeiten für die Ausführung von Gerüstkletterpflanzen aufgeführt [81].

Zusammenfassend lässt sich feststellen, dass bei Außenwänden mit Wärmedämm-Verbundsystemen zur Begrünung nur Gerüstkletterpflanzen verwendet werden sollen. Selbstklimmende Pflanzen sind nach dem derzeitigen Stand der Erkenntnis nicht geeignet.

7 Mögliche Schadensbilder bei WDVS

7.1 Übersicht

Entsprechend dem Aufbau bzw. des Bauablaufs bei der Ausführung von Wärmedämm-Verbundsystemen bestehen im Zusammenhang mit den im Folgenden genannten Systemkomponenten Schadensmöglichkeiten (s. Bild 7.1-1):

- Untergrund
- Verklebung
- Wärmedämmung
- Verdübelung
- Bewehrter Unterputz
- Gewebe
- Deckputz/Schlussbeschichtung
- Keramische Bekleidung.

Weitere Schadensmöglichkeiten bestehen dann, wenn die entsprechenden Detailausbildungen fehlerhaft geplant bzw. ausgeführt werden. Auch biozide Män-

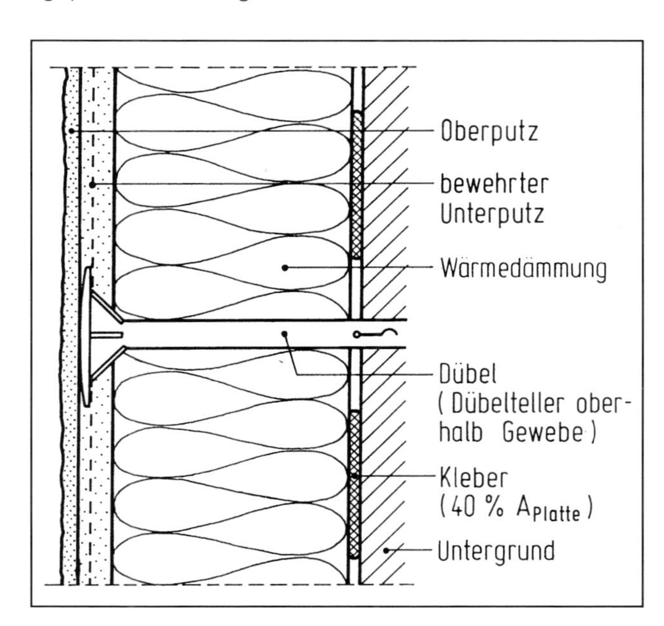

Bild 7.1-1: Aufbau eines WDVS zum Aufzeigen von Schadensmöglichkeiten

gel (Schimmelpilzwachstum und Algenbildung) sind im Zusammenwirken mit WDVS gerügt worden. Zu den genannten Systemkomponenten wird im Folgenden Stellung bezogen.

7.2 Untergrund

7.2.1 Staubige bzw. sandende Untergründe

Staubige bzw. sandende Untergründe stellen eine Trennschicht zwischen dem tragenden Untergrund und der Verklebung der Wärmedämmplatten dar. Aus diesem Grund muss der Untergrund zunächst auf seine Festigkeit hin überprüft werden (Haftzugversuch, Kratzprobe) und von losem Staub, Sand bzw. Mörtelresten gereinigt werden (s. Bild 7.2-1).

Beim Haftzugversuch wird zunächst auf der zu prüfenden Wandoberfläche ein kreisförmiger Schlitz mit einer Tiefe von ca. 10 bis 20 mm mit einem Kernbohrer (Durchmesser 50 bis 80 mm) hergestellt. Auf der freigebohrten Oberfläche wird mit einem schnell abbindenden Kleber ein stählerner Stempel geklebt. Nach hinreichender Aushärtung des Klebers wird der Stempel in ein Prüfzuggerät eingeführt und auf Zug bis zum Bruch des freigeschnittenen Haftgrunds belastet (s. Bild 7.2-2).

Die Haftzugfestigkeit des Untergrunds sollte $\geq 0{,}08\ \text{N/mm}^2$ betragen. Bei Putzoberflächen sind geringere Haftzugfestigkeiten als zulässig anzusehen, wenn man bedenkt, dass bei einer Windsoglast von $2\ \text{kN/m}^2$ (entspricht $0{,}002\ \text{N/mm}^2$) eine Sicherheit gegen Ablösen von $\gamma = 0{,}08/0{,}002 = 40$ besteht. Hierbei ist aber

Bild 7.2-1: Entfernen von Putzresten vor dem Aufbringen des WDVS [Foto: ispo GmbH]

Bild 7.2-2: Prinzipskizze zur Überprüfung der Haftzugfestigkeit des Untergrundes

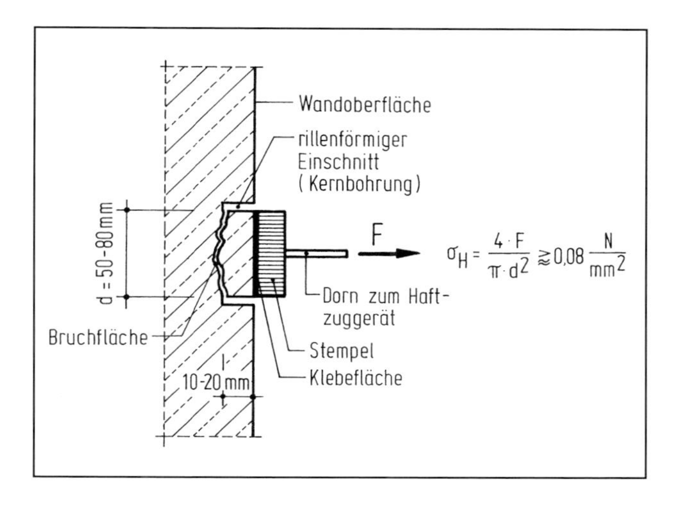

zu beachten, dass ein Sicherheitsbeiwert von $\gamma \geq 5$ angebracht ist (Beurteilung der gesamten Wandfläche anhand weniger Stichproben) und dass Zusatzbeanspruchungen durch die Eigenlast sowie durch den thermisch-hygrischen Lastfall entstehen. Als untersten statistisch abgesicherten Haftzugwert kann noch $\sigma_{HZ} \approx$ 0,05 N/mm² als ausreichend angesehen werden, der dann aber verantwortlich durch einen Sachverständigen unter Würdigung sämtlicher Randbedingungen festgelegt werden soll.

Da die Durchführung von Haftzugprüfungen in statistisch ausreichender Anzahl verhältnismäßig aufwendig ist, werden von „erfahrenen" Sachverständigen häufig auch so genannte Kratzproben zur Beurteilung der Tragfähigkeit des Untergrundes durchgeführt. Hierbei wird mit einem Schraubendreher leicht über den Untergrund gekratzt. Bei Betonuntergründen sollte der Klang hell sein und es sollten beim kräftigen Kratzen keine tiefen Einritzungen im Beton entstehen. Bei Putzoberflächen sollten beim kräftigen Kratzen ebenfalls keine tieferen Einkerbungen entstehen. Die Beurteilung nach der Kratzprobe liefert keine quantitativ nachvollziehbaren Kriterien und sollte nur von sehr erfahrenen Sachverständigen durchgeführt werden, wobei die Anwendung auf nichtexponierte Gebäude beschränkt bleiben sollte.

7.2.2 Untergrund mit Farbanstrich

Zwischen einem vorhandenen Altanstrich auf dem tragenden Untergrund und dem Kleber für das Anbringen der Wärmedämmplatten kann es zu Wechselwirkungen kommen, so dass die Verklebung Schaden nimmt.

Schadensbild

Im Bereich einer Wohnanlage waren die geputzten Außenwände zum Teil mit einem Farbanstrich versehen. Der Farbanstrich wurde vor dem Aufbringen des WDVS nicht entfernt. Nach dem Aufbringen des WDVS wurden nach ca. einem halben Jahr Loslösungen der Dämmplatten festgestellt: Beim wiederholten Drücken mit der Hand auf das WDVS wurden federnde Bewegungen festgestellt. Zur Überprüfung des Haftverbundes wurde das WDVS aufgeschnitten (s. Bild 7.2-3): Es wurde festgestellt, dass der Haftverbund zwischen dem Kleber und dem mit einem Farbanstrich versehenen Untergrund vollständig aufgehoben war.

Schadensursache

Es kam zu einer Wechselwirkung zwischen dem Kleber und dem Anstrich. Der Anstrich wurde hierbei angelöst und verlor seine Festigkeit.

Schadensvermeidung

Wenn ein Kleber eines Wärmedämm-Verbundsystems auf einen Anstrich aufgebracht wird, so ist zunächst die Verträglichkeit zwischen Kleber und Altanstrich zu überprüfen. Dies geschieht mit der geschilderten Haftzugprüfung (s. Bild 7.2-2). Wenn keine Verträglichkeit zwischen dem Kleber und dem Anstrich vorhanden ist, so muss der Anstrich entweder abgebeizt oder mechanisch entfernt werden.

Schadenssanierung

Im vorliegenden Fall wurde das WDVS über denjenigen Flächen, die mit einem Anstrich versehen waren, entfernt. Anschließend wurde der Anstrich entfernt

Bild 7.2-3: Fehlender Haftverbund zwischen Kleber und dem mit einem Farbanstrich versehenen Untergrund

und ein neues WDVS aufgebracht. Eine Sanierung durch nachträgliches Dübeln des WDVS konnte im vorliegenden Fall nicht durchgeführt werden, da die Wärmedämmung aus Mineralfaser-Lamellenplatten bestand.

7.2.3 Nasse Untergründe/Tauwasser

Wenn Untergründe durch langanhaltende Niederschläge bzw. auch aufgrund von Tauwasserbildung derart durchfeuchtet sind, dass die oberflächennahen Poren der Wand mit Wasser gefüllt sind, ist die „Verkrallung" des Klebers in der Porenstruktur der Wand (vgl. Bild 3.6-5) nicht möglich. Die Wand muss vor dem Aufbringen des Klebers hinreichend abgetrocknet sein.

Auch bei stark hydrophobierten Wandoberflächen kann es zu Störungen im Bereich der Verklebungen kommen, weil der Kleber nicht in die Porenstruktur des tragenden Untergrundes eindringen kann (s. Bild 7.2-4). Auch hier ist die Durchführung einer Haftzugprüfung erforderlich, bei der die Haftzugfestigkeit zwischen Kleber und Untergrund zu prüfen ist.

Bild 7.2-4: Glattgeschalte, hydrophobierte Betonoberfläche mit unzureichendem Haftverbund zum Kleber (hier: $\beta_{HZ} << 0{,}08$ N/mm^2)

7.2.4 WDVS auf Holzwerkstoffplatten

Schadensbild

Bei einer größeren Wohnbebauung wurde ein WDVS mit Mineralfaser-Dämmplatten und Leichtputz ausgeführt. Die Außenwände der Gebäude bestanden sowohl aus Spanplatten als auch aus einem sehr dichten, glattgeschalten Beton. Nach einiger Zeit kam es zum Absturz des WDV-Systems. Es wurde entfernt und durch eine neue WDV-Konstruktion ersetzt.

Nach einer weiteren Überprüfung der bereits instandgesetzten Konstruktion wurden wiederum Hohllagen bzw. eine unzureichende Verklebung des WDVS mit dem Untergrund festgestellt. Zur Ermittlung der Haftzugfestigkeit des WDVS am Untergrund wurde an mehreren Stellen das WDVS bis zum Untergrund bzw. bis zur Verklebung eingeschnitten, so dass jeweils eine 20 cm · 20 cm große Versuchsfläche entstand. Auf die Versuchsfläche wurde eine Lasteinleitungsplatte mit aufgeschraubtem Stahlwinkel aufgeklebt. Mit einem geeichten, servomotorisch gesteuerten Haftzugprüfgerät wurde nach dem Aushärten des Klebers die Probefläche über das Stahlprofil bis zum Bruch belastet (s. Bilder 7.2-5 und 7.2-6).

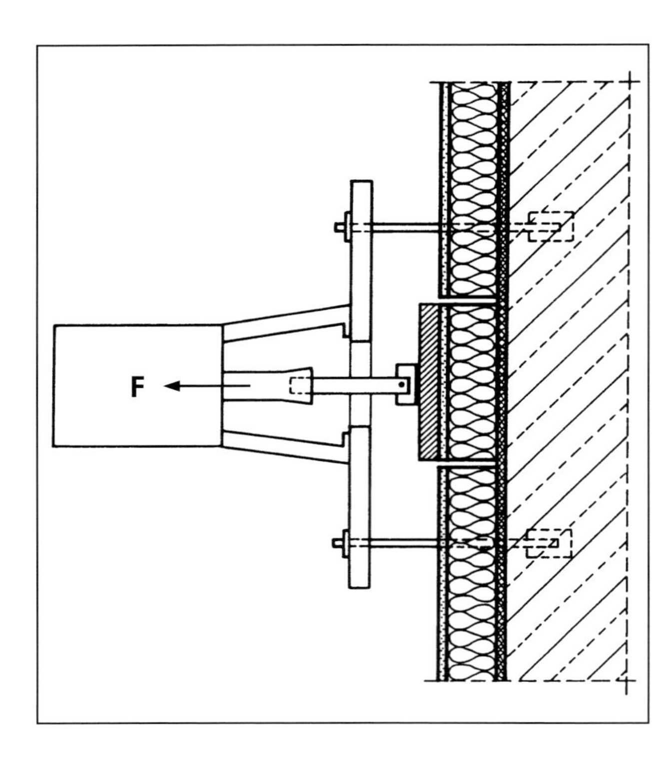

Bild 7.2-5: Prinzipskizze zur Überprüfung der Haftzugfestigkeit des WDVS

Bild 7.2-6: Durchführung eines Haftzugversuches an einem WDVS mit einem Haftzugprüfgerät

Die Prüfgeschwindigkeit betrug 50 N/s. Bei den Untersuchungen wurde festgestellt, dass zum einen der Kleber nicht am Untergrund haftete (s. Bild 7.2-7) und zum anderen die Verklebung auf den Dämmstoffplatten nicht mit ausreichendem Flächenanteil erfolgte (s. Bild 7.2-8). Zudem war es bereichsweise

Bild 7.2-7: Haftverbund zwischen Spanplatte und Kleber unzureichend

Bild 7.2-8: Unzureichende Verklebung zwischen der Dämmplatte und dem Untergrund

Bild 7.2-9: Ordnungsgemäße vollflächige Verklebung. Beim Haftzugversuch trat ein Bruch im Bereich der Wärmedämmplatte auf.

Bild 7.2-10: Wie auch in Bild 7.2-9 haftete der Kleber auf dem Untergrund.

möglich, mit der Hand unter die Dämmstoffplatten zu fassen bzw. man konnte bereichsweise mit einem Zollstock fast vollflächig eine Dämmstoffplatte unterfahren. Nur in wenigen Ausnahmen war die Verklebung vollständig. In diesen Bereichen erfolgte der Bruch bei den Haftzugprüfungen in der Wärmedämmplatte selbst (s. Bild 7.2-9).

Schadensursache

Die Schadensursachen im vorliegenden Fall sind folgende:

- Es besteht zwischen dem Kleber und dem Untergrund keine ausreichende Haftzugfestigkeit (s. hierzu Kapitel 2.10.2).
- Es wurde bereichsweise ein ungeeigneter Kleber verwendet.
- Die aufgetragene Klebefläche ist deutlich zu gering. Entsprechend der bauaufsichtlichen Zulassung hätte die Klebefläche 40 % der Dämmstoffplatte betragen müssen. Ausgeführt wurde eine Klebefläche von i. M. nur ca. 30 % der Dämmstoffplatte.

- Die Dämmplatten wurden bei der Montage nicht in ausreichendem Maße an den Untergrund angedrückt.

Schadensvermeidung

In den bauaufsichtlichen Zulassungen werden Untergründe aus Holzwerkstoffplatten mit dem dazugehörigen Klebern (s. auch Kapitel 2.10.2) geregelt. Aufgrund der unterschiedlichen Farben des Klebers (vgl. Bilder 7.2-7 und 7.2-10) kann geschlossen werden, dass unterschiedliche Kleber verwendet wurden, wovon zumindest einer ungeeignet war.

Bei der Ausführung der Klebearbeiten hätte ein ausreichender Kleberauftrag auf der Wärmedämmplatte sichergestellt werden müssen. Es fiel weiterhin auf, dass die auf die Dämmplatten aufgebrachten Klebewülste teilweise nur ungenügend an den Untergrund angedrückt worden waren. Für eine gute Haftung am Untergrund ist nach dem ersten Ansetzen der Platten durch Andrücken und „Einschwimmen" dafür zu sorgen, dass der Kleber in weiten Bereichen innigen Kontakt zum Untergrund erhält. Dies ist an mehreren Stellen nicht in ausreichendem Maße geschehen.

Schadenssanierung

Um die Standsicherheit des WDVS gegen Windsog auf das geforderte Niveau anzuheben, wurde zunächst geprüft, ob eine nachträgliche Verdübelung des ausgeführten WDVS bis zum tragenden Untergrund (Spanplatten) möglich ist. Zunächst wurde festgestellt, dass der ausgeführte Oberputz bereichsweise eine unzureichende Festigkeit aufwies. Dies mag darauf zurückzuführen sein, dass der Putz während der Frostperiode ausgeführt wurde. Es hatten sich stellenweise „Eisblumen" auf der Putzoberfläche gebildet.

Vorausaussetzung für eine Verdübelung ist weiterhin, dass nicht zu große Hohllagen zwischen den Dämmplatten und dem Untergrund vorhanden sind. Eine nachträgliche Verdübelung solcher Bereiche führt zu einer etwas geringeren Verankerungstiefe der Dübel und es könnte beim Andrücken des von der Wand abstehenden WDVS während der Verdübelung zu Rissbildungen im Putz kommen. Darüber hinaus würden die Erschütterungen beim Einbau von Dübeln in die Spanplatten zu weiteren Schädigungen der ohnehin mangelhaften Verklebung führen. Die Verklebung ist jedoch für die Erhaltung der Funktionstüchtigkeit des Gesamtsystems im Hinblick auf die Rissfreiheit und somit zur Sicherung des Witterungsschutzes zwingend erforderlich. Durch eine nachträgliche Verdübelung wird nur die Windsogsicherheit hergestellt, nicht jedoch die schubfeste Verbindung mit dem Untergrund. Diese Verbindung – in allen bauaufsichtlichen Zulassungen wird deshalb eine Mindestverklebungsfläche von 40 % bezogen auf die Fläche der Dämmstoffplatten gefordert – ist für den Abtrag der Lasten aus Eigengewicht des WDVS und den Beanspruchungen aus hygrothermischer Beanspruchung des WDVS zwingend erforderlich. Es musste daher der Abriss des gesamten Wärmedämm-Verbundsystems auf den Spanplatten empfohlen werden.

7.3 Kleber

7.3.1 Zu geringer Kleberauftrag

Wärmedämmplatten (mit Ausnahme der Lamellenplatten) sind grundsätzlich in der „Wulst-Punkt-Methode“ zu verkleben (s. Bild 7.3-1). Entsprechend den allgemeinen bauaufsichtlichen Zulassungen sind mindestens 40 % der Dämmplatte mit Kleber zu versehen. Der Vorteil dieser Methode besteht darin, dass durch das erforderliche Andrücken der Platte in den Klebemörtel Maßabweichungen und Unebenheiten der Außenwand in gewissen Grenzen ausgeglichen werden können und dass mit Sicherheit immer ein hinreichender Anpressdruck im Bereich des Klebemörtels erzeugt wird. Wird die Mindestklebefläche nicht eingehalten, so ist die Standsicherheit des Wärmedämm-Verbundsystems gefährdet.

Bild 7.3-1: Verklebung nach der „Punkt-Wulst-Methode“. Es sind mindestens 40 % der Dämmplattenfläche mit Kleber zu bestreichen (vgl. Bild 3.2-2)

Schadensbild

Ein Mehrfamilienhaus, dessen Außenwände aus Klinkermauerwerk bestehen, sollte mit einem WDVS bekleidet werden (s. Bild 7.3-2). Während eines Orkans lösten sich die Wärmedämmplatten im Giebelbereich des Mehrfamilienhauses und stürzten ab (s. Bilder 7.3-3 und 7.3-4).

Schadensursache

Die Mineralfaser-Dämmstoffplatten waren nur punktuell verklebt. Der umlaufende Klebewulst an den Plattenrändern fehlte. Es wurde eine zusätzliche Verdübelung mit Dübeln vorgenommen, die an ihrer Oberseite keinen Tellerkopf aufwiesen, so dass die Dämmstoffplatten wegen des fehlenden Tellerkopfes nicht ordnungsgemäß gehalten wurden (s. Bild 7.3-5).

Schadensvermeidung

Das WDVS hätte nach den allgemeinen bauaufsichtlichen Zulassungen ausgeführt werden müssen.

Schadenssanierung

Das WDVS musste vollständig erneuert werden.

Bild 7.3-2: Mehrfamilienhaus vor dem Aufbringen des WDVS

Bild 7.3-3: Bei einem Orkan „weggeflogenes" WDVS (hier im Randbereich)

Bild 7.3-4: Vom gesamten Giebel abgefallene WDV-Platten. Beeindruckend ist die Regelmäßigkeit der Verklebungsstellen.

Bild 7.3-5: Bruchbild im Klebestellenbereich der Dämmplatten. Die Dübel weisen keine Dübelteller auf.

7.3.2 Schaden aufgrund mangelhafter Verklebung der Dämmplatten

Ein ähnlicher Schaden im Bereich eines Hochhauses ist in den Bildern 7.3-6 und 7.3-7 dargestellt. Auch hier wurden die Dämmplatten aus Polystyrol nur punktweise befestigt. Eine Verdübelung wurde nicht vorgenommen. Es wurde während der Verarbeitung der punktuell aufgebrachte Klebemörtel auch nicht hinreichend fest angedrückt, so dass ein ausreichender Haftverbund nicht zustande kam.

Es ist auf jeden Fall sicherzustellen, dass bei einer Verklebung nach der „Wulst-Punkt-Methode“ in der Mitte der Dämmstoffplatten mindestens zwei Klebepunkte vorhanden sind, um einerseits eine ausreichende Haftzugfestigkeit der Dämmplatten am Untergrund sicherzustellen und um andererseits ein Bombieren der Dämmplatten zu vermeiden, da der Wulst das Aufschüsseln und die Klebepunkte das Bombieren verhindern sollen (s. Bilder 7.3-8 bis 7.3-10).

Bild 7.3-6: Hochhaus nach einem Sturm

Bild 7.3-7: Klebestellen des in Bild 7.3-6 dargestellten Gebäudes ohne ausreichenden Anpressdruck

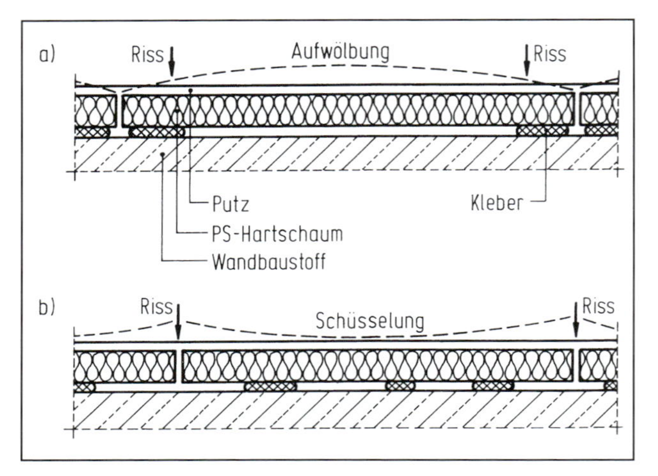

Bild 7.3-8: Verklebungsfehler [82]
a) Fehlende Punktverklebung in Plattenmitte
b) Fehlende Wulstverklebung an den Plattenrändern

Bild 7.3-9: Risse an den Dämmplattenstößen aufgrund einer Verklebung entsprechend Bild 7.3-8

Bild 7.3-10: Bombierte Dämmstoffplatten aufgrund der fehlenden Punktverklebung in der Mitte der Dämmstoffplatten

Wenn während der Verarbeitung der Dämmstoffplatten festgestellt wird, dass eine unzureichende Verklebung vorgenommen wurde, so kann im Nachhinein nach einem Verfahren, wie in den Bildern 7.3-11 bis 7.3-14 dargestellt, eine Verklebung hergestellt werden. Dieses Verfahren eignet sich nach Angaben des Systemanbieters auch bei stark unebenen Untergründen.

Bild 7.3-11: Federnde Plattenkanten deuten auf falsche Verklebung hin [Foto: LOBA Bautenschutz GmbH & Co. KG]

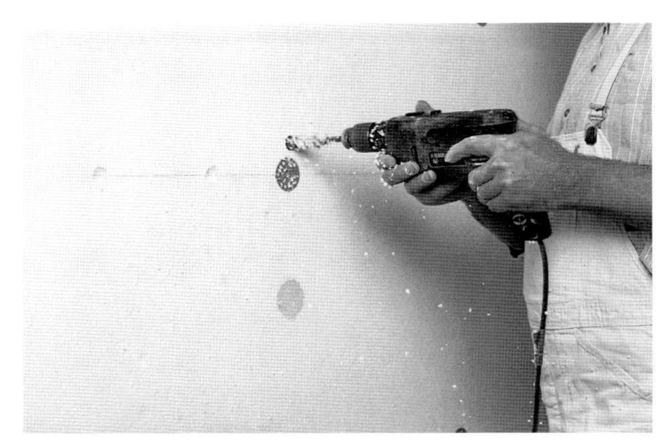

Bild 7.3-12: Besonders an den Plattenstößen wurden die Bohrungen gesetzt, um die nachträgliche Randfestigung zu gewährleisten [Foto: LOBA Bautenschutz GmbH & Co. KG]

Bild 7.3-13: Mit einem Spezialrohr wird der mineralische Klebemörtel injiziert [Foto: LOBA Bautenschutz GmbH & Co. KG]

Bild 7.3-14: Gleich nach der Verfüllung wird das Bohrloch mit dem Polystyrol-Stab verschlossen [Foto: LOBA Bautenschutz GmbH & Co. KG]

7.3.3 Vollflächiger Klebeauftrag bei Mineralfaser-Lamellenplatten

Unbeschichtete Mineralfaser-Lamellenplatten müssen grundsätzlich vollflächig verklebt werden (vgl. Bild 5.4-1). Bei einem vollflächigen Kleberauftrag, der nicht mit einem Kammspachtel aufgezogen wird, besteht die Schwierigkeit, den Kleber so an den Untergrund anzupressen, dass vorhandene Unebenheiten der Wand nicht ausgeglichen werden können. Die Folge sind Versätze an den Stoßfugen der Dämmplatten, die im Regelfall zu Schäden im Bereich des Oberputzes führen können.

7.3.4 Fehlender Anpressdruck

Soweit die Wärmedämmplatten mit einem aufgezogenen Klebemörtel nicht satt an den Untergrund angedrückt werden, kommt eine ausreichende Verklebung mit dem Untergrund nicht zustande. Die Folge sind Hohllagen und eine Gefährdung der Standsicherheit (vgl. auch Bild 7.3-7).

7.3.5 Kleber durch Sandzugabe gestreckt

Wird der Kleber durch Sandzugabe gestreckt, so wird seine Quer- und Haftzugfestigkeit reduziert und die Verklebung beeinträchtigt. Die Folge kann eine Gefährdung der Standsicherheit sein. Die im Gebinde angelieferten Klebemörtel dürfen nicht in ihrer Rezeptur auf der Baustelle verändert werden. In selteneren Fällen ist bekannt geworden, dass die Rezeptur des Klebemörtels vom Systemanbieter im Nachhinein gegenüber der in der bauaufsichtlichen Zulassung zugrunde gelegten Rezeptur verändert worden ist. Es empfiehlt sich, einige Rückstellproben der verwendeten Materialien aufzubewahren, um ggf. die entsprechenden Beweise beibringen zu können.

7.4 Wärmedämmmaterial

7.4.1 UV-Schädigung von Polystyrol-Dämmplatten

Sind Polystyrol-Dämmplatten zu lange ungeschützt der Witterung ausgesetzt, so kann die Oberfläche des Polystyrols durch die UV-Strahlung der Sonne in ihren Festigkeitseigenschaften an ihrer Oberfläche beeinträchtigt werden. Die Haftung des Unterputzes auf der Wärmedämmung wird dann beeinträchtigt.

Die Dämmplatten sollten möglichst umgehend nach ihrer Verlegung mit dem Unterputz versehen werden. Sind UV-Schäden vorhanden, so müssen die Dämmplatten vor dem Aufbringen des Unterputzes gesäubert werden (vgl. Bild 2.7-2).

7.4.2 Mineralfaser-Platten mit unzureichender Querzugfestigkeit

Es sind grundsätzlich nur diejenigen Wärmedämmplatten auf der Baustelle zu verwenden, die von dem Hersteller des Wärmedämm-Verbundsystems aufgrund der ihm erteilten bauaufsichtlichen Zulassungen angeliefert werden. Keinesfalls dürfen Dämmplatten mit anderen Eigenschaften (Querzugfestigkeit, Hydrophobierung u. Ä.) verwendet werden. Eine unzureichende Querzugfestigkeit und eine Durchfeuchtung der Dämmplatten können zu einem Versagen des Wärmedämm-Verbundsystems führen.

Schadensbild

An einem Hochhaus in Berlin wurde ein WDVS ausgeführt. Es wurde u. a. festgestellt, dass die verwendeten Mineralfaser-Dämmplatten nicht zu dem ausgeführten WDVS gehörten. Die Dämmplatten wiesen eine geringere Rohdichte auf und besaßen keine ausreichende Querzugfestigkeit. An der Traufe waren die

Bild 7.4-1: Abgestürzte WDVS-Fläche bei einem Hochhaus

Wärmedämmplatten nicht durch einen Putz geschützt (vgl. Bild 6.4-1). Unter die Traufabdeckung konnte Wasser eindringen. Durch das eindringende Wasser verlor die Mineralfaser-Dämmplatte ihre Querzugfestigkeit, so dass der Außenputz sich auf einer Fläche von rund 50 m² von der Wärmedämmung löste und abstürzte (s. Bild 7.4-1 und Bild 7.4-2). Personenschäden sind nicht entstanden.

Bild 7.4-2: Schadensstelle (Detail zu Bild 7.4-1)

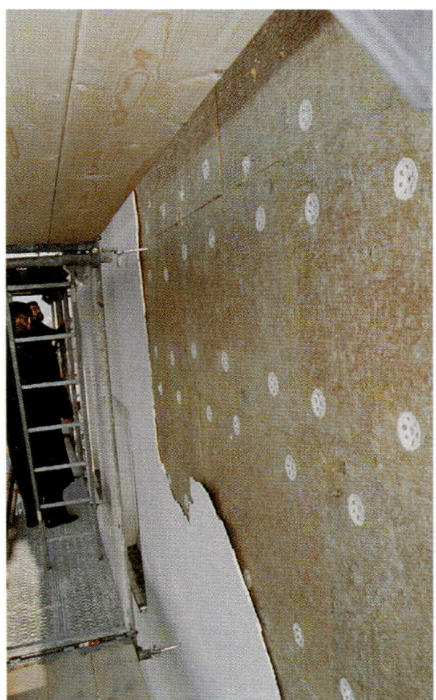

Bild 7.4-3: Von den Mineralfaser-Dämmplatten gelöste Putzschicht. Die Bewehrung der Putzschicht ist nicht durch die Dübelteller gehalten.

Bild 7.4-4: Durch Regen an ihrer Oberfläche geschädigte Mineralfaser-Dämmplatte mit unzureichender Querzugfestigkeit

In Bild 7.4-3 ist die von der Wärmedämmung gelöste Putzschicht erkennbar. Die Bewehrung im Putz war nicht durch die Dübelteller gehalten, so dass der Putz großflächig abstürzte. In Bild 7.4-4 ist die durch den Regen an ihrer Oberfläche hinsichtlich der Haftzugfestigkeit geschädigte Mineralfaser-Dämmplatte erkennbar.

Schadensursache

Die Schadensursache ist hauptsächlich in der Wahl einer unzureichenden, nicht der bauaufsichtlichen Zulassung entsprechenden Mineralfaser-Dämmung zu sehen. Es kommt hinzu, dass im Traufbereich die Dämmplatten an ihrer Stirnseite nicht regensicher geschützt wurden, so dass aufgrund der Durchfeuchtung der Haftverbund zwischen der Dämmplatte und dem Putz aufgehoben wurde.

Schadensvermeidung

Der Schaden hätte vermieden werden können, wenn an der Traufe die Stirnseite der Wärmedämmung durch Putz geschützt und wenn das WDVS entsprechend der allgemeinen bauaufsichtlichen Zulassung ausgeführt worden wäre (keine Mischung der einzelnen Komponenten des WDVS). Der Schaden hätte weiterhin minimiert werden können, wenn das Bewehrungsgewebe im Putz vom Dübelteller überdeckt worden wäre. In diesem Fall wäre bei einem Verlust des Haftverbundes nur ein Teil der Putzfläche abgestürzt, weil die restliche Putzfläche durch das Bewehrungsgewebe von den Dübeln gehalten worden wäre.

Schadenssanierung

Es wurde vorgeschlagen, die gesamte Außenwandfläche des Hochhauses, das mit dem WDVS versehen war, abzutragen und durch ein neues WDVS zu ersetzen. Weiterhin wurde auf eine regensichere Ausbildung des Traufbereiches und auch der Fensterabdeckbleche gedrängt.

7.4.3 Kreuzfugen

Bei der Verlegung von Wärmedämmplatten ist darauf zu achten, dass diese im Verband angeordnet werden. Das muss insbesondere auch an den Gebäudekanten erfolgen, weil es bei der Anordnung der Platten mit Kreuzfugen (s. Bild 7.4-5 a) zu Versprüngen im Bereich des Kreuzungspunktes kommen kann. Versprünge im Wärmedämm-Verbundsystem bedingen eine Veränderung der Dicke im Bereich des Oberputzes, so dass Rissbildungen nicht ausgeschlossen werden können. Außerdem sind Stoßfugen im Bereich der Ecken von Öffnungen (s. Bild 7.4-5 b) nach Möglichkeit zu vermeiden.

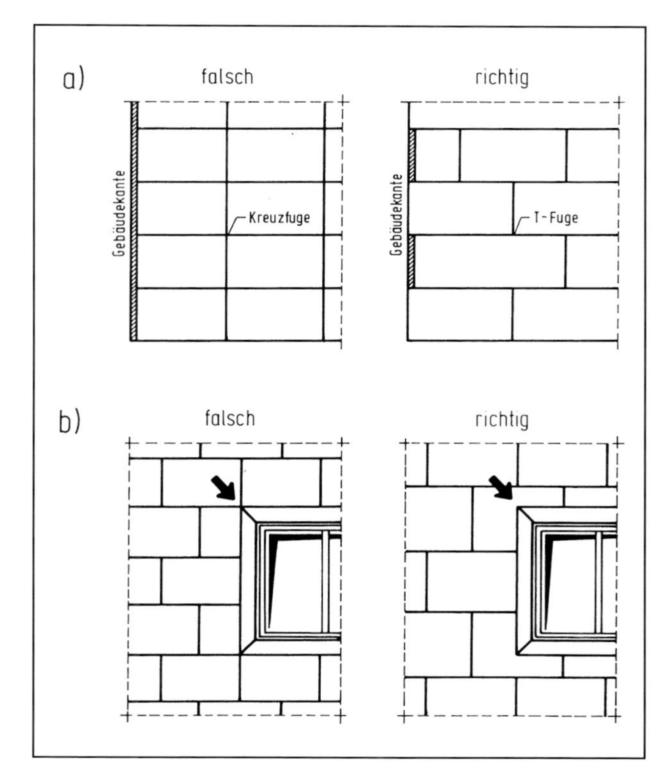

Bild 7.4-5: Verlegung der Wärmedämmplatten im Verband
a) an Bauwerkskanten [82]
b) im Bereich von Öffnungsixeln [Foto: Elastolith Dämmsysteme GmbH]

7.4.4 Klaffende Stoßfugen

Die Fugen zwischen einzelnen Wärmedämmplatten sind dicht zu stoßen. Im Bereich offener Stoßfugen kann Putzmörtel in die Fugen eindringen und sowohl zu einer Kerbrissbildung als auch zu zwangsbedingten Rissen führen, die aufgrund der Verformungsbehinderung der Putzschicht entstehen können (s. Bilder 7.4-6 bis 7.4-8). Hinsichtlich der Verursachung offener Stoßfugen durch Verlegung der Dämmplatten bzw. Schwinden der Dämmplatten wird auf Kapitel 3.2 und dort insbesondere auf Bild 3.2-4 verwiesen.

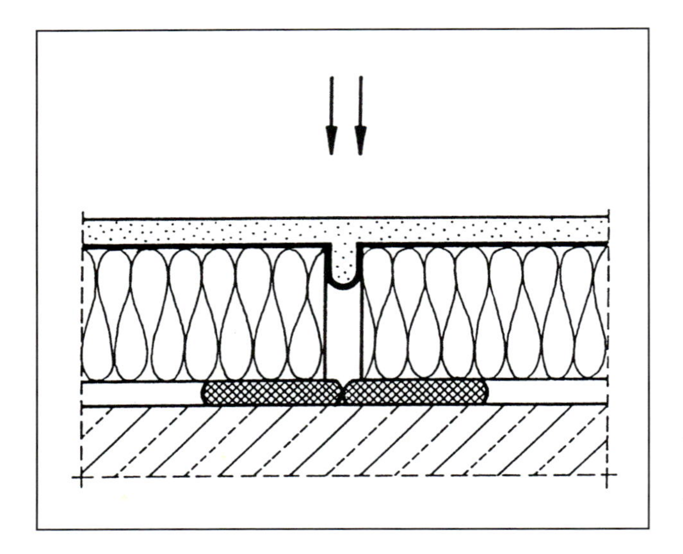

Bild 7.4-6: Offene Stoßfugen zwischen den Wärmedämmplatten führen zu Rissbildungen im Putz [82]

Bild 7.4-7: Nicht dicht gestoßene Dämmplatten mit der Folge einer Rissbildung

Bild 7.4-8: Offener Dämmplattenstoß (ca. 2 cm breit)

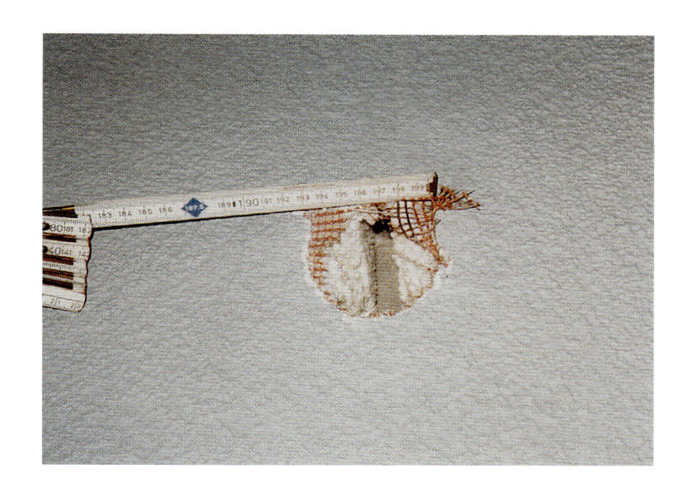

7.4.5 Höhenversatz im Bereich der Stoßfugen zwischen den Wärmedämmplatten

Ein Höhenversatz im Bereich der Stoßfugen wird im Regelfall durch ein Verziehen der Putzschicht ausgeglichen: Im Bereich des Versatzes wird zwangsläufig die Putzdicke verringert, so dass es an diesen Stellen verstärkt zu einer Rissbildung kommen kann (s. Bild 7.4-9). Bei Vorliegen eines Höhenversatzes im Bereich von Polystyrol-Platten muss deswegen vor dem Aufbringen der Putz-

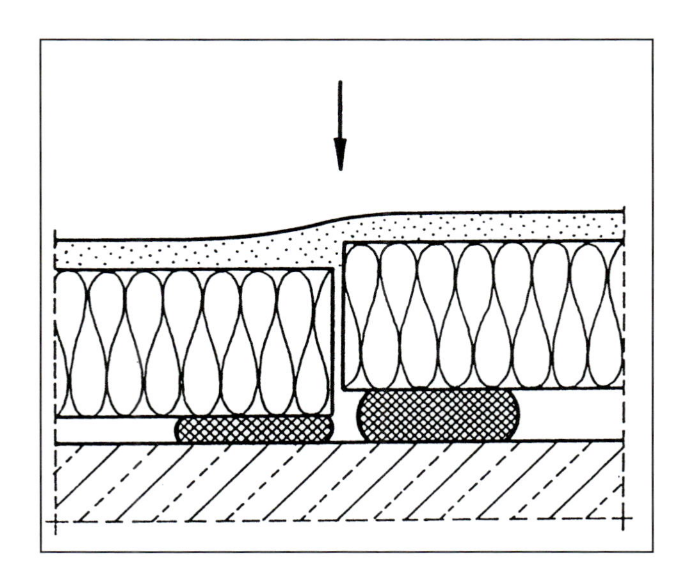

Bild 7.4-9: Mögliche Rissbildung im Putz infolge eines Höhenversatzes der Dämmplatten [82]

schicht durch Abschleifen ein weitgehend ebener Untergrund geschaffen werden. Eine praktikable Lösung beim Höhenversatz von Mineralfaser-Platten ist hier nicht bekannt. Es besteht allenfalls die Möglichkeit, den Höhenversatz durch eine vorab aufgebrachte Beispachtelung auszugleichen.

7.5 Dübel

Es dürfen nur Dübel entsprechend den bauaufsichtlichen Zulassungen für das jeweilige WDVS verwendet werden. Es ist insbesondere auf die vorgeschriebene Größe des Dübeltellers zu achten, um nicht die Standsicherheit des WDVS zu gefährden.

Beim Setzen der Dübel ist darauf zu achten, dass der richtige Bohrdurchmesser gewählt wird und dass die Bohrtiefe 1 cm größer ist als die Länge des Dübels. Um einen einwandfreien Halt der Dübel zu gewährleisten, ist der Bohrerverschleiß zu beachten und es ist das Bohrmehl durch Absaugen aus den Bohröffnungen zu entfernen. Das Mehl würde in den Bohrlöchern den kraftschlüssigen Reibschluss zwischen den Dübeln und der Bohrwandung vermindern.

Die Dübelteller sind bündig mit der Dämmplattenoberfläche zu setzen (s. Bild 7.5-1), um ein Abzeichnen der Dübelteller im Putz zu vermeiden (s. Bild 7.5-2). Bei Dübeln, die das Bewehrungsgewebe umfassen, ist der Deck- bzw. Oberputz entsprechend dick auszuführen und es muss der Putz wirksam hydrophobiert sein. Wird der Ober- und auch der Unterputz nicht wirksam hydrophobiert und liegt der Dübelteller über den Dämmstoffplatten, wird die Putzdicke über dem Dübelteller geringer. Der Putz über den Dübeln trocknet dann aufgrund seiner dort geringeren Masse nach einem Schlagregen schneller ab und es zeich-

Bild 7.5-1: Bündig mit der Wärmedämmung gesetzte Dübelteller, wenn auch die Dübelanordnung über die Dämmplattenfläche unzweckmäßig ist

nen sich die Dübelteller während eines längeren Zeitraumes als helle Flecken ab (s. Bild 7.5-2). Zur Schadensbeseitigung kann der Putz nachträglich hydrophobiert werden, wobei in der Regel die Haltbarkeit der Hydrophobierung mit zehn Jahren angenommen wird. Die Anzahl der erforderlichen Hydrophobierungsanstriche kann dann unter Zugrundlegung einer Lebensdauer des WDVS von 30 Jahren (vgl. Kapitel 2.7.5) abgeschätzt werden.

Bild 7.5-2: Sich abzeichnende Dübelteller. Die Dübelteller wurden nicht bündig mit der Wärmedämmung angeordnet.

7.6 Bewehrter Unterputz

7.6.1 Stoßausbildung des Gewebes (Überlappung des Gewebes)

Das Gewebe im Unterputz hat die Aufgabe, Rissbildungen im Putz zu vermeiden. Dazu ist es erforderlich, dass eine hinreichende Überlappung des Gewebes im Bereich der Stöße vorhanden ist (Überlappung ca. 10 cm). Fehlt diese Überlappung, so können die Zugkräfte von einer Bewehrungsbahn zur anderen nicht übertragen werden: Die Folge sind Risse.

Es wurde wiederholt beobachtet, dass es beim Herabrollenlassen der Gewebebahn von der Attika aus bei leicht schrägen Fixierungen der abrollenden Gewebebahnen im unteren Bereich des Gebäudes zu unzureichenden Überdeckungsbreiten gekommen ist (s. Bilder 7.6-1 und 7.6-2). In Bild 7.6-3 ist ebenfalls eine feh-

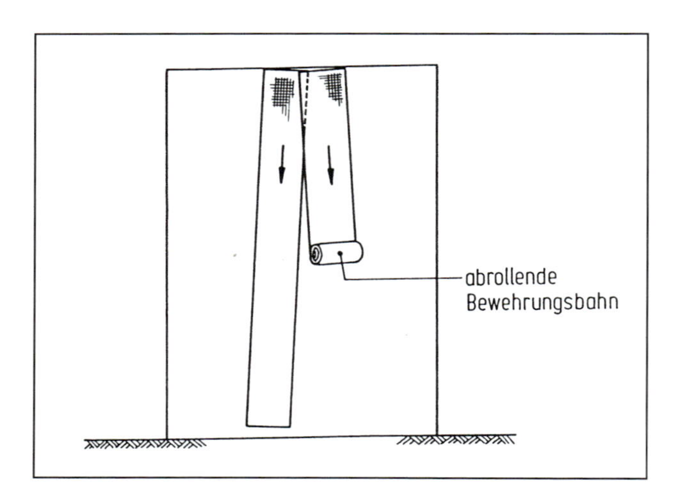

Bild 7.6-1: Unzureichende/fehlende Überdeckung der Bewehrungsbahnen aufgrund des Abrollens der Gewebebahn von der Attika aus mit der Folge von Rissen im Putz (nur im unteren Bereich des Gebäudes)

Bild 7.6-2: Risse im Putz aufgrund der fehlenden Überdeckung zwischen den Bewehrungsbahnen

Bild 7.6-3: Risse im Putz aufgrund fehlender Überdeckung zwischen den Bewehrungsbahnen; außerdem sind unterschiedliche Bewehrungsbahnen (weiß und gelb) verwendet worden.

lende Überlappung der Bewehrungsbahnen dargestellt. Hinzu kommt, dass hier Bewehrungsbahnen unterschiedlichen Fabrikats verwendet wurden.

7.6.2 Diagonalbewehrung im Bereich von Öffnungsecken

Im Bereich von Öffnungen entstehen Kerbspannungen. Zur Aufnahme dieser diagonal gerichteten Kerbspannungen ist es zur Vermeidung von Rissen erforderlich, eine Zulagebewehrung (Gewebebahn) anzuordnen. In Bild 7.6-4 a und b ist ein charakteristischer Riss bei fehlender Diagonalbewehrung dargestellt.

In den Bildern 7.6-5 und 7.6-6 ist das Verlegen der Diagonalbewehrung dargestellt, wobei aus Gründen der Übersichtlichkeit die flächige Gewebebewehrung nicht dargestellt wurde. Die flächige Bewehrung wird zusammen mit der Diagonalbewehrung in die untere (erste) Lage des Unterputzes verlegt, anschließend wird die zweite Lage des Unterputzes „frisch in frisch" aufgebracht.

Bei der Beurteilung von WDVS, bei denen aus welchen Gründen auch immer, auf die Anordnung einer Diagonalbewehrung verzichtet wurde und bei denen nach mehrjähriger Standzeit dennoch keine Risse im Putz aufgetreten sind, entsteht die Frage, ob der mangelhafte Putz vollflächig überputzt oder abgetra-

Bild 7.6-4: Rissbildung aufgrund einer fehlenden Diagonalbewehrung und aufgrund der fehlenden Ausdehnungsmöglichkeit der Fensterabdeckbleche

gen werden muss. Im Kapitel 4.1.1 sind Hinweise für die Beurteilung gegeben. Danach kann in der Regel bei einer fehlenden Diagonalbewehrung und einem nach mehrjähriger Standzeit rissfrei gebliebenen Putz davon ausgegangen werden, dass der Putz auch in der Zukunft rissfrei bleiben wird. Gleichwohl ist das Fehlen der Diagonalbewehrung als ein Mangel anzusehen und zumindest mit einer Wertminderung abzugelten.

Bild 7.6-5: Anbringen der Diagonalbewehrung in den mit einem Zahnspachtel aufgetragenen Unterputz. Die in der Wandfläche anzuordnende Gewebebewehrung ist nicht dargestellt [Foto: ispo GmbH].

Bild 7.6-6: Die in Bild 7.6-5 dargestellte Diagonalbewehrung nach dem Aufbringen der zweiten Lage des Unterputzes. Die in der Wandfläche anzuordnende Gewebebewehrung ist nicht dargestellt [Foto: ispo GmbH].

7.6.3 Putzüberdeckung des Gewebes

Die im Putz vorhandenen Zugkräfte werden von der Glasgewebebewehrung aufgenommen. Zur Übertragung der im Putz wirkenden Kräfte in die Bewehrung ist eine allseitige Überdeckung des Gewebes mit Putz zwingend erforderlich. Fehlt diese Überdeckung, so können die Zugkräfte nicht vollständig bzw. überhaupt nicht aufgenommen werden: Die Folge sind Risse.

Die notwendige Art zur Sicherstellung eines hinreichenden Verbundes zwischen dem Putz und der Gewebebahn besteht darin, dass zunächst eine erste Lage des Unterputzes auf die Wärmedämmung aufgebracht wird, in die dann das Gewebe eingedrückt wird. Anschließend wird die obere Lage des Unterputzes „frisch in frisch" aufgebracht (vgl. Bild 4.1-1). Wird nicht „frisch in frisch" gearbeitet, so kann es zu einer Trennschichtbildung zwischen den einzelnen Putzlagen kommen. Weiter ist darauf zu achten, dass das Gewebe ausreichend in den ersten Unterputzauftrag eingearbeitet wird, um eine Trennlagenwirkung auszuschließen (s. Bild 7.6-7).

Bild 7.6-7: Trennschicht zwischen erster und zweiter Lage des Unterputzes im Bereich der Bewehrung

7.6.4 Falten im Gewebe

Soweit das Gewebe nicht satt, straff und faltenfrei in den Putz eingebracht wird, können Zugkräfte nicht vom Gewebe aufgenommen werden. Falten im Gewebe sind vor Aufbringen der zweiten Lage des Unterputzes aufzuschneiden und durch eine Zusatzbewehrung zu sichern.

7.7 Gewebe

Entsprechend den bauaufsichtlichen Zulassungen müssen die Bewehrungsbahnen eine hinreichende Alkaliresistenz aufweisen. Im Rahmen von stichprobenartig durchgeführten Eignungsprüfungen wurde festgestellt, dass die Anforderungen der bauaufsichtlichen Zulassungen nicht immer eingehalten worden sind (vgl. Bild 2.7-1). Es muss in diesem Zusammenhang auch darauf hingewiesen werden, dass die Funktionsfähigkeit der Bewehrung – insbesondere bei WDVS, die auf Großtafelbauten fugenlos aufgebracht werden – dauerhaft gegeben sein muss, weil dort die Zugfestigkeit des bewehrten Putzes in hohem Maße zur Fugenüberbrückung ausgenutzt wird. Auch bei WDVS mit keramischen Belägen muss die Bewehrung des Unterputzes alkaliresistent sein.

7.8 Deckputz/Schlussbeschichtung

7.8.1 Fehlender Voranstrich/Grundierung

Um einen wirksamen Haftverbund zwischen dem Unterputz und dem Oberputz sicherzustellen, kann es – je nach System – erforderlich sein, einen Voranstrich bzw. einen Grundanstrich auf den Unterputz aufzubringen, um die Haftung der beiden Putzschichten zu verbessern. Diese Maßnahme ist insbesondere dann anzuraten, wenn die Zeitspanne zwischen dem Herstellen der beiden Putzschichten groß ist. Fehlt ein hinreichender Haftverbund zwischen den einzelnen Putzschichten, so kann zunächst Wasser kapillar zwischen die Schichten eindringen und an den Stellen, an denen der Haftverbund unzureichend ist bzw. an den Stellen, an denen der Haftverbund vollständig aufgehoben ist, kann es dann zu einer Ansammlung von Wasser kommen.

Schadensbild

Bei einem mehrgeschossigen Wohngebäude wurde auf der obersten Dachterrasse ein Notüberlauf unzureichend an die vorhandene Terrassenabdichtung angedichtet (s. Bild 7.8-1). An dieser Stelle konnte Wasser von der Terrasse in die Wand eindringen.

In Bild 7.8-2 sind beulenartige Verformungen des Oberputzes dargestellt. Beim Anstechen der Putzauswölbungen floss Wasser heraus. In Bild 7.8-3 ist der mangelhafte Haftverbund zwischen den einzelnen Putzlagen deutlich erkennbar.

Bild 7.8-1: Gebäude mit WDVS. Der Notüberlauf der Terrasse ist nicht ordnungsgemäß an die Terrassenabdichtung angeschlossen, so dass Niederschlag in die Außenwandkonstruktion eindringen konnte.

Bild 7.8-2: Ausbeulungen im WDVS zwischen Unter- und Oberputz (vgl. Bild 7.8-1)

Bild 7.8-3: Fehlender Haftverbund zwischen Unter- und Oberputz (vgl. Bilder 7.8-1 und 7.8-2)

Schadensursache

Das im Bereich des Notüberlaufes in die Außenwand eindringende Wasser konnte sich aufgrund des mangelhaften Haftverbundes zwischen dem Unterputz und dem Oberputz ausbreiten. Das Wasser bewirkte eine Trennung zwischen den einzelnen Putzschichten. Für die Qualität des Oberputzes spricht, dass er in der Lage war, trotz der anstehenden Wassersäule die vorhandenen Zugspannungen aufzunehmen.

Schadensbegrenzung

Es hätte zwischen den beiden Putzschichten vorab ein vom WDVS-Hersteller empfohlener Grundierungsanstrich zur Verbesserung des Haftverbundes aufgebracht werden müssen.

Schadensbeseitigung

Der Oberputz konnte vollflächig abgetragen werden. Nach Aufbringen eines Grundanstriches wurde ein neuer Oberputz aufgebracht. Von einem ähnlichen Schadensfall berichtet Schulz in [72]. Im Folgenden wird aus [72] zum Teil wörtlich zitiert:

Schadensbild

Auf eine vorhandene Außenwand aus Kalksandstein wurde ein WDVS aufgebracht (Schichten 1 bis 4 in Bild 7.8-4). Nach etwa zehn Jahren sollen erhebliche Durchfeuchtungen im Bereich der Außenwand vorgekommen sein. Darauf brachte man eine zusätzliche Beschichtung auf die vorhandene Außenwandkonstruktion auf. Die Beschichtung wurde wie folgt ausgeführt:

- Reinigung der Putzschicht mit Wasser, dem ein fungizider Zusatz beigegeben wurde,
- Putzgrund 1/3 wasserverdünnt,
- gummielastische Zwischenbeschichtung,
- zwei Deckanstriche.

Schon nach einem Jahr entstanden im Bereich der neuen Beschichtung (Schicht 5) Ausbeulungen, die auf der gesamten Außenwand sporadisch verteilt waren und allmählich größer wurden (Bild 7.8-5).

Die Größe der gelösten Beschichtungen betrug stellenweise bis zu 0,5 m². Drei Jahre nach der aufgebrachten Beschichtung (Schicht 5) stellte man – trotz sommerlichen Wetters – Wasser in den beutelförmigen Taschen fest. Auch in den Fugen der Dämmplattenstöße zeigte sich Wasser.

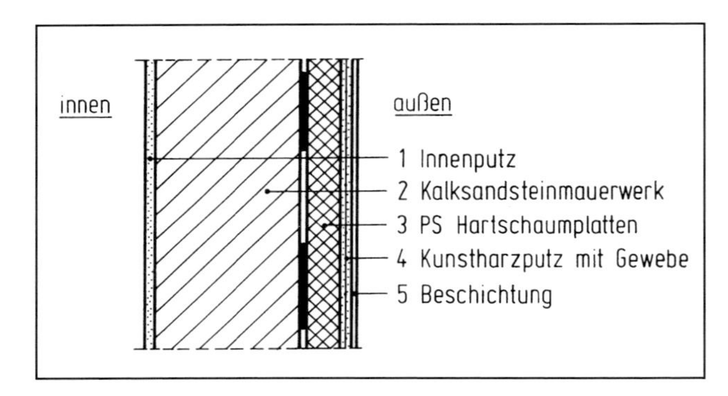

Bild 7.8-4: Schichtenaufbau einer Außenwand [72]. – Die Beschichtung (5) wurde nach ca. zehn Jahren auf den bewehrten Kunstharzputz (4) aufgebracht.

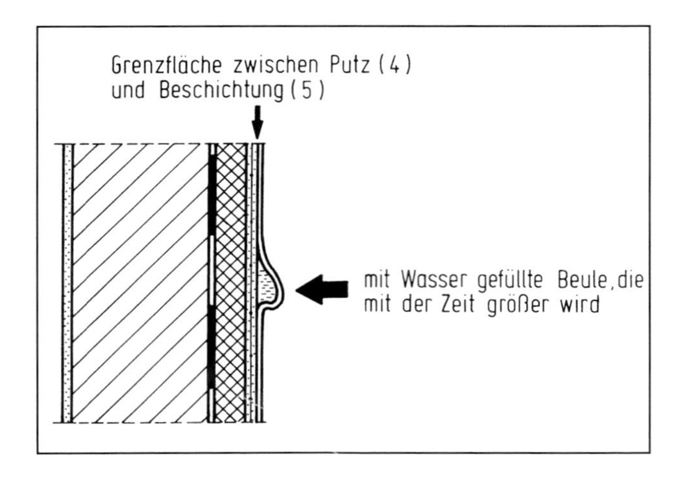

Bild 7.8-5: Beulenbildung in dem in Bild 7.8-4 dargestellten WDVS zwischen den Schichten 4 und 5 [72]

Schadensursache

Da sich die Beulen zwischen den beiden Beschichtungen – nämlich zwischen Schicht 4 und 5 gemäß Bild 7.8-4 – gebildet hatten, vermutete man zunächst, dass die äußere Beschichtung zu dampfdicht sei. Eine Untersuchung ergab aber nur eine diffusionsäquivalente Luftschichtdicke von s_d = 0,57 m für die Beschichtung. Nach dem Glaser-Verfahren errechnet sich damit eine Tauwassermenge im Winter von etwa 90 g/m², welcher eine sommerliche Verdunstungsmenge von ca. 820 g/m² gegenübersteht, so dass der Schichtenaufbau feuchtetechnisch als unbedenklich angesehen werden konnte.

Die entscheidende Schadensursache ist vielmehr darin zu sehen, dass die Oberfläche der ursprünglichen Beschichtung beim Aufbringen der neuen Schicht 5 nicht oder nicht richtig für die neue Beschichtung vorbereitet worden war. Deshalb haftete die neue Beschichtung nicht ausreichend am Untergrund. Zweitens markierten sich Körner der alten Beschichtung als Pickel in der neuen Beschichtung. Diese hatte man nicht abgestoßen, so dass die neue Beschichtung mit zwar ansonsten ausreichender mittlerer Dicke, aber im Bereich der Körner zu dünn war (s. Bild 7.8-6).

Im Bereich der „Fehlstellen" in der neuen Beschichtung (s. Bild 7.8-6) konnte Wasser kapillar zwischen der neuen und der alten Beschichtung eindringen. Zwischen den Schichten wurde ein dauernd feuchtes Milieu erzeugt, unter dessen Einwirkung der Putz sich ablöste.

Schadensvermeidung

Der Putzuntergrund hätte vor dem Aufbringen der Neubeschichtung wie folgt vorbereitet werden müssen:

- Abstoßen von Putzkörnern
- Aufbringen eines geeigneten Haftvermittlers.

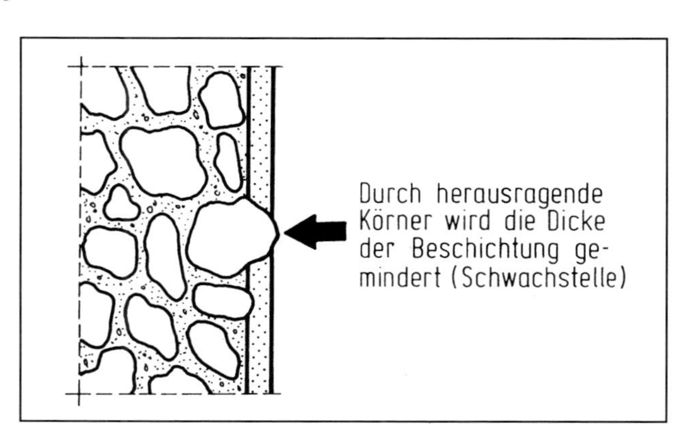

Bild 7.8-6: Schwachstellen in der Beschichtung (Schicht 4) durch die aus dem Kunstharzputz (4) herausragenden Zuschläge [72] (vgl. Bilder 7.8-4 und 7.8-5)

Schadenssanierung

Es boten sich drei Sanierungsmöglichkeiten an:

1. Die obere Beschichtung – soweit möglich – beseitigen und eine neue Beschichtung mit eingearbeiteter Bewehrung vorsehen.
2. Das gesamte WDVS erneuern.
3. Die vorhandene mangelhafte Konstruktion wird belassen (man spart damit erhebliche Beseitigungskosten). Ein neues WDVS wird mit ausreichender Dämmschichtdicke und mit Dübeln aufgebracht.

7.8.2 Ausführung des Oberputzes/Deckputzes

Bei der Ausführung des Oberputzes ist darauf zu achten, dass die für das Putzgewerbe maßgeblichen klimatischen Randbedingungen eingehalten werden: Zu hohe Temperaturen führen zu einem zu schnellen Austrocknen und zu Rissbildungen, weil die durch das Schwinden entstehenden Zugspannungen auf einen noch nicht ausreichend erhärteten Oberputz wirken. Auch zu niedrige Temperaturen können zu Schäden führen. In Bild 7.8-7 sind feine spinnennetzartige Risse im Oberputz erkennbar (so genannte Eisblumen), die auf eine Frostbeanspruchung während oder kurz nach der Herstellung des Oberputzes zurückzuführen sind. Die Risse waren auch auf der Rückseite des Putzes vorhanden (s. Bild 7.8-8). Im Bereich der Rissbildungen kann es zu Putzabplatzungen kommen (s. Bild 7.8-9), die auf eindringendes Wasser und anschließender Frosteinwirkung zurückzuführen sind.

Bild 7.8-7: Krakeleeartige Risse (Eisblumen) im Putz nach Frostbeanspruchung während der Verarbeitung

Bild 7.8-8: Putzbruchstück aus Bild 7.8-7 – die sternförmigen Rissbildungen sind auch auf der Rückseite des Putzes vorhanden

Bild 7.8-9: Giebelwand des Wohnhauses mit den Rissbildungen entsprechend Bild 7.8-7

Bild 7.8-10: Rissbildungen im Oberputz sowie lokale Abplatzungen; der Oberputz weist deckungsgleich zu Rissen im Oberputz Feuchteschäden auf

Dem Oberputz kommt neben der architektonischen Gestaltung auch die Aufgabe des Witterungsschutzes zu. Aus diesem Grund ist der Oberputz zu hydrophobieren und mit einer ausreichenden Dicke auszuführen. Wenn die Dicke des Oberputzes geringer ist als der maximale Korndurchmesser des Putzes, kann es beim Verreiben dazu kommen, dass Fehlstellen im Oberputz vorhanden sind. In diesem Fall ist es erforderlich, die Dicke des Oberputzes zu vergrößern.

Bei zu geringen Schichtdicken des Oberputzes kann es auch vorkommen, dass die Dübelteller durchscheinen (s. Bilder 7.8-11 und 7.5-2). Das Durchscheinen

Bild 7.8-11: Sich abzeichnende Dübelteller aufgrund zu geringer Dicke des Oberputzes

der Dübelteller wird verstärkt nach Regenfällen wahrgenommen, wenn die Putzschichtdicken zu gering ausgeführt werden und wenn der Putz darüber hinaus nicht hydrophobiert ist. Im Bereich der Dübelteller trocknen die dann geringeren Dicken der Putzschicht im Vergleich zu den übrigen Wandflächen schneller ab, so dass sich die „trockneren" Stellen im Putz hell markieren (s. Bild 7.8-11).

7.9 Keramische Beläge

7.9.1 Unterputz und Ansetzmörtel

Zu den wenigen wissenschaftlich abgesicherten Langzeiterfahrungen an WDVS mit keramischen Bekleidungen gehören die ab 1985 durchgeführten Untersuchungen des Fraunhofer-Instituts für Bauphysik in Holzkirchen. In der Freilandversuchsstelle wurden Untersuchungen an Versuchswänden und an einem Versuchshaus vorgenommen. Nach ca. zehn Jahren Standzeit war die keramische Bekleidung an einer nach Westen orientierten Prüfwand großflächig abgefallen (s. Bild 7.9-1).

Die Untersuchungen des Fraunhofer-Instituts zeigen deutlich, dass die Feuchte- und Wasseraufnahme maßgebend für die Haftzugfestigkeit des hier gleichsam

Bild 7.9-1: Großflächige Ablösung keramischer Bekleidungen von einem WDVS aufgrund eines ungeeigneten Unterputzes und Ansetzmörtels (mineralischer Leichtputz) [Foto: Helmut Künzel]

Bild 7.9-2: Regen, der durch die Mörtelverfugung der Keramik hindurchtrat, bewirkte unter Frosteinwirkung eine Gefügezerstörung des als Ansetzmörtel verwendeten mineralischen Leichtputzes – insbesondere im Bereich der Fugen (Detail aus Bild 7.9-1) [Foto: Helmut Künzel]

als Unterputz und Ansetzmörtel verwendeten Leichtmörtels war. Interessant bei diesen Untersuchungen war weiterhin, dass ein zwecks Erzielung höherer thermischer Beanspruchung rot gestrichener Teil der Keramik keine Ablösungen aufwies, obwohl diese rot gestrichene keramische Bekleidung nach Westen ausgerichtet war. Der durch den Anstrich hervorgerufene bessere Regenschutz wirkte sich günstig auf die Haftzugfestigkeit aus. Weiterhin wurde festgestellt, dass die aufgetretene Frostschädigung im Bereich der abgelösten Bekleidungsschicht am stärksten im Bereich der Mörtelfugen auftrat (s. Bild 7.9-2).

Die Untersuchungen lassen folgende Rückschlüsse zu:

- Schäden an keramischen Bekleidungen treten ggf. erst nach längerer Standzeit auf ($T > 10$ Jahre).
- Eine Verbesserung des Regenschutzes – insbesondere im Fugenbereich – erhöht die Dauerhaftigkeit.
- Der Unterputz und der Ansetzmörtel im Bereich der keramischen Bekleidung müssen aus einem tragfähigen und wasserabweisenden Unterputz bestehen; mineralische Leichtputze sind hierfür nicht geeignet.

7.9.2 Fugenmörtel

Die Verfugung keramischer Platten stellt einen Problempunkt in zweierlei Hinsicht dar:

- Zusammensetzung des Fugenmörtels
- Ausführung der Verfugungsarbeiten.

Sowohl der Fugenmörtel als auch der Ansetzmörtel dürfen einen nicht zu hohen Anteil an freiem Kalk enthalten, um „Ausblühungen" dieser Bestandteile zu vermeiden (s. Bild 7.9-3).

Bei der Ausführung von keramischen Außenwandbekleidungen gilt, dass diese Arbeit nur von Fliesenlegern ausgeführt werden soll. Da dies in der Praxis leider häufig nicht der Fall ist, zählt die Verfugung zu den anteilig größten Schadens-

Bild 7.9-3: Kalkausblühungen infolge eines zu kalkreichen Fugen- und Ansetzmörtels

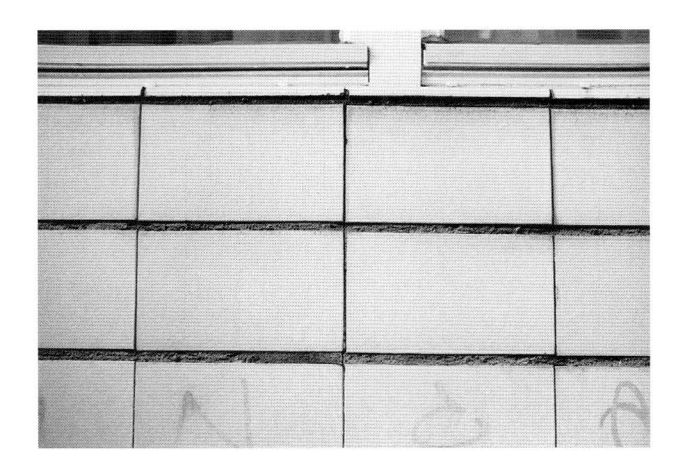

Bild 7.9-4: Mangelhafte Fugenausbildung (unterschiedliche Fugenbreiten)

schwerpunkten bei keramischen Außenwandbekleidungen. Eine schlecht ausgeführte Verfugung stellt nicht nur eine optische Beeinträchtigung der Außenwandbekleidung dar, sondern sie gefährdet auch die Dauerhaftigkeit des Gesamtsystems. In Bild 7.9-4 ist ein WDVS mit einer keramischen Bekleidung und einer mangelhaften Verfugung dargestellt: Die Breite der Fugen ist ungleichmäßig und der Fugenmörtel sandet ab und weist Hohlstellen sowie Risse auf.

7.9.3 Rissbildung in der keramischen Bekleidung/Anordnung von Dehnungsfugen

Risse in der Bekleidungsschicht folgen häufig dem Fugenverlauf, können aber bei keramischen Materialien geringerer Festigkeit auch durch die Keramik verlaufen. Das in Bild 7.9-5 a und b dargestellte WDVS mit keramischen Bekleidungen gehört mit dem Ausführungsjahr 1984 zu den ältesten registrierten Wärmedämm-Verbundsystemen dieser Art.

Bei diesem WDVS mit Ziegelriemchenbekleidung wurden keine Dehnungsfugen entlang der vertikalen Gebäudekante angeordnet. Aufgrund der hier eingesetzten schubsteifen Wärmedämmung aus Polystyrol mit einer Dicke von 50 mm weist das System eine sehr hohe Schubsteifigkeit auf. Unter hygrothermischer Beanspruchung können somit große Schubspannungen in der Bekleidungsschicht entstehen. Aufgrund der fehlenden Dehnungsfuge im Bereich der ver-

a)

b)

Bild 7.9-5: Riemchenbekleidung auf WDVS
a) Rissbildung infolge fehlender Dehnungsfugen an den vertikalen Gebäudekanten
b) „Winkelriemchen“ (Detail zu Bild 7.9-5 a)

tikalen Gebäudekante ist durch die Behinderung der Verformung ein durchgehender Trennriss aufgetreten (s. Bild 7.9-5a).

Die hier eingesetzten „Winkelriemchen" sind auf Höhe der Massivwand abgeschert worden. An einer anderen Stelle ist der Riss versetzt und führt durch die Stoßfugen im Mörtel zwischen dem Riemchen (s. Bild 7.9-5b). Der Einsatz von „Winkelriemchen" ermöglicht zwar den optisch gewünschten Eindruck eines zweischaligen, massiven Wandaufbaus. Es wurden aber die thermisch bedingten Verformungen behindert, so dass die entstehenden Zwangsbeanspruchungen den Riss verursachten. Bei der Verwendung von Riemchen mit geringer Dicke gilt jedoch noch zwingender als bei einer Vorsatzschicht aus Verblendern, dass Dehnungsfugen im Bereich der Gebäudekanten anzuordnen sind. Die Dehnungsfuge kann wie im Mauerwerksbau in 11,5 cm Abstand von der Gebäudekante angeordnet werden und liegt damit bei einer Dämmstoffdicke von mindestens 80 mm etwa in Höhe der Massivwand.

7.9.4 Keramische Bekleidung auf Mineralfaser-Wärmedämmung

In Bild 7.9-6 ist die abgelöste Bekleidungsschicht von einer Mineralfaser-Wärmedämmung dargestellt. Bei dem hier vorhandenen Schadensfall lag eine hohe hygrothermische Beanspruchung vor: Über konstruktive Fehlstellen war Feuch-

Bild 7.9-6: Großflächige Ablösung der Bekleidungsschicht von der Mineralfaser-Dämmung

tigkeit in die Außenwandkonstruktion eingedrungen. Verursacht wurde der Schaden durch eine unzureichende Beständigkeit der hier verwendeten Mineralfaser-Dämmplatten. Es kam hinzu, dass Dehnungs- und Feldbegrenzungsfugen fehlten, so dass eine hohe Schubbeanspruchung zwischen Bekleidung und Dämmschicht auftrat. Eine Verdübelung durch das Gewebe der Unterputzschicht wurde nicht vorgenommen, so dass sich die komplette Bekleidungsschicht von der Wärmedämmung einschließlich Unterputz ablöste. Es lag eine Gefährdung der Standsicherheit vor.

Der Schaden hätte durch folgende Maßnahmen vermieden werden können:

- Bei Mineralfaser-Dämmplatten muss die Beständigkeit gegenüber einer hygrothermischen Beanspruchung nachgewiesen werden [44]. Es sind Feldbegrenzungsfugen in relativ engen Abständen erforderlich. Mineralfaser-Dämmplatten müssen verklebt werden. Der Unterputz ist durch das Gewebe hindurch mit dem Untergrund zu verdübeln.
- Für WDVS mit keramischen Bekleidungen empfiehlt sich anstelle der normalen Mineralfaser-Dämmplatten die Verwendung von Mineralfaser-Lamellen oder von Dämmplatten aus Polystyrol.

Weitere Hinweise zur Anordnung von Feldbegrenzungsfugen sind [83] zu entnehmen.

7.9.5 Ausbildung der Dehnungsfugen

Bei der Verwendung von elastischen Dichtungsmassen nach DIN 18540 treten häufig Risse im Bereich der Dehnungsfugen auf (s. Bild 7.9-7).

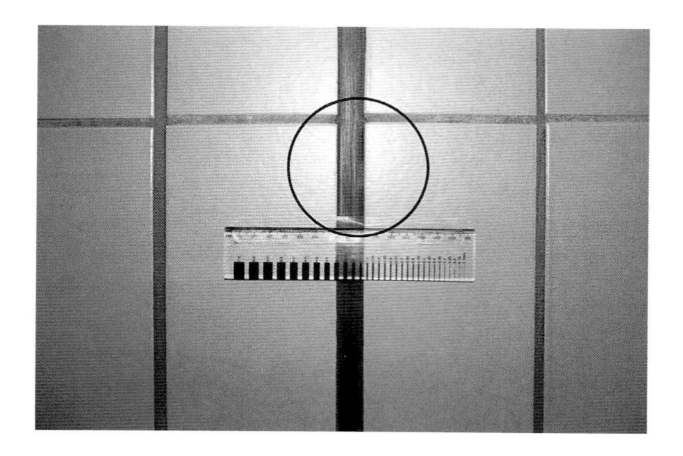

Bild 7.9-7: Risse in der Dichtungsmasse einer Dehnungsfuge

Die Ausführung der Dehnungsfugen mit Dichtungsmasse ist problembehaftet, weil es relativ schwierig ist, einen ausreichenden Haftverbund sowohl im Bereich der Keramik als auch im Bereich der Mörtelfugen sicherzustellen. Zu dehnsteif ausgeführte Dichtungsmassen können bei einer Zugbeanspruchung den Fugenmörtel schädigen. Aus diesem Grunde bietet es sich an, komprimierfähige Schaumbänder zu verwenden. Hierbei ist auf die Einhaltung des Mindestkompressionsgrades zu achten. Der Kompressionsgrad eines Fugenbandes ist durch den Quotienten aus der Fugenbreite zur Breite des Dämmstoffes im nichtkomprimierten Zustand gekennzeichnet (vgl. Kapitel 6.2). Der erforderliche Kompressionsgrad ist abhängig vom verwendeten Material. Für handelsübliche PU-getränkte Schaumstoffe ist ein Kompressionsgrad von $K \leq 1 : 3$ empfehlenswert.

7.9.6 Gleichzeitiges Vorhandensein mehrerer Fehler

In Bild 7.9-8 ist das Zusammenwirken mehrerer Einzelfehler an einem WDVS im Kantenbereich des Gebäudes dargestellt.

- An der Gebäudekante fehlt die Dehnungsfuge. Die Randverformungen des WDVS führen zu Rissbildungen in den Fugen, über die vermehrt Niederschlagswasser eindringen konnte.

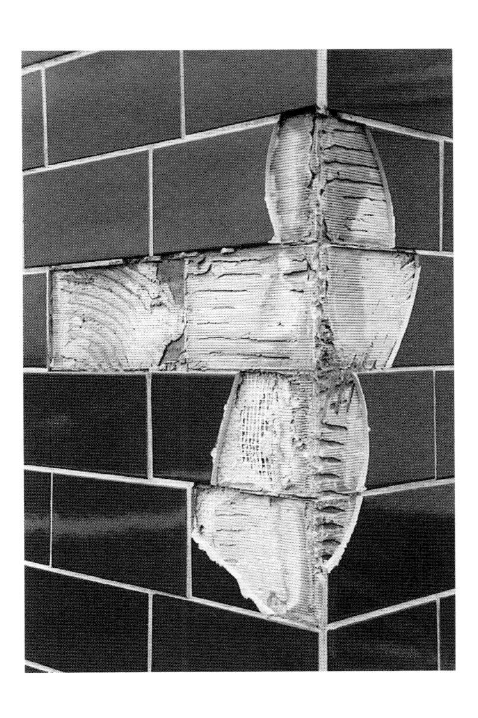

Bild 7.9-8: Mehrere Fehler im Bereich einer keramischen Bekleidung auf WDVS:
- fehlende Dehnungsfuge im Bereich der Gebäudekante
- unzureichender Fugenmörtel (erhöhte Wasseraufnahme)
- Keramik mit ungünstigen Poreneigenschaften (Hafteigenschaften)
- falsches Ansetzen der Keramik: nur Floating- anstelle Floating-Buttering-Verfahren (s. Bilder 3.6-11 bis 3.6-14)

- Bei dem hier verwendeten Fugenmörtel handelte es sich um ein Produkt, das hinsichtlich der wasserabweisenden Eigenschaften nicht optimal eingestellt war, d. h., es erfolgte bereits eine nennenswerte Wasseraufnahme des WDVS über die Verfugung.
- Die verwendete keramische Bekleidung wies im Hinblick auf die Anforderungen an die Porengrößenverteilung keine guten Hafteigenschaften auf. Das Adhäsionsverhalten der Keramik am Unterputz war beeinträchtigt.

In Bild 7.9-8 ist deutlich erkennbar, dass Adhäsionsprobleme vorhanden waren: Die Profilierung der Keramik zeichnet sich geschlossen im Mörtelbett ab. Es wurde nur im Floating-Verfahren die Keramik angesetzt – das vorgeschriebene Floating-Buttering-Verfahren wurde nicht angewendet. Das fehlerhafte Ansetzen bei gleichzeitiger ungünstiger Materialkombination von Keramik und Dünnbettmörtel führte zu dem Schaden.

7.10 Schimmelpilzvermeidung durch Aufbringen von WDVS

Schadensbild

Bei einem Großtafelbau (Typ WBS 70) wurden die Fensterkonstruktionen ausgetauscht und die Heizkörper mit einem Thermostatventil versehen. In einer Dachgeschosswohnung im fünften Obergeschoss trat im oberen Wandixel ein Schimmelpilzbefall auf (s. Bild 7.10-1), der zuvor nicht vorhanden war.

Die Ausbildung der Konstruktion ist in Bild 7.10-2 dargestellt: Oberhalb der Dachgeschosswohnung befindet sich ein belüfteter Dachraum. Auf der Außenwand befindet sich ein Attikaelement, auf dem die Dachplatten aufgelagert sind. Am Übergang der Attika zur Außenwandkonstruktion besteht eine erhebliche Wärmebrücke. Am Wandkreuzungspunkt befindet sich ein vertikaler Ortbetonverguss, der bis in den Dachraum hineinreicht. An dieser Stelle ist auch im Bereich der lotrechten Wandixel eine nach unten reichende Wärmebrücke vorhanden. Der Schimmelpilzbefall in Bild 7.10-1 zeigt sowohl die Auswirkungen der Wärmebrücken im Bereich des Stoßes zwischen Deckenplatte und Außenwand als auch im Bereich des lotrechten Stoßes zwischen den einzelnen Wänden.

Schadensursachen

In Bild 7.10-3 ist der Isothermenverlauf im Bereich der Attika dargestellt. Bei der Berechnung der Isothermen wurde mit einer minimalen Außenlufttemperatur von -5 °C gerechnet, wobei die Lufttemperatur im Dachraum mit 0 °C ange-

Bild 7.10-1: Schimmelpilzbefall im Deckenixel eines Großtafelbaues (Typ WBS 70)

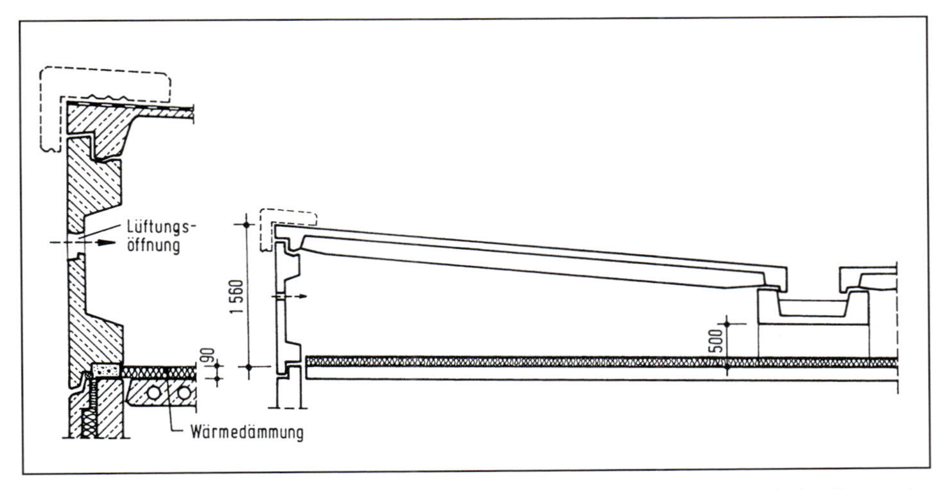

Bild 7.10-2: Ausbildung des belüfteten Flachdaches. Wärmebrücke im Bereich des Drempelelementauflagers (vgl. Bild 7.10-1)

nommen wurde. Die minimale Oberflächentemperatur der Konstruktion beträgt in diesem Fall +11,6 °C und ist entsprechend Kapitel 2.6.2 zu gering, um eine Schimmelpilzbildung zu verhindern.

Ob das Schadensbild dadurch verstärkt worden ist, dass neue, „dichte" Fenster nachträglich eingebaut worden sind und dass die Heizung durch ein Thermostatventil gesteuert werden kann, ist mit Sicherheit im nachhinein nicht mehr feststellbar, da die ursprüngliche Qualität der Fenster nicht mehr ermittelt werden konnte. Dies ist aber im vorliegenden Fall unerheblich, da durch das Auf-

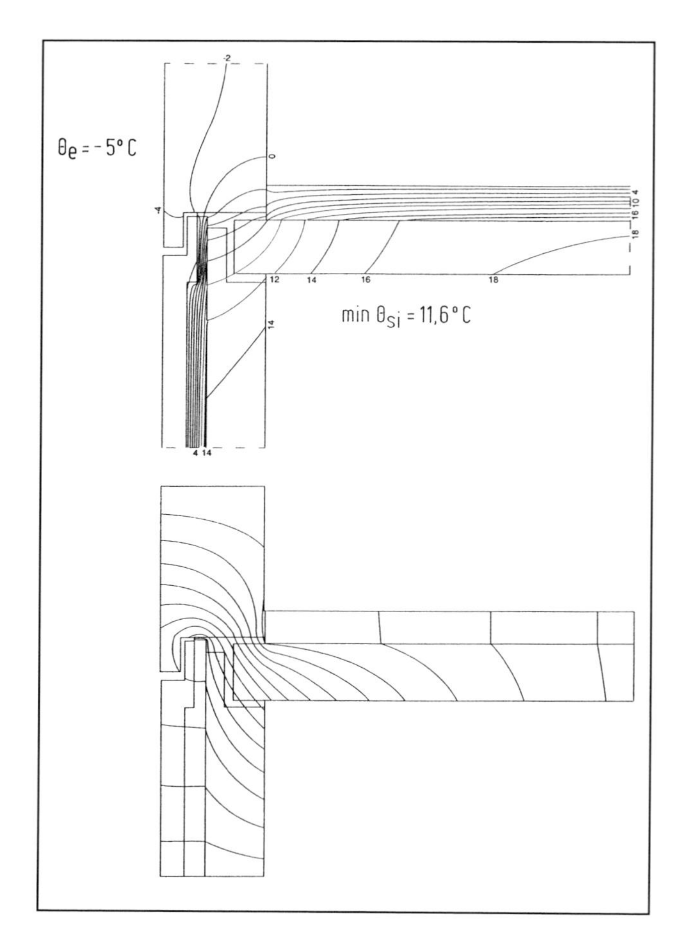

Bild 7.10-3: Verlauf der Isothermen und der Wärmestromlinien im Bereich des Drempelelementauflagers (s. Bild 7.10-2). Minimale Oberflächentemperatur θ_{si} = 11,6 °C bei einer Außenlufttemperatur von θ_e = -5 °C.

bringen des WDVS entsprechend Bild 7.10-4 nachgewiesen wurde, dass keine schädliche Wärmebrücke mehr vorhanden ist: Die nachträglich aufgetretene Schimmelpilzbildung muss also durch ein unzulängliches Nutzerverhalten bedingt sein.

Schadensvermeidung

Der in Bild 7.10-1 dargestellte Schimmelpilzbefall hätte durch eine nachträgliche Wärmedämmung vermieden werden können. In Bild 7.10-4 ist das Gebäude mit einem außen aufgebrachten WDVS dargestellt. Für diese Konstruktion ist in Bild 7.10-4 der Isothermenverlauf dargestellt.

Bild 7.10-4: Verlauf der Isothermen und der Wärmestromlinien nach Aufbringen eines 80 mm dicken WDVS auf die in Bild 7.10-2 dargestellte Konstruktion. Minimale Oberflächentemperatur θ_{si} = 14,2 °C bei einer Außenlufttemperatur von θ_e = -5 °C.

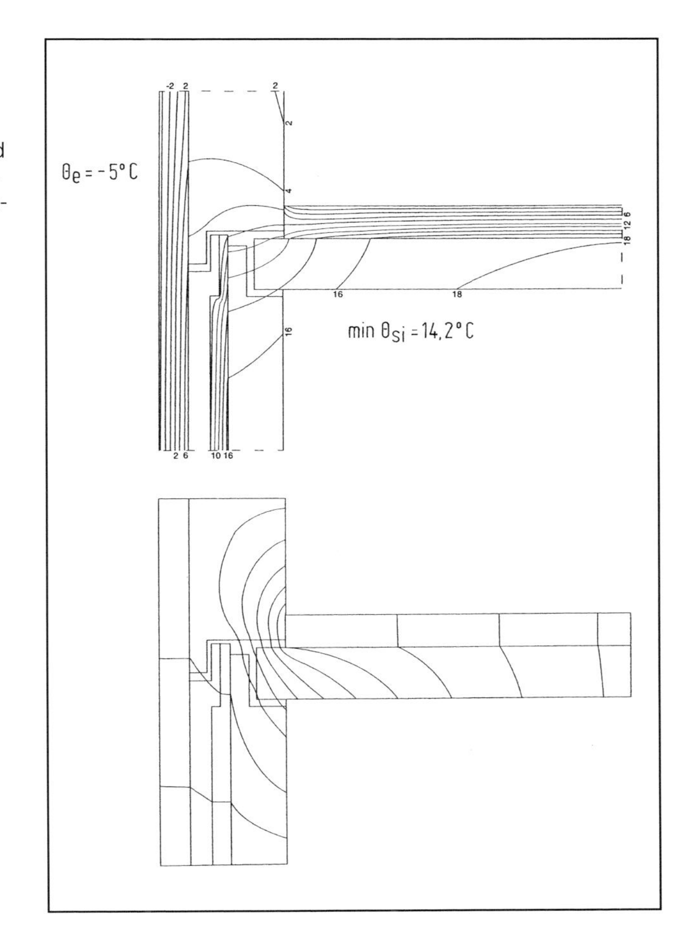

Legt man für den Berliner Raum eine maßgebende Außenlufttemperatur von -5 °C und eine Lufttemperatur von 0 °C im Drempel zugrunde, so beträgt die minimale Oberflächentemperatur +14,2 °C. Es ist damit nachgewiesen, dass durch ein außen aufgebrachtes WDVS die ursprünglich vorhandene konstruktive Wärmebrücke auf ein unschädliches Maß reduziert werden kann. Zur zusätzlichen Sicherheit wird empfohlen, im Bereich des Überganges von der Dachdecke zum Attikaelement die im Bodenraum vorhandene Wärmedämmung am Attikaelement hochzuführen bzw. durch zusätzliches Einblasen von geflockten Mineralfaser-Dämmstoffen die Wärmebrückenwirkung weiter zu vermindern. Der dann sich einstellende Temperaturverlauf ist in Bild 7.10-5 dargestellt.

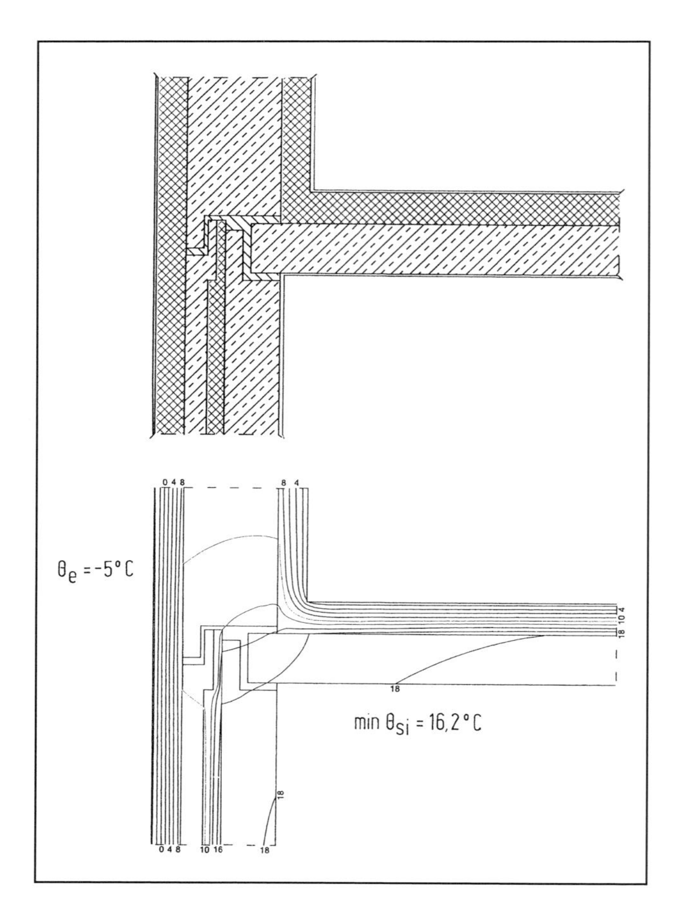

Bild 7.10-5: Isothermenverlauf bei zusätzlich angebrachten Dämmstreifen an der Drempelelementinnenseite, min θ_{si} = 16,2 °C

7.11 Algenbildung

Im Kapitel 2.6.5 sind die Ursachen der Algenbildung erläutert. Algen wachsen vornehmlich auf feuchten Untergründen. In Bild 7.11-1 ist eine Algenbildung dargestellt. Über einen weiteren Schaden mit Algenbewuchs wird in [53] berichtet.

Algenbildung kann im Wesentlichen dadurch vermieden werden, dass dem Putz Biozide beigefügt werden, die ein Algenwachstum zunächst verhindern. In Anbetracht dessen, dass die Wirksamkeit solcher in den Putz eingebrachten Biozide mit der Zeit nachlässt, müssen auch Möglichkeiten geschaffen werden, um im Nachhinein Algen von den Putzoberflächen zu entfernen. In [50] werden fol-

Bild 7.11-1: Algenbildung [51]

gende Sanierungsempfehlungen ausgesprochen, die aber jeweils mit dem Hersteller des zu reinigenden WDVS abgesprochen werden müssen:

1. Bauteile, die nicht gereinigt werden sollen, sorgfältig abdecken,
2. Reinigung mit Wasser und Bürste (bei stärkerer Veralgung: Dampfstrahlen, sofern Putz ausreichende Festigkeit aufweist),
3. ausreichend abtrocknen lassen,
4. Fluten des Putzes mit Chlorbleichlauge (1:4 mit Wasser verdünnt) durch Aufstreichen (Metallbauteile sind wirksam zu schützen),
5. mindestens zwei Stunden einwirken lassen,
6. mit Wasser oder Dampf abstrahlen und ggf. auffangen,
7. ausreichend abtrocknen lassen,
8. fungizide bzw. algizide Mittel aufstreichen,
9. Endbeschichtung mit einer algizid und fungizid eingestellten Farbe ausführen.

7.12 Details

7.12.1 Schadhafte Fugenausbildungen

Schadensbild 1

Die horizontale Gleitfuge zwischen dem Ringbalken auf dem Mauerwerk und der darüber angeordneten Dachdecke mit der aufgehenden Attika wurde im Bereich des WDVS elastisch verfugt (s. Bild 7.12-1). Der elastische Dichtstoff ließ sich ohne mechanische Hilfsmittel aus der Fuge entfernen. Eine Hinterlegung mit Rundschnur und Ausbildung der Fugengeometrie entsprechend DIN 18540 wurde nicht vorgenommen. Einige Monate nach Fertigstellung des WDVS traten erste Aufwölbungen und Abplatzungen des Putzes unmittelbar unterhalb der Fugenausbildung auf (s. Bild 7.12-2).

Der bewehrte Kunstharzputz auf den Polystyrol-Wärmedämmplatten war nicht an den Stirnseiten der Dämmplatten ausgeführt worden, sondern er endete stumpf an der Fugenabdichtung. Die Flanken des Dichtstoffes stießen zum Teil auf die Kunstharzputzkante und zum Teil unmittelbar gegen die Polystyrol-Wärmedämmung.

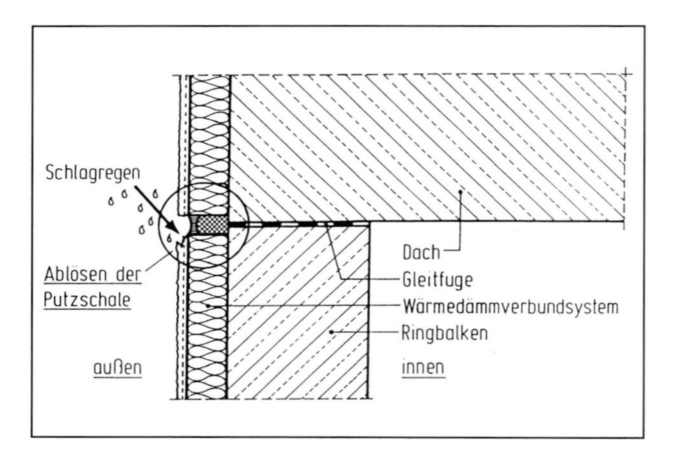

Bild 7.12-1: Nicht fachgerecht mit Dichtstoff ausgebildete Horizontalfuge im WDVS [84]

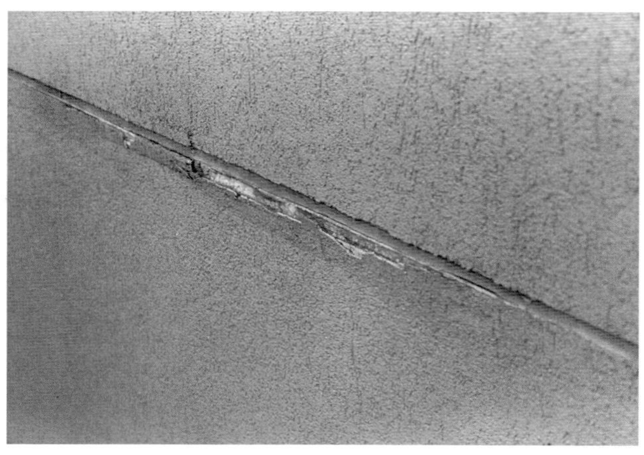

Bild 7.12-2: Abplatzungen des bewehrten Kunstharzputzes unterhalb der Horizontalfuge [84]

Schadensursachen

Ursächlich für das vorgefundene Schadensbild ist in die Fuge eingedrungenes Niederschlagswasser bei Schlagregenbeanspruchung und insbesondere auch hinter die bewehrte Kunstharzputzschicht unterhalb der Fuge. Durch die etwas zurückversetzte elastische Fugenabdichtung liegt die Kante der Putzbewehrung frei und ist der Witterung unmittelbar ausgesetzt.

Darüber hinaus stellt die Kante des Putzes und der Polystyrol-Platte keinen geeigneten Haftgrund für das Dichtungsmaterial in der Fuge dar, so dass Niederschlagswasser auch zwischen Dichtstoff und Fugenflanke eindringen konnte. Zwischen Polystyrol-Dämmplatte und Kunstharzputz kam es dadurch zu einem extremen Abbau der Haftzugfestigkeit.

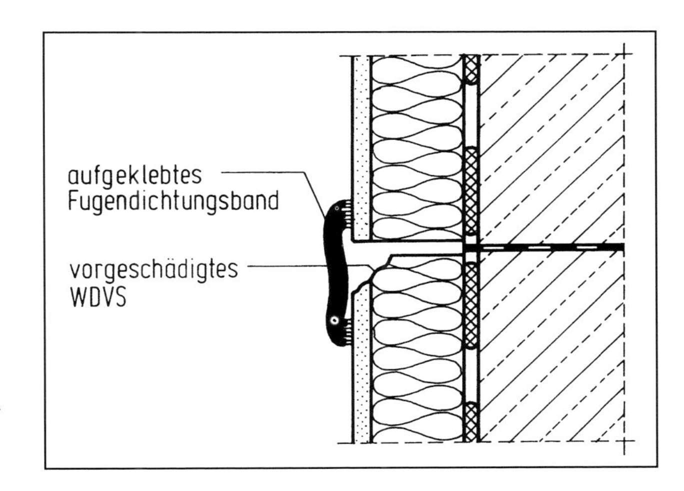

Bild 7.12-3: Fugenband auf geschädigter Horizontalfuge (vgl. Bilder 7.12-1 und 7.12-2)

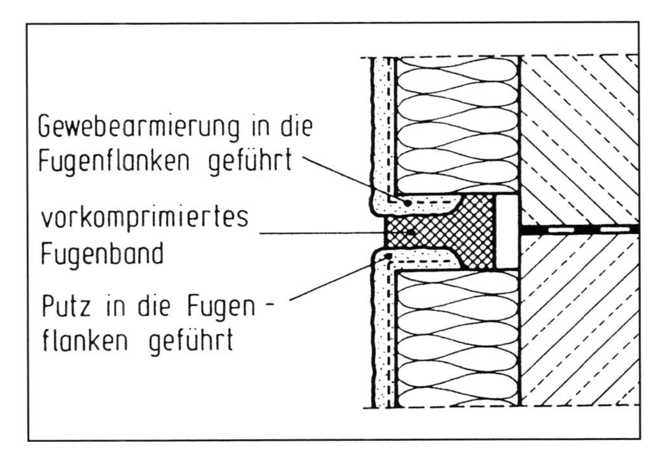

Bild 7.12-4: Ausführung der Gleitfuge zwischen Wand und Dach mit einem imprägnierten und komprimierten Fugenband

Schadenssanierung

Im vorliegenden Fall ist eine einwandfreie Instandsetzung der geschädigten Fuge nur dadurch zu erreichen, dass ein Fugenabdichtungsband auf das WDVS geklebt wird. Durch das relativ breite Fugenband, das erforderlich ist, um die geschädigten Bereiche des Putzes zu überdecken, wird die Gesamtansicht des Gebäudes in hohem Maße beeinträchtigt (s. Bild 7.12-3).

Schadensvermeidung

Fugen in WDVS sind zu planen und es sind dem Auszuführenden entsprechende Angaben zu machen. Neben der in Bild 7.12-3 dargestellten Fugenabdichtung könnte auch eine Abdichtung entsprechend Bild 6.2-1 gewählt werden.

Die in der Literatur häufig aufgeführte Abdichtung entsprechend Bild 7.12-4 ist aus ausführungstechnischer Sicht als nicht besonders praktikabel anzusehen, weil das Herumführen des bewehrten Putzes auf die Stirnseiten der oberen bzw. unteren Wärmedämmplatten schwer realisiert werden kann.

Schadensfall 2

Die vertikale Gebäudedehnfuge wurde nicht im WDV-System aufgenommen. Relativverformungen zwischen den Gebäudeteilen führten im fugennahen Bereich des darüberliegenden WDVS zu Rissbildung (s. Bild 7.12-5).

Bild 7.12-5: Rissbildung im Putz des WDV-Systems über einer nicht beachteten Gebäudedehnfuge

7.12.2 Fensterbank

Fensterbankanschlüsse werden häufig ohne Unterschnitt lediglich mit Dichtstoff an das angrenzende WDVS angeschlossen. Im vorliegenden Fall wurde ein Fensterblech stumpf gegen ein WDVS mit einem Kunstharzputz gestoßen und mit elastischem Dichtstoff angearbeitet (s. Bild 7.12-6).

Eine Aufkantung des Fensterbleches und eine planmäßig ausgebildete Fugengeometrie wurden nicht ausgeführt. Der Dichtstoff wies vereinzelte Kohäsionsrisse auf (s. Bild 7.12-6 b) bzw. hatte sich auch von dem angrenzenden WDVS gelöst (Adhäsionsbruch, s. Bild 7.12-6 c).

Schadensursache

Ursache für das vorgefundene Schadensbild ist die behinderte Dehnung des Dichtstoffes.

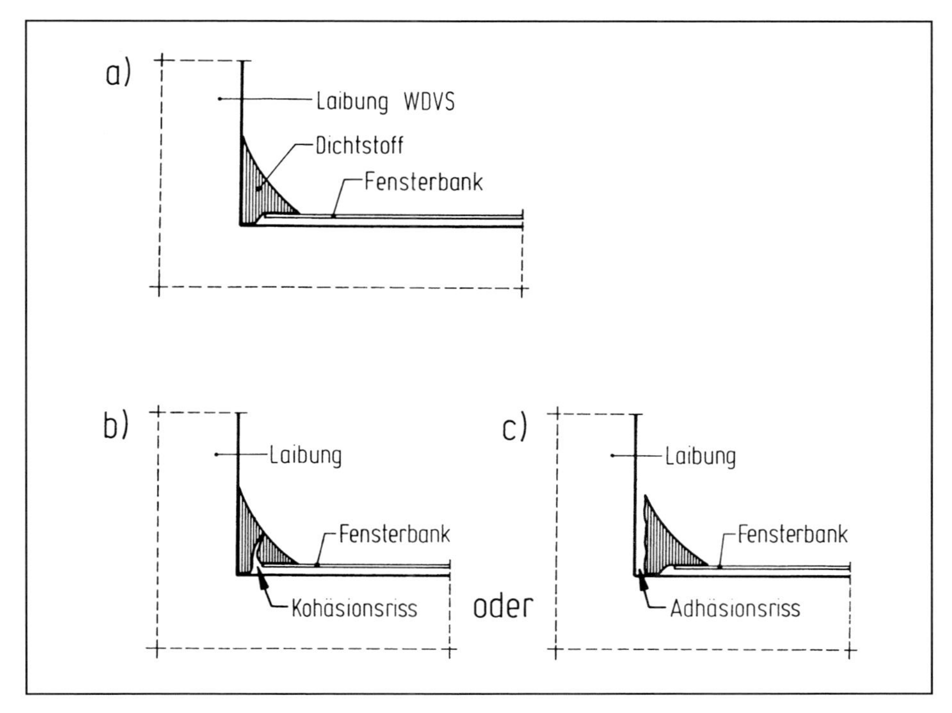

Bild 7.12-6: Schadensverlauf bei Beanspruchung der Fuge zwischen WDVS und Fensterabdeckblech [84]
a) Ausgangssituation: Dreiflankenhaftung der Dichtungsmasse
b) Kohäsionsbruch
c) Adhäsionsbruch

Schadenssanierung

Die Abdichtung mit elastischem Dichtstoff erfordert in jedem Fall eine freie Dehnmöglichkeit. Die hierfür erforderliche Fugengeometrie kann z.B. durch Anordnen einer Schaumstoffrundschnur in der Ecke zwischen dem WDVS und der Fensterbank geschaffen werden. Eine derartige Ausführung ist jedoch im Fensterbankanschlussbereich handwerklich kaum praktikabel. Ist die nachträgliche Herstellung eines Unterschnittes und der Austausch des Fensterbleches durch ein Blech mit entsprechenden Aufkantungen z.B. entsprechend Bild 7.12-7 technisch nicht möglich oder wirtschaftlich nicht vertretbar, so verbleibt als Instandsetzungsmaßnahme nur die Abdichtung mit einem elastischen Fugenband entsprechend Bild 7.12-8.

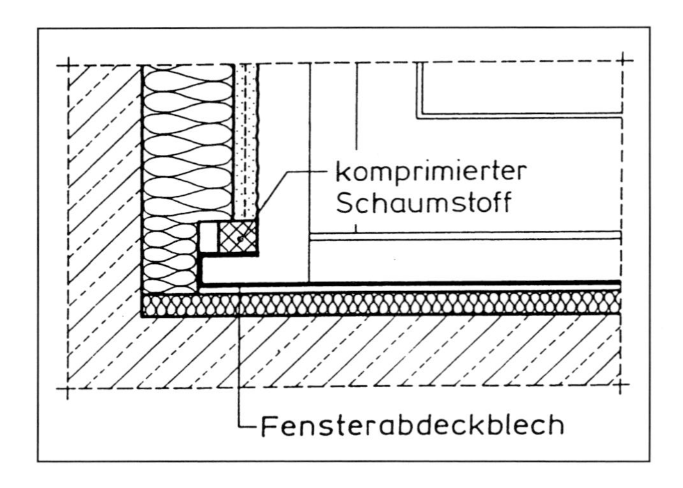

Bild 7.12-7: Fugenausbildung zwischen Fensterbank und WDVS durch einen Unterschnitt

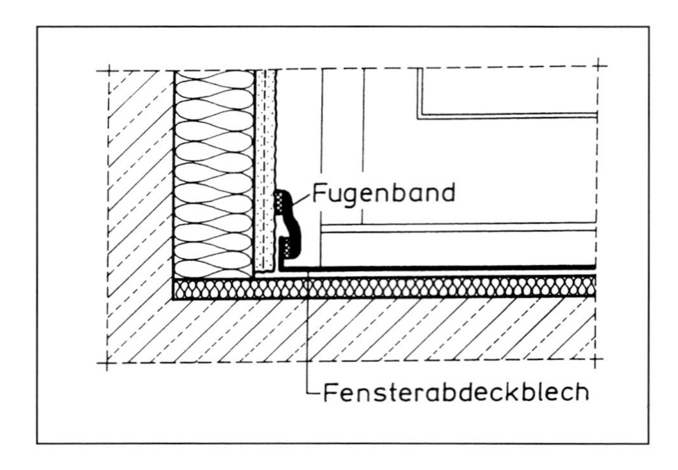

Bild 7.12-8: Fensterblechanschluss mit einem elastischen Fugenband

7.12.3 Blendrahmenanschlüsse

Schadensbild

Bei einem direkten Anputzen an Blendrahmen o. Ä. besteht die Gefahr einer unkontrollierten Rissbildung im Putzsystem des WDVS (vgl. Bild 7.12-9). Wenn keine weiteren Abdichtungsmaßnahmen, wie z.B. das Hinterlegen mit einem komprimierten Dichtungsband (vgl. Bild 6.5-1) getroffen werden, besteht neben der optischen Beeinträchtigung die Gefahr der Hinterläufigkeit und damit eine Einschränkung der Dauerhaftigkeit.

Schadensvermeidung

Die Anschlüsse an Blendrahmen etc. sind entsprechend Kapitel 6.5 auszuführen. Durch die Ausführung eines Kellenschnitts wird eine unkontrollierte Rissbildung verhindert.

Bild 7.12-9: Unkontrollierte Rissbildung infolge des direkten Anputzens an den Blendrahmen

7.12.4 Attikaausbildung

Schadensbild

Bei dem in Bild 7.4-2 dargestellten Schadensfall wurde die Attika entsprechend Bild 7.12-10 ausgeführt. Es fehlte der Putz auf der oberseitigen Stirnseite der Mineralfaser-Wärmedämmung (s. Bild 7.12-11a). Es kam hinzu, dass die Überdeckung des WDVS durch das Traufblech mit 3 bis 5 cm bei dem hier vorliegenden Hochhaus unzureichend gewählt wurde. Der Putz löste sich im Traufbereich (s. Bild 7.12-11b).

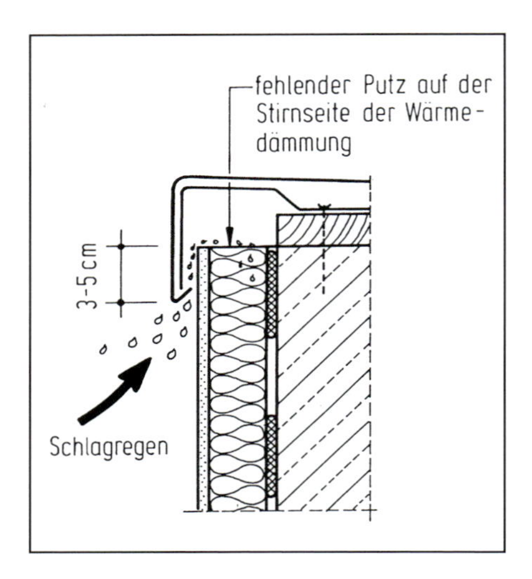

Bild 7.12-10: Attikaausbildung bei dem in Bild 7.4-1 dargestellten Schadensfall. Schlagregen kann auf die obere Stirnseite der Wärmedämmung gelangen.

Bild 7.12-11: Abgefallener Putz unterhalb der Traufe
a) Traufenausbildung
b) Putzschaden

Schadensursache

Die Ursache für das Abstürzen des Putzes lag u. a. darin, dass die Attikaausbildung unzureichend ausgebildet wurde: Es konnte aufgrund der unzureichenden Überdeckung des Attikaabdeckbleches Wasser in die ungeschützte oberseitige Stirnfläche der Mineralfaser-Dämmung eindringen. Die Folge war ein Verlust der Haftzugfestigkeit zwischen Putz und Mineralfaser-Dämmung.

Schadenssanierung

Das gesamte WDVS wurde abgetragen und durch ein neues WDVS ersetzt.

Schadensvermeidung

Der Schaden hätte bei einer ordnungsgemäßen Detailausbildung vermieden werden können (obere Stirnseite verputzen, Überdeckung des Attikaabdeckbleches über das WDVS mit H > 10 cm; vgl. Bild 6.4-1).

7.12.5 Sockelausbildung

Schadensbild

Im Bereich einer Feuerwehrzufahrt wurde der aus Pflastersteinen bestehende Fahrbahnbelag bis dicht an das WDVS herangeführt. Der Sockelputz wurde auf eine Perimeter-Dämmung aufgetragen. Er war gegenüber dem in den Obergeschossen befindlichen WDVS zurückgesetzt. Die Abdichtung der Kelleraußenwand erfolgte unterhalb der Perimeter-Dämmung und wurde bis Oberkante Sockel (ca. 30 cm über Oberkante Fahrbahnbelag) hochgeführt. Der Sockelputz, der ca. 15 cm unter Oberfläche Fahrbahnbelag in das Erdreich heruntergeführt wurde, war nicht durch eine Abdichtung gegen Feuchtigkeit geschützt. Der Fahrbahnbelag war aufgrund einer unzureichenden Ausführung „wellenförmig“: Es konnte sich in den Mulden Stauwasser bilden. Bereits nach ca. einem halben Jahr wies der Sockelputz Durchfeuchtungen dicht über dem Fahrbahnbelag auf (s. Bild 7.12-12).

Schadensursache

Der mineralische Putz auf der Perimeter-Dämmung ist als feuchteempfindlich zu bewerten. Auch wenn der Putz ordnungsgemäß hydrophob (wasserabweisend) ausgerüstet ist, ist ein kapillarer Wassertransport nicht völlig auszuschließen. Der Außenputz ist – soweit er unter Oberkante Fahrbahnbelag – heruntergeführt wird, durch eine Abdichtung gegen Stauwasser zu schützen. Diese Abdichtung fehlt im vorliegenden Fall.

Bild 7.12-12: Durchfeuchteter Sockelputz

Es kommt ein Weiteres hinzu: Aufgrund der Kürze der Standzeit des ausgeführten WDVS sind noch keine besonderen Beeinträchtigungen des WDVS aufgrund von Stoßeinwirkungen zu verzeichnen gewesen. Im vorliegenden Fall muss aber eine besondere Stoßfestigkeit des Sockelputzes gegeben sein.

Schadenssanierung

Um das Abtragen des vorhandenen Sockelputzes zu vermeiden und um eine ausreichende Stoßfestigkeit zu erzielen, wurde im Sockelbereich eine Aluminiumplatte vor den Sockelputz vollflächig angedübelt. Die Aluminiumplatte war an ihrer Oberseite abgekantet. Die zwischen dem alten Sockelputz und der Aluminiumplatte gebildete Abkantung wurde mit elastischer Dichtungsmasse geschlossen. Der Abstand der Dübel zur Befestigung der Aluminiumplatte wurde entsprechend den Flachdachrichtlinien gewählt. Im unteren Bereich der Aluminiumplatte wurde nur im Bereich der Stöße eine Dübelbefestigung angeordnet.

Schadensvermeidung

Wenn eine besondere Stoßbelastung im Bereich des Sockels auszuschließen ist (z.B. Vorgärten mit dichter Bepflanzung), so können im Sockelbereich geputzte WDVS ausgeführt werden. Es wird jedoch empfohlen, zumindest für den Sockelbereich einen weitgehend feuchteunempfindlichen Putz zu verwenden. Es können z.B. silikonharzgebundene Putze verwendet werden, die dann auch ohne eine besondere Abdichtung in das Erdreich hineinragen können. Zusätzlich sollte ein Kiesstreifen entsprechend Bild 6.3-4 angeordnet werden.

Bild 7.12-13: Abgefallener Zementputz auf einer bituminösen Abdichtung

Soweit eine Stoßgefährdung im Sockelbereich vorliegt, wird empfohlen, eine entsprechend stoßfeste Platte vor der Wärmedämmung im Sockelbereich anzuordnen (vgl. Bild 6.3-5).

Das Aufbringen einer Putzschicht direkt auf die bituminöse Abdichtung der Kelleraußenwand ist problembehaftet (Bild 7.12-13). Es muss in diesem Fall auf die bituminöse Abdichtung ein Putzträger (Drahtgewebe) aufgebracht werden. Als Putz sollte in diesem Fall auch nur ein Silikonharzputz verwendet werden.

7.12.6 Stoßfestigkeit

Schadensbild

Im Bereich des Erdgeschosses war großflächig das WDVS durch Vandalismus zerstört worden (s. Bild 7.12-14). Auch im Bereich der vertikalen Gebäudekanten war das WDVS durch Stoßeinwirkung beschädigt worden. Im Bereich der Gebäudekanten hatte man versucht, durch eine Eckbewehrung mit einem so genannten „Panzergewebe" eine hinreichende Stoßfestigkeit zu erzielen. Diese Maßnahme war jedoch, wie aus Bild 7.12-15 hervorgeht, ohne Erfolg.

Schadensursache

Im Bereich des Erdgeschosses sind stoßfeste WDVS auszuführen. Die Stoßfestigkeit der WDVS wird entsprechend der ETAG 004 geprüft (vgl. Kapitel 2.2). In der Ausschreibung war kein Hinweis auf die geforderte Stoßfestigkeit aufgeführt. Auch das ausführende Unternehmen hat den Planer nicht auf das Erfordernis

Bild 7.12-14: Durch Vandalismus zerstörtes WDVS

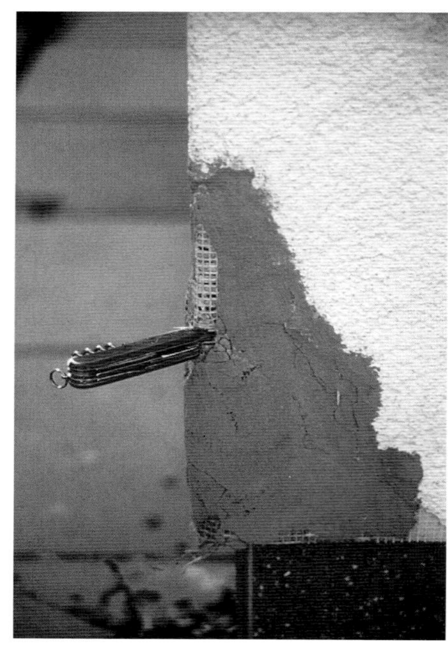

Bild 7.12-15: Durch Stoßeinwirkung beschädigte Gebäudekanten

eines besonders stoßfesten WDVS hingewiesen. Das WDVS war in vielen Bereichen flächig durch spielende Kinder, angelehnte Fahrräder u.Ä. beschädigt.

Schadensbeseitigung

Im vorliegenden Fall wurde im Bereich des Erdgeschosses eine zusätzliche dicke, doppelt bewehrte Putzschicht vorgeschlagen. Der Überstand zwischen dem Erdgeschoss und dem darüber liegenden Wohngeschossen im Bereich des WDVS sollte durch einen Fries aufgenommen werden. Im Bereich der Stoßkanten sind Eckprofile aus Metall zur Stoßsicherung gegenüber Winkelprofilen aus Gewebe zu bevorzugen. Im vorliegenden Fall wurden in manchen Bereichen – soweit architektonisch vertretbar – die Ecken durch vorgestellte Stahlstützen gesichert (s. Bild 7.12-16).

Schadensvermeidung

Es gehört zum Umfang eines jeden Leistungsverzeichnisses, Angaben bezüglich der erforderlichen Stoßfestigkeit zu machen. Als Anhalt für die geforderte Stoßfestigkeit kann die ETAG 004 für WDVS dienen (vgl. Kapitel 2.2). Die Stoßfestigkeit kann in besonders hoch beanspruchten Gebäudebereichen z.B. dadurch erreicht werden, dass in diesen Bereichen eine Fibersilicatplatte aufge-

Bild 7.12-16: Stoßsicherung einer Gebäudekante im Eingangsbereich durch ein vorgestelltes Stahlrohr!

bracht wird. Um einen Dickenversprung zwischen dem stoßfesten WDVS und den Nachbarbereichen zu vermeiden, ist in den Bereichen, in denen die Fibersilicatplatte vorgesehen wird, die Dicke der Wärmedämmung des WDVS entsprechend zu verringern. Es wird weiterhin empfohlen, zusätzlich zu der üblichen Bewehrung des Putzes die Stöße zwischen den Fibersilicatplatten durch einen zusätzlichen Bewehrungsstreifen zu sichern.

Eine andere Möglichkeit zur Erhöhung der Stoßfestigkeit besteht darin, dass der Putz auf Zementbasis mit Glasfaserbewehrung aufgespritzt wird. Solche Putze weisen eine sehr hohe Stoßfestigkeit auf und sind durch eine besonders hohe Duktilität gekennzeichnet, so dass auch punktuelle Stoßbelastungen durch spitze Körper nicht zu einem besonderen Schadensbild führen.

Punktuelle Stoßbeanspruchung durch Lastfall „Specht“

Spechte orten vermutete Käfer o.Ä. durch stoßartige Beanspruchungen geschädigter Bäume mit ihren Schnäbeln. Auf Grund des Klanges bei der Stoßbeanspruchung des Baumes wird auf das Vorhandensein von „Schädigungen“ geschlossen. Wärmedämm-Verbundsysteme weisen offensichtlich ein gleiches oder zumindest ähnliches Klangbild wie geschädigte Bäume beim „Beklopfen“ auf. In Bild 7.12-17 sind mehrere „Einflugöffnungen“ in einem WDVS zu erkennen. Der Eigentümer des Gebäudes hatte zur Abwehr der Spechte mehrere

Bild 7.12-17: Löcher im WDVS, die von Spechten verursacht wurden. Die aufgeklebten „Feindbilder“ schreckten die Spechte nicht ab.

Bild 7.12-18: Specht im Bereich der „Einflugöffnung“

„Feindbilder“ der Spechte über einigen Öffnungen befestigt – ohne Erfolg. In Bild 7.12-18 ist ein Specht in einer von ihm hergestellten Öffnung zu erkennen. Ein wirksames Mittel zur Abwehr der Spechte ist nicht bekannt.

7.12.7 Durchdringungen

Schadensbild

In Bild 7.12-19 ist die Befestigung eines Regenfallrohres dargestellt. In diesem Fall fehlt die Abdichtung im Bereich der Durchdringung des WDVS. Schäden sind im vorliegenden Fall zwar noch nicht aufgetreten, jedoch wurde seitens des Bauherrn eine mangelhafte Ausführung gerügt.

Schadensursache

Aufgrund dessen, dass mit Sicherheit langfristig das Eindringen von Schlagregen in das WDVS nicht vollkommen ausgeschlossen werden kann, musste eine zusätzliche Sicherungsmaßnahme vorgenommen werden.

Bild 7.12-19: Unzureichende Befestigung eines Regenfallrohres ohne Abdichtung der Befestigungsstelle

Schadensbeseitigung

Es wurde vorgeschlagen, eine zweigeteilte, gelochte Scheibe auf den Befestigungsbolzen mit Dichtungsmasse anzubringen, so dass die gelochte Scheibe den Bolzen umschließt.

Schadensvermeidung

Im Rahmen des Leistungsverzeichnisses muss bei der Ausschreibung auf die notwendigen Detailausbildungen hingewiesen werden. Dies kann z.B. pauschal auch dadurch geschehen, dass auf die Detailausbildungen des WDVS-Herstellers verwiesen wird.

In Bild 7.12-20 ist beispielhaft die Abdichtung für den Befestigungsbolzen eines Geländers dargestellt, die sinngemäß auch bei der Sanierung des in Bild 7.12-19 dargestellten Falles Anwendung finden kann.

Bild 7.12-20: Abdichtung des Bolzens für ein Geländer im Bereich eines WDVS

7.12.8 Brandschutz

Schadensbild

Bei einem mehrgeschossigen Wohngebäude trat im zweiten Obergeschoss ein Brand auf. Die Flammen schlugen aus dem Fenster des Wohnzimmers heraus (s. Bild 7.12-21). Nach der Beendigung des Brandes wurde das WDVS bereichsweise unter und über den Fenstern entfernt (Bild 7.12-22).

Hierbei wurde festgestellt, dass die aus Polystyrol-Dämmplatten bestehende Wärmedämmung in weiten Bereichen nicht mehr vorhanden war: Sie war weggeschmolzen. Unabhängig davon war der Putz jedoch weitgehend intakt. Der Putz wurde durch die Dübel im Abstand zur Wand gehalten, ohne durch die Wärmedämmung gestützt zu werden.

Schadensursache

In Kapitel 2.3 ist ausgeführt, dass zur Vermeidung der Brandausbreitung bei Dämmstoffen aus Polystyrol mit einer Dicke d > 100 mm über den Fenster-

Bild 7.12-21: Brandbeanspruchung bei einem mehrgeschossigen Wohnhaus

Bild 7.12-22: Die aus Polystyrol bestehende Wärmedämmung ist unter der Putzschicht über mehrere Geschosse hinweg unter der Brandeinwirkung weggeschmolzen (Kaminwirkung)

stürzen eine Wärmedämmung aus nichtbrennbaren Materialien (Mineralfaser-Dämmstoffe) anzuordnen ist. Diese Regelung wurde im vorliegenden Fall nicht beachtet.

Schadensvermeidung

Es hätte die Regelung entsprechend den allgemeinen bauaufsichtlichen Zulassungen beachtet werden müssen, wonach bei brennbaren Dämmstoffen mit einer Dicke von mehr als 100 mm über den Fensteröffnungen die Dämmstoffe aus nichtbrennbaren Materialien eingebaut werden müssen. Bezüglich der Verhinderung des Brandüberschlages im Bereich von Gebäudedehnfugen ist auf Kapitel 2.3 zu verweisen.

Schadenssanierung

Das geschädigte WDVS wurde entfernt und durch ein neues WDVS mit nichtbrennbaren Dämmstoffen ersetzt.

7.13 „Atmungsaktivität“ der Außenwände mit WDVS

7.13.1 Problemstellung

Bei der Bekleidung von Außenwänden mit WDV-Systemen wird häufig die Behauptung aufgestellt, dass die „Atmungsaktivität" (Luftdurchlässigkeit) der Wände nachträglich beeinträchtigt werden würde, wodurch gesundheitliche Schäden nicht auszuschließen seien. Dieser Behauptung muss entschieden entgegen getreten werden.

7.13.2 Luftdurchgang durch Außenwände nach von Pettenkofer

Zum Thema der „Atmungsfähigkeit“ hat sich Künzel umfassend und grundlegend geäußert ([85] bis [87]). Im Folgenden werden die dort getroffenen Aussagen zusammenfassend wiedergegeben.

Im letzten Jahrhundert gewannen hygienische Aufgaben aufgrund der Industrialisierung und der größeren Wohndichte zunehmend an Bedeutung. Max von Pettenkofer (1818-1901) war einer der führenden und erfolgreichsten Hygieniker seiner Zeit. Seine Bemühungen galten u. a. auch der Verbesserung der Luftqualität. Dabei führte von Pettenkofer erstmals Luftwechselmessungen mit Kohlendioxyd als Indikatorgas durch. Bei seinen Untersuchungen variierte von Pettenkofer in einem Raum die „Luftdichtigkeit“ der Fugen an Fenstern und Türen, wobei er allerdings den Luftaustausch durch den Kamin unberücksichtigt ließ (vgl. Tabelle 7.13-1 [86]; Zeile A und C). Aufgrund des in Tabelle 7.13-1 ermittelten Ergebnisses, wonach bei abgedichteten Fugen im Vergleich zu üblicherweise ausgebildeten Fugen ein geringerer Luftwechsel vorhanden ist, schloss von Pettenkofer, dass durch die Außenwände ein Luftaustausch stattfinden müsse.

Tabelle 7.13-1: Ermittlung der Luftwechselzahlen nach [86]

	Randbedingungen	**Temperaturdifferenz $\theta_i - \theta_e$ in K**	**Luftwechselzahl in h^{-1}**
A	Zimmerofen nicht in Betrieb; Fenster und Türen normal geschlossen	19	1
B	Fenster und Türen geschlossen; „lebhaftes Feuer“ im Ofen, Kaminklappe und Ofentüre offen	19	1,25
C	wie A, jedoch alle Fugen an Fenstern und Türen einschließlich Schlüssellöcher mit „starkem Papier und Kleister verklebt“	19	0,72
D	wie A	4	0,3
E	1 Fensterflügel offen	4	0,5

Bestätigt fand von Pettenkofer seine Hypothese durch den in Bild 7.13-1 dargestellten Versuch. Beim Erzeugen eines Luftüberdruckes auf einer Seite einer Probe aus Luftkalk bzw. Ziegel konnte auf der abgewandten Seite aufgrund des durchtretenden Luftstromes eine Kerze ausgeblasen werden. Der Versuch konnte bei dichten Steinen (Natursteinen) nicht mit dem gleichen Ergebnis wiederholt werden. Auch ließ sich der Versuch bei durchfeuchteten Mörtelproben nicht wiederholen, so dass von Pettenkofer folgerte, dass durchfeuchtete Wände nicht atmungsaktiv seien.

Während der in Bild 7.13-1 dargestellte Kerzenversuch von Künzel nachvollzogen werden konnte – allerdings nur dann, wenn der Luftüberdruck „einige hun-

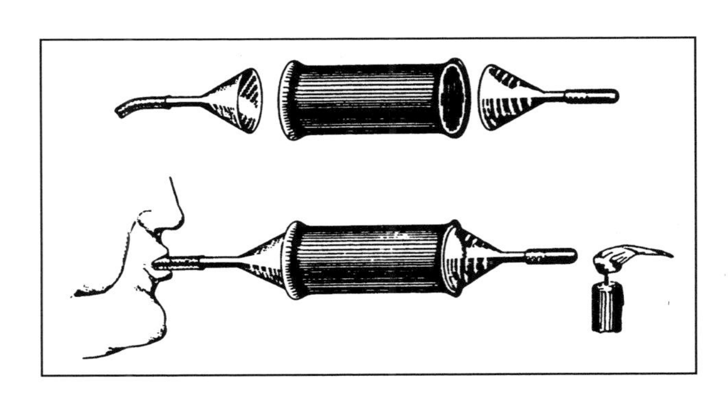

Bild 7.13-1: Darstellung des „Kerzenversuchs“ nach [85]

dertmal größer war als der an Außenwänden überlicherweise vorhandene Staudruck“ [86], gelang es an der TU Berlin nicht, durch Ziegelsteine (ρ = 1800 kg/m³) bzw. durch Kalksandvollsteine (ρ = 1800 kg/m³) und erst recht nicht durch Beton eine Luftströmung zu erzeugen und dies gleichgültig, ob die Proben lufttrocken oder wassergesättigt waren. Daraus kann gefolgert werden, dass für Wände aus gefügedichten mineralischen Baustoffen gilt:

$$\text{Luftdurchlässigkeit} \quad a \approx 0 \frac{m^3}{h \cdot m^2 (daPa)^n}$$

7.13.3 Wertung der Versuche von Pettenkofers

Während von Pettenkofer aufgrund seiner Versuche folgerte, dass die Wände aus hygienischen Gründen atmungsfähig sein müssten, um eine Lufterneuerung zu erreichen, wurde erst 1926 von Raisch diese Hypothese von Pettenkofers folgerichtig widerlegt. Er führte aus [85]:

„Eine Betrachtung der mitgeteilten Versuchsergebnisse zeigt, dass die Forderung des Hygienikers nach „atmenden Wänden” zum Zwecke der Lufterneuerung in Räumen keine berechtigte innere Begründung hat. Denn im Vergleich zu den übrigen Undichtheiten, wie sie an Fenstern und Türen unvermeidlich auftreten, kommt der Luftaustausch durch die übliche verputzte Wand nicht in Frage.“

In heutiger Zeit wird häufig die „Atmungsfähigkeit“ der Außenwände mit der Wasserdampfdiffusionsfähigkeit der Wände in Verbindung gebracht. Künzel [86] hat überzeugend nachgewiesen, dass die Wasserdampfabfuhr aus einem Raum infolge Diffusion wesentlich geringer ist im Vergleich zur Wasserdampfabfuhr infolge einer Lüftung. Für einen Raum mit den Abmessungen 4 m · 6 m · 2,6 m und zwei Außenwänden aus 24 cm Hochlochziegelmauerwerk (μ = 10) entweichen die in Tabelle 7.13-2 angegebenen Wasserdampfmengen unter der Voraussetzung, dass die Raumluft eine Temperatur von +22 °C und ϕ = 40 % r.F. aufweist. Bei den Berechnungen wurde weiterhin zugrunde gelegt, dass die Außenluft eine relative Luftfeuchte von 80 % aufweist.

Tabelle 7.13-2: Vergleich von aus einem Raum abgeführten Wasserdampfmengen [86]

Außenlufttemperatur in °C	aus dem Raum abgeführte Feuchtigkeitsmenge in g/h		
	Dampfdiffusion durch		durch Luftwechsel
	Mauerwerk + WDVS	Mauerwerk	(einfach)
-20	2,3	5,5	436
-10	2,0	4,8	378
0	1,4	3,2	242
10	0,2	0,4	15

Folgerung:

Durch wärmedämmende Maßnahmen auf der Außenseite von Außenwänden lässt sich deren Luftdurchlässigkeit („Atmungsfähigkeit") nicht beeinflussen, denn Außenwände aus mineralischen Baustoffen sind luftdicht. Versteht man unter „Atmungsfähigkeit" der Außenwände deren Wasserdampfdiffusionsfähigkeit, so ist nachgewiesen, dass durch Lüften ein Vielfaches an Wasserdampf im Vergleich zu der auf dem Wege der Diffusion entweichenden Wasserdampfmenge abgeführt werden kann. Demnach beeinflussen wärmedämmende Maßnahmen die „Atmungsfähigkeit" – sowohl die Luftdurchlässigkeit als auch die Wasserdampfdiffusionsfähigkeit – von Außenwänden praktisch nicht. WDV-Systeme sind vielmehr positive Maßnahmen, die zur Energieeinsparung beitragen und die sonstigen Eigenschaften einer Außenwand verbessern.

8 Literaturverzeichnis

[1] Stehno, G.: Wärmedämm-Verbundsystem mit Dünnputzauflage. In: Bautenschutz und Bausanierung 9 (1986), Heft 2, S. 40-48

[2] Capatect, Architektenbrief 13: Sind Wärmedämm-Verbundsysteme dauerhaft? Ausgabe April 1990

[3] Kunstharzbeschichtete Wärmedämm-Verbundsysteme. In: Mitteilungen IfBt (1980), Heft 4

[4] Zur Standsicherheit von Wärmedämm-Verbundsystemen mit Mineralfaser-Dämmstoffen und mineralischem Putz. In: Mitteilungen IfBt (1984), Heft 6

[5] Schäfer, H. G.: Zum Standsicherheitsnachweis von Wärmedämmverbundsystemen mit Klebung und Verdübelung. In: Bauphysik 12 (1990), Heft 4, Seite 97-103

[6] Zum Nachweis der Standsicherheit von Wärmedämmverbundsystemen mit Mineralfaser-Dämmstoffen und mineralischem Putz. In: Mitteilungen IfBt (1990), Heft 4 sowie ebenfalls abgedruckt in Bauphysik 12 (1990), Heft 4, Seite 123-125

[7] Richtlinie des Rates 89/106/EWG vom 21.12.1988, geändert durch die Richtlinie des Rates 93/68/EWG vom 22.07.1993, in Deutschland umgesetzt durch das „Gesetz über das Inverkehrbringen von und den freien Warenhandel mit Bauprodukten zur Umsetzung der Richtlinie 89/106/EWG des Rates vom 21. Dezember 1988 zur Angleichung der Rechts- und Verwaltungsvorschriften der Mitgliedsstaaten über Bauprodukte (Bauproduktengesetz – BauPG)“ vom 10.08.1992

[8] Draft pr EN XXX: External Thermal Insulation Composite Systems (ETICS), Juli 1993

[9] Bauregelliste A, Bauregelliste B und Liste C – Ausgabe 2005/1. DIBt Mitteilungen 36 (2005), Sonderheft 31

[10] European Technical Approval Guideline, ETAG 004. Schriften des Deutschen Institut für Bautechnik, Berlin. Reihe LL (2001), Heft 004

[11] Liste der Technischen Baubestimmungen, Teil II, Anwendungsregelungen für Bauprodukte und Bausätze nach europäischen technischen Zulassungen und harmonisierten Normen nach der Bauproduktenrichtlinie, Ausgabe September 2005, DIBt Mitteilungen 1/2006

[12] DIN EN 13162:2001-10 Wärmedämmstoffe für Gebäude – Werkmäßig hergestellte Produkte aus Mineralwolle (MW) – Spezifikation

[13] DIN EN 13163:2001-10 Wärmedämmstoffe für Gebäude – Werkmäßig hergestellte Produkte aus expandiertem Polystyrol (EPS) – Spezifikation

[14] DIN 1055-4:1986-08 Lastannahmen für Bauten; Verkehrslasten, Windlasten bei nicht schwingungsanfälligen Bauwerken

[15] DIN V 18559:1988-12 Wärmedämm-Verbundsysteme; Begriffe, Allgemeine Angaben

[16] DIN 18515-1:1998-08 Außenwandbekleidungen - Teil 1: Angemörtelte Fliesen oder Platten; Grundsätze für Planung und Ausführung

[17] DIN 55699:2005-06 Verarbeitung von Wärmedämm-Verbundsystemen

[18] DIN EN 13499:2003-12 Wärmedämmstoffe für Gebäude – Außenseitige Wärmedämm-Verbundsysteme (WDVS) aus expandiertem Polystyrol – Spezifikation

[19] DIN EN 13500:2003-12 Wärmedämmstoffe für Gebäude – Außenseitige Wärmedämm-Verbundysteme (WDVS) aus Mineralwolle – Spezifikation

[20] Musterbauordnung (MBO) vom 08.11.2002. URL: http://www.bauordnungen.de [Datum des letzten Zugriffs: 08.09.2006]

[21] DIN 1055-4:2005-03 Einwirkungen auf Tragwerke –Teil 4: Windlasten

[22] Vogdt, F.U.: Beanspruchung von Wärmedämm-Verbundsystemen infolge hygrisch und thermisch bedingter Verformungen von Vorsatzschichten des Großtafelbaues. Dissertation an der Technischen Universität Berlin (D 83), 1995

[23] ISO 7892:1988-08 Vertikale Bauwerksteile; Prüfung der Stoßfestigkeit; Stoßkörper und allgemeine Prüfverfahren

[24] EN 13497:2003-02 Wärmedämmstoffe für das Bauwesen – Bestimmung der Schlagfestigkeit von außenseitigen Wärmedämm-Verbundsystemen (WDVS)

[25] EN 13498:2003-02 Wärmedämmstoffe für das Bauwesen – Bestimmung des Eindringwiderstandes von außenseitigen Wärmedämm-Verbundsystemen (WDVS)

[26] DIN 4102-1:1981-05 Brandverhalten von Baustoffen und Bauteilen – Teil 1: Baustoffe; Begriffe, Anforderungen und Prüfungen

[27] DIN EN 13501-1:2002-06 Klassifizierung von Bauprodukten und Bauarten zu ihrem Brandverhalten – Teil 1: Klassifizierung mit den Ergebnissen aus den Prüfungen zum Brandverhalten von Bauprodukten

[28] Herzog, I.: Die europäische Klassifizierung des Brandverhaltens von Wärmedämmstoffen. In: wksb 47 (2002), Heft 50, S. 18-23

[29] Institut für Bautechnik: Richtlinien für die Verwendung brennbarer Baustoffe im Hochbau (RbBH). Fassung Mai 1978

[30] KS-Info (Hrsg.): Planung, Konstruktion, Ausführung. 4. Auflage. Hannover, 2003

[31] Fachverband WDVS (Hrsg.): Gedämmte Fassadensysteme – Brandverhalten von WDVS

[32] DIN 4108-2:2003-07 Wärmeschutz und Energie-Einsparung in Gebäuden – Teil 2: Mindestanforderungen an den Wärmeschutz

[33] Verordnung über energiesparenden Wärmeschutz und energiesparende Anlagentechnik bei Gebäuden (Energieeinsparverordnung – EnEV), 02.12.2004, BGBl. I., S. 3146

[34] Gesetz zur Einsparung von Energie in Gebäuden (EnEG) vom 22.07.1976, BGBl. I, Jahrgang. 1976, S. 1873

Erstes Gesetz zur Änderung des Energieeinsparungsgesetzes vom 20.06.1980 BGBl I, Jahrgang 1980, Seite 701

[35] DIN V 4108-4:2002-02 Wärmeschutz und Energie-Einsparung in Gebäuden – Teil 4: Wärme- und feuchteschutztechnische Bemessungswerte

[36] DIN 4108-Bbl.2:2004-01 Wärmeschutz und Energie-Einsparung in Gebäuden – Wärmebrücken – Planungs- und Ausführungsbeispiele

[37] DIN 4109:1989-11 Schallschutz im Hochbau; Anforderungen und Nachweise

[38] DIN 4109-Bbl.1:1989-11 Schallschutz im Hochbau; Ausführungsbeispiele und Rechenverfahren

[39] Metzen, A.: Technische Systeminfo 7, Wärmedämm-Verbundsysteme zum Thema Schallschutz. Fachverband Wärmedämm-Verbundsysteme e.V. (Hrsg.). 2. Auflage. Baden-Baden, November 2003

[40] DIN EN 12354-3:2000-09 Bauakustik – Berechnung der akustischen Eigenschaften von Gebäuden aus den Bauteileigenschaften – Teil 3: Luftschalldämmung gegen Außenlärm

[41] DIN 4109-Bbl.3:1996-06 Schallschutz im Hochbau – Berechnung von $R'_{w,R}$ für den Nachweis der Eignung nach DIN 4109 aus Werten des im Labor ermittelten Schalldämm-Maßes R_w

[42] DIN 4108-3:2001-07 Wärmeschutz und Energieeinsparung in Gebäuden – Teil 3: Klimabedingter Feuchteschutz; Anforderungen, Berechnungsverfahren und Hinweise für Planung und Ausführung

[43] Marx, H. G.: Keramische Beläge und Bekleidungen. Ein Leitfaden für Planer und Ausführende. 2., überarb. u. erw. Auflage. Köln: Verlagsgesellschaft Rudolf Müller, 1995

[44] Cziesielski, E.; Himburg, S.: Entwicklung eines mathematischen Modells zur Standsicherheit von Wärmedämm-Verbundsystemen mit keramischen Bekleidungen sowie Untersuchung zur Langzeitbeständigkeit. Forschungsbericht zum AiF-Forschungsvorhaben Nr. 9755, zu beziehen über den Industrieverband keramische Fliesen und Platten, Mittelstedter Weg 19 in 61348 Bad Homburg

[45] Hauser, G.; Stiegel, H.: Wärmebrücken-Atlas für den Mauerwerksbau. Wiesbaden: Bauverlag, 1990

[46] DIN V 18550:2005-04 Putz und Putzsysteme – Ausführung

[47] DIN EN 998-1:2003-09: Festlegungen für Mörtel im Mauerwerksbau – Teil 1: Putzmörtel

[48] Vogdt, F. U.: Auswertung der allgemeinen bauaufsichtlichen Zulassungen. Süddeutscher Kalksandsteinwerke e.V.: Kostenbewusstes Bauen, Vortragsreihe 2000, Tagungsband, S. 83-114

[49] Döbereiner, W.: Zuschrift zum Artikel: Zimmermann, G.: Hinterlüftete Außenwandschale aus beschichteten Asbestzementtafeln. Ver-

meidbare Verschmutzung der Fassaden. Bauschäden-Sammlung, Band 4. 3. Auflage. Stuttgart: Fraunhofer IRB Verlag, 1999

[50] Grochal, P.: Algen auf Fassaden. In: Das Deutsche Malerblatt 85 (1987), Heft 9, S. 803-806

[51] Blaich, J.: Algen und Pilze auf Fassaden. Tagungsmappe der Koch Marmorit GmbH, Bollschweil. Architekten-Fachgespräche 1998 in München

[52] Blaich, J.: Algen auf Fassaden. Tagungsband Aachener Bausachverständigentage 1998

[53] Blaich, J.: Außenwände mit Wärmedämm-Verbundsystemen. Algen und Pilzbewuchs. Bauschäden-Sammlung, Band 13. Stuttgart: Fraunhofer IRB Verlag, 2003

[54] Schrepfer, T.: Zur Auswahl und Beurteilung der Gebrauchsfähigkeit faserbewehrter Putze für Wärmedämm-Verbundsysteme. Dissertation an der Technischen Universität Berlin, 1995

[55] European Technical Approval Guideline, ETAG 014, EOTA, Brüssel, Ausgabe Januar 2002

[56] Cziesielski, E.; Fechner, O.: Wärmedämm-Verbundsysteme – Untersuchung zur Gebrauchsfähigkeit gerissener Putzsysteme. Abschlussbericht im Rahmen des Forschungsschwerpunktes Bauphysik der Außenwände. Stuttgart: Fraunhofer IRB Verlag, 2000

[57] Künzel, H.; Künzel, H. M.; Sedlbauer, K.: Langzeitverhalten von Wärmedämmverbundsystemen. Kurzmitteilung des Fraunhofer-Instituts für Bauphysik 32 (2005), Nr. 461

[58] Marquardt, H.: Korrosionshemmung in Betonsandwichwänden durch nachträgliche Wärmedämmung. Dissertation, veröffentlicht in: Berichte aus dem konstruktiven Ingenieurbau, Technische Universität Berlin, Heft 14, Berlin (D 83), 1992

[59] Röder, J.: Zur Verklebung von WDVS auf Beplankungswerkstoffen des Holzrahmenbaus. Dissertation an der Technischen Universität Berlin, (D 83) 2006

[60] DIN 66133:1993-06 Bestimmung der Porenvolumenverteilung und der spezifischen Oberfläche von Feststoffen durch Quecksilberintrusion

[61] Cziesielksi, E.; Schrepfer, T.; Fechner, O.: Beurteilung von Rissen im Putz von Wärmedämmverbundsystemen aus technischer Sicht.

Tagungsband Aachener Bausachverständigentage 2004. Wiesbaden: Vieweg, 2005

[62] Meier, H. G.: Putzsysteme. Das Verständnis für bauphysikalische Vorgänge ist der Schlüssel zur Verhinderung von Putzschäden. In: Bausubstanz 10 (1994), Heft 10, S. 63-67

[63] Miedler, K.: Untersuchungen an Wärmedämm-Verbundsystemen mit Polystyrol-Hartschaumplatten und Dünnputz hinsichtlich ihrer Verwendung im Hochbau. Dissertation an der Technischen Universität Innsbruck, 1985

[64] Oberhaus, H.: Zur Standsicherheit und Gebrauchstauglichkeit mineralischer Wärmedämm-Verbundsysteme. Dissertation an der Universität Dortmund, 1993

[65] DIN V 4108-10:2004-06 Wärmeschutz- und Energie-Einsparung in Gebäuden – Anwendungsbezogene Anforderungen an Wärmedämmstoffe – Teil 10: Werkmäßig hergestellte Wärmedämmstoffe

[66] Nach Unterlagen des Industrieverbandes Hartschaum e.V.

[67] Merkel, H.: Wärmedämmstoffe für Gebäude. Die harmonisierten europäischen Produktnormen für werkmäßig hergestellte Wärmedämmstoffe. Bauphysik-Kalender 2003. Berlin: Verlag Ernst & Sohn, 2003

[68] Gellert, R.: Wärmedämmstoffe; Europäische Produkt- und deutsche Anwendungsnormen. In: wksb 47 (2002), H. 50, S. 18-23

[69] Gellert, R.: Einführung der neuen CEN-Dämmstoffnormen. In: Isoliertechnik (2002), Heft 1

[70] Cziesielski, E.; Safarowsky, K.: Wärmedämm-Verbundsysteme. In: Mauerwerk-Kalender 1990. Berlin: Verlag Ernst & Sohn, 1990

[71] Bundesausschuss Farbe und Sachwertschutz e.V.: Technische Richtlinien für die Verarbeitung von Wärmedämm-Verbundsystemen. Merkblatt Nr. 21. Frankfurt/Main, 1995

[72] Schulz, E.: Außenwand mit Wärmedämm-Verbundsystem. Ablösung der Beschichtung. In: DAB 19 (1987), Heft 7, S. 870

[73] Cziesielski, E.; Fouad, N.: Beurteilung der Standsicherheit von Wetterschutzschichten dreischichtiger Außenwände in den neuen Bundesländern. In: BFT Betonwerk + Fertigteil-Technik 59 (1993), Heft 5, S. 52-62, 64-68

[74] Bericht 1-37/1995: Zur zusätzlichen Belastbarkeit der Wetterschalen dreischichtiger Außenwandplatten des WBS 70. Institut für Erhaltung und Modernisierung von Bauwerken e.V. an der Technischen Universität Berlin

[75] Bericht 1-20/1994: Experimentelle Untersuchungen an Wetterschalen WBS 70 zum Nachweis der Tragfähigkeit und zur Ermittlung der Versagensgrenzen. Institut für Erhaltung und Modernisierung von Bauwerken e.V. an der Technischen Universität Berlin

[76] Lude, G.: Neue Erkenntnisse zur Wärmebrückenproblematik Sockelanschluss-Schiene aus Aluminium. In: Bauphysik 28 (2006), Heft 2, S. 137-141

[77] Zentralverband des Deutschen Dachdeckerhandwerks e.V. – Fachverband Dach-, Wand- und Abdichtungstechnik – und Bundesfachabteilung Bauwerksabdichtung im Hauptverband der Deutschen Bauindustrie e.V.: Richtlinien für die Planung und Ausführung von Dächern mit Abdichtungen – Flachdachrichtlinien – (Ausgabe Mai 1991)

[78] Rheinzink: Anwendung im Hochbau. Herausgegeben von der Rheinzink GmbH. 9. Auflage. Datteln, 1988

[79] Althaus, C.: Kompetenz bei Kletterpflanzen. In: Mappe – Die Malerzeitschrift (1998), Heft 7, S. 40-44

[80] Althaus, C.: Voraussetzungen erfolgreicher Fassadenbegrünung. In: Gartenpraxis (1998), Heft 4

[81] Merkblatt des bayerischen Landesverbandes für Gartenbau und Landespflege: Fassaden erfolgreich begrünen. Landesverband für Gartenbau und Landespflege, Herzog-Heinrich-Str. 21, 80336 München

[82] Nach Unterlagen der Firmen Capatect Baustoffindustrie GmbH und ispo GmbH

[83] Reyer, E.; Kahrobai, A.; Iranmanesch, B.: Zur Frage der Notwendigkeit der Anordnung von Feldbegrenzungsfugen in Wärmedämm-Verbundsystemen (WDVS) mit Deckschichten aus Klinker-Riemchen. Schriftenreihe des Lehrstuhls für Baukonstruktion, Ingenieurholzbau und Bauphysik der Ruhr-Universität Bochum, Heft 21. Stuttgart: Fraunhofer IRB Verlag, 2000

[84] Ruhnau, R.: Schäden an Außenwandfugen im Beton- und Mauerwerksbau. Schadenfreies Bauen, Band 1. Stuttgart: Fraunhofer IRB Verlag, 1992

[85] Künzel, H.: Müssen Außenwände „atmungsfähig" sein? In: wksb 25 (1980), Heft 11, S. 1-4

[86] Künzel, H.: Wohnen in Häusern aus Beton. In: BFT Betonwerk + Fertigteil-Technik, 47 (1981), Heft 8, S. 462-467

[87] Künzel, H.: Die „atmende" Außenwand. In: Gesundheits-Ingenieur (1978), Heft 1/2

9 Stichwortverzeichnis